U0224675

文化伟人代表作图释书系

An Illustrated Series of Masterpieces of the Great Minds

非凡的阅读

从影响每一代学人的知识名著开始

知识分子阅读，不仅是指其特有的阅读姿态和思考方式，更重要的还包括读物的选择。在众多当代出版物中，哪些读物的知识价值最具引领性，许多人都很难确切判定。

"文化伟人代表作图释书系"所选择的，正是对人类知识体系的构建有着重大影响的伟大人物的代表著作，这些著述不仅从各自不同的角度深刻影响着人类文明的发展进程，而且自面世之日起，便不断改变着我们对世界和自然的认知，不仅给了我们思考的勇气和力量，更让我们实现了对自身的一次次突破。

这些著述大都篇幅宏大，难以适应当代阅读的特有习惯。为此，对其中的一部分著述，我们在凝练编译的基础上，以插图的方式对书中的知识精要进行了必要补述，既突出了原著的伟大之处，又消除了更多人可能存在的阅读障碍。

我们相信，一切尖端的知识都能轻松理解，一切深奥的思想都可以真切领悟。

■ 文化伟人代表作图释书系

The Nine
Chapters on the
Mathematical Art

邹 涌/译解

九章算术

〔汉〕张 苍 等/辑撰

重庆出版集团 重庆出版社

图书在版编目（CIP）数据

九章算术 / （汉）张苍等辑撰；邹涌译解.—重庆：
重庆出版社，2015.9（2024.11重印）
ISBN 978-7-229-10423-8

Ⅰ.①九… Ⅱ.①张… ②邹… Ⅲ.①数学—中国—古代
Ⅳ.①O112

中国版本图书馆CIP数据核字（2015）第217611号

九章算术
JIUZHANG SUANSHU

［汉］张　苍　等辑撰　邹　涌　译解

策　　划：刘太亨
责任编辑：吴向阳　陈　婷
责任校对：何建云
特约编辑：何　滟
封面设计：日日新
版式设计：梅羽雁　曲　丹

重庆出版集团
重庆出版社　出版
重庆市南岸区南滨路162号1幢　邮编：400061　http：//www.cqph.com
重庆市国丰印务有限责任公司印刷
重庆出版集团图书发行有限公司发行
全国新华书店经销

开本：720mm×1000mm　1/16　印张：25.75　字数：420千
2006年2月第1版　2016年2月第3版　2024年11月第28次印刷
ISBN 978-7-229-10423-8
定价：45.00元

如有印装质量问题，请向本集团图书发行有限公司调换：023-61520678

版权所有，侵权必究

作为古代中国乃至东方的第一部自成体系的数学专著，《九章算术》与古希腊欧几里得的《几何原本》并称现代数学的两大源泉。它系统地总结了战国、秦、汉时期的数学成就，标志着以筹算为基础的中国古代数学体系的正式形成。在古希腊数学走向衰落的中世纪，《九章算术》的机械算法体系显示出比欧几里得几何学更大的优势，并被扩展到其他多个领域。隋唐时，它被流传到日本和朝鲜，对其古代的数学发展产生了深远的影响，之后更远传至印度、阿拉伯和欧洲，现已译成日、俄、英、法、德等多种文字版本。

《九章算术》是《算经十书》中最重要的一种，它上承先秦数学发展之源流，入汉以后又经众多学者的整理、删补和修订，约于东汉初年（公元1世纪）成书，是几代学者智慧的结晶。在《九章算术》问世之前，虽然先秦典籍中也记录了不少数学知识，但都没有《九章算术》的系统论述，尤其是它由易到难、由浅入深、从简单到复杂的编排体例。因而后世的数学家大都是从《九章算术》开始学习和研究数学，并有多人为它作过注释，其中著名的有刘徽（公元263年）、李淳风（公元656年）等人。唐宋两代，朝廷将《九章算术》列为数学教科书，并尊其为古代数学群经之首，"九章"二字甚至成为中国数学的代名词。

《九章算术》全书共收集了246个数学问题并提供其解法，主要内容包括分数的四则运算和比例算法、各种面积和体积的计算、关于勾股测量的计算等。其中的许多数学问题是世界上记载最早的。例如，关于比例算法的问题与后来在16世纪西欧出现的三分律的算法一样；关于双设法的问题被欧洲人称为契丹算法，13世纪以后的欧洲数学著作中也有此称呼，这也是中国古代数学知识向西方传播的一个证据。总的来说，这本汇集历代学者劳动与智慧的著作，可谓当时世界上最简练有效的应用数学，它所确立的算法体系，对世界数学的发展起到深远的影响，至今仍被人们广泛应用。

基于《九章算术》注重实际应用这一显著特点，我们决定将其修订改版，以期向读者呈现它的最佳版本，发挥它在学习、教学及研究功用上的最大作用。但是，在修订过程中，尽管我们本着科学严谨、精益求精的态度来解读本书，也难免有疏忽错漏之处，还敬请有识之士指正。

译解者
2015.10

刘徽《九章算术》序

原文

昔在庖牺氏[1]始画八卦，以通神明之德，以类万物之情，作九九之术[2]以合六爻[3]之变。暨于黄帝神而化之，引而伸之，于是建历纪，协律吕[4]，用稽道原，然后两仪四象[5]精微之气可得而效焉。记称隶首[6]作数，其详未之闻也。按周公制礼而有九数，九数[7]之流，则《九章》是矣。

往者暴秦焚书，经术散坏。自时厥后，汉北平侯张苍、大司农中丞耿寿昌皆以善算命世。苍等因旧文之遗残，各称删补。故校其目则与古或异，而所论者多近语也。

徽幼习《九章》，长再详览。观阴阳之割裂，总算术之根源，探赜之暇[8]，遂悟其意。是以敢竭顽鲁，采其所见，为之作注。事类相推，各有攸归，故枝条虽分而同本干者，知发其一端而已。又所析理以辞，解体用图，庶亦约而能周，通而不黩，览之者思过半[9]矣。且算在六艺，古者以宾兴贤能，教习国子；虽曰九数，其能穷纤入微，探测无方；至于以法相传，亦犹规矩度量[10]可得而共，非特难为也。当今好之者寡，故世虽多通才达学，而未必能综于此耳。

《周礼·大司徒职》，夏至日中[11]立八尺之表，其景尺有五寸，谓之地中[12]。说云，南戴日下万五千里[13]。夫云尔者，以术推之。按：《九章》立四表望远及因木望山之术，皆端旁互见，无有超邈若斯之类。然则苍等为术犹未足以博尽群数也。徽寻九数有重差[14]之名，原其指趣乃所以施于此也。凡望极高、测绝深而兼知其远者必用重差，句股则必以重差为率，故曰重差也。立两表于洛阳之城，令高八尺。南北各尽平地，同日度其正中之景。以景差为法，

1

表高乘表间为实，实如法而一，所得加表高，即日去地也。以南表之景乘表间为实，实如法而一，即为从南表至南戴日下也。以南戴日下及日去地为句、股，为之求弦，即日去人也[15]。以径寸之筒南望日，日满筒空，则定筒之长短以为股率，以筒径为句率，日去人之数为大股，大股之句即日径也[16]。虽天圆穹之象犹曰可度，又况泰山之高与江海之广哉。徽以为今之史籍且略举天地之物，考论厥数，载之于志，以阐世术之美。辄造《重差》，并为注解，以究古人之意，缀于句股之下。度高者重表，测深者累矩[17]，孤离者三望[18]，离而又旁求者四望[19]。触类而长之，则虽幽遐诡伏，靡所不入。博物君子，详而览焉。

注释

〔1〕庖牺氏：即伏羲。

〔2〕九九之术：指乘法口诀。

〔3〕六爻：卦中"—""— —"的符号称为"爻"，"—"为阳爻，"— —"为阴爻。六十四卦的每一卦由六个"爻"组成，如乾卦"☰"由六个阳爻组成，不同的排列组合会形成不同的卦名，故爻亦表示变化、变动，如《易·系辞》说："爻者，言乎变者也。"

〔4〕律吕：律吕是指有一定音高标准和相应名称的中国音律体系。律吕是十二律的别称，语源出于三分损益律的六律、六吕。《伶州鸠论律》中将十二律按次序分为单数、双数排列，单数的六个律即六律，后世又称为六阳律；双数的六个律即六吕，后世又称为六阴律或六同。

〔5〕两仪四象：两仪，指天地或阴阳二气。四象，是指少阴、少阳、老阴、老阳，在四时则为春夏秋冬。

〔6〕隶首：隶首，黄帝史官，始作算数。亦借指善算数者。

〔7〕九数：指"数"学这门功课有九个细目。语出《周礼·大司徒职》，为"六艺"之一，郑玄注谓："九数：方田、粟米、差分、少广、商功、均输、方

程、嬴不足、旁要。"

〔8〕赜（zé）：幽深玄妙；暇：余暇、空闲。

〔9〕思过半：领悟过半。

〔10〕规：圆规，校正圆形的工具。矩：曲尺，古代为画方形的工具。度：计算长短的标准，《汉书·律历志上》："度者，分、寸、尺、丈、引也。"量：计量多少的器具，《汉书·律历志上》："量者，龠、合、升、斗、斛也，所以量多少也。"

〔11〕日中：正午。

〔12〕地中：一国地域的中央。

〔13〕南戴日下万五千里：参见序图1，《周髀算经》李淳风注曰："夏至

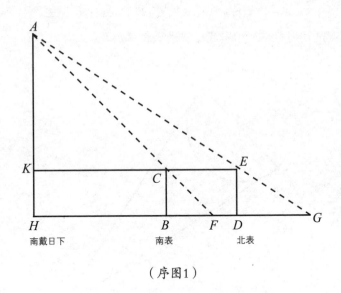

（序图1）

$$日去地 = \frac{表高 \times 表间}{北表景 - 南表景} + 表高$$

$$南表至南戴日下 = \frac{南表景 \times 表间}{北表景 - 南表景}$$

$$日去人 = \sqrt{日去地^2 + 南戴日下^2}$$

王城望日（A），立两表（BC，DE）相去二千里（BD=2 000里），表高八尺，影去前表一尺五寸（BF=15寸），去后表一尺七寸（DG=17寸）。旧术：以前后影差二寸（$DG-BF$=2寸）为法，以前影寸数乘表间（$BF×BD$）为实。实如法$\dfrac{BF×BD}{DG-BF}$得万五千里，为日下去南表里即$BH=\dfrac{BF×BD}{DG-BF}=15\,000$里。"

〔14〕重（chóng）差：重测取差，即重复地进行勾股测量，取两次观测对应之差为比率来进行推算。

〔15〕立两表于洛阳之城，……即日去人也：这里讲了具体测量的方法，根据文中叙述，作序图1。

这些测量公式可用相似三角形的比率算得。

〔16〕以径寸之筩南望日，……大股之句即日径也：根据题意作序图2。

这个公式也可用相似三角形勾股比取得，试算如下：

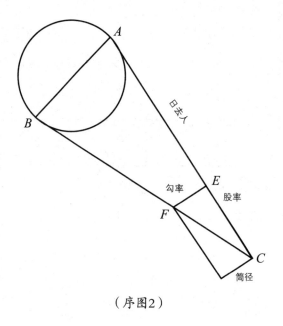

（序图2）

$$日径 = \frac{大股×勾率}{股率} = \frac{日去人×筩径}{筩长}$$

4

$$\triangle ABC \backsim \triangle EFC,$$

$$故 AB/EF=AC/EC,$$

$$AB = \frac{EF \times AC}{EC} = \frac{筒径 \times 日去人}{筒长}。$$

〔17〕度高者重表，测深者累矩：测度高深不可及的目标要用表或矩测望两次。

〔18〕孤离者三望：若观测目标无所依傍，孤离无着，就必须观测三次，如《海岛算经》第二问，即为三次测望。

〔19〕离而又旁求者四望：若观测目标不仅孤离无着，又需旁求他处者，则必须测望四次，如《海岛算经》第七问即属此类观测。

译文

上古庖牺氏最早画八卦，以了解神妙莫测的变化结果，以类推万物的情状，创作九九之术，以符合六爻的变化法则。到黄帝时，神化之，引申之，于是创建历法纲纪，协调六吕六律，用以考核道之本原，然后两仪四象精微之气可以得到验证。有记载说隶首创造了数，这方面的详细情况不得而知。考察周公制礼时就有九数，九数的流传，就是今天的《九章》。

过去残暴的秦朝焚烧书籍，致使经学著作散佚损毁。自那时以后，汉北平侯张苍和大司农中丞耿寿昌都以擅长算术名闻于世。张苍等依据残留下来的旧数

□ **八角星纹图案**

在史前社会，人们已普遍通过立杆测影，明确四方四隅，并与星空方位相配合，确定四时八节，八角星纹图案的绘制，便是这种现象的结果。图为八角星纹图案及其拓本。

学书籍，对各种数学著作分别作了适当的删补。所以校对其细目与古代著作不尽相同，而所论述的方式多接近当时的习惯用语。

刘徽自幼学习《九章》，年长后又详细阅览。观察阴阳的区别，总论算术的根源，在寻求玄妙的闲暇中，终于领悟了其真意。因此虽然我比较愚钝，也敢竭尽全力搜集所见到的资料，为《九章》作注释。事理按类别来推究，便各有所归，所以枝条虽分而主干相同，可知发生在同一根源。进而用言辞分析原理，用图形解剖结构，希望做到简约而周全，晓畅而不累赘，使阅读者领悟其大半。而且算术作为六艺之一，古代以宾客之礼招揽贤能之人，来教导贵族子弟。虽然称做"九数"，但它却能穷究纤毫细微之处，探测到无穷尽的远方。至于以算法相传，也如同规、矩、度、量可以全部得到一样，并不是很难办到。当今喜好算术的人太少，所以世上虽有许多通达的学者，但也未必能明晰此道啊！

□ 罗盘

　　罗盘是风水家用来勘测地形的主要工具，它的磁针被放置在具有许多同心环的中心。这些环标示出了时间的分界线以及五行、星宿、五感、二十八星宿及季节等。风水家再根据阴阳理论对所有这些因素进行解释，并作出预言。

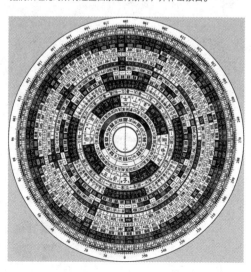

《周官·大司徒职》记载：夏至正午立八尺标杆，其影子有一尺五寸，称该地为"地中"。其注说"南戴日下万五千里"。这样说，是用算术推导出来的。考察《九章算术》中立四根标杆望远，及通过树木望山的算法，都是端点和旁点相互可见，没有遥远到像这类情况的。既然如此，则张苍等人提出的算法还没有广博到囊括尽所有算法的程度。刘徽想："九数"中有"重差"的名目，推究其宗旨是为了应用在这方面。凡望极高、测

绝深而兼求其远者，必用"重差"的算法。勾股必用"重差"作为比率，所以称之为"重差"。在洛阳城内立南北两根标杆，令其高为八尺。假使南北两标杆在同一地平面上，在同一天测量其正午日影，取"景差"作除数，表高乘表间作被除数。除数除被除数所得加表高，即为"日去地"之数。用南表之影长去乘表间距作被除数（除数同上，不变），除数除被除数，所得即为从南表到南戴日下的距离。以"南戴日下"及"日去地"为勾、股，而求其弦长，即"日去人"之数。以直径为一寸的竹筒向南观测太阳，太阳光充满竹筒，则规定筒的长短作为股率，以筒的直径为勾率，以"人去日"之数为大股，而大股对应的勾即为太阳的直径。这样即便是天的圆穹也可以度量，又何况是泰山之高和江海之广呢。刘徽根据流传至今的史籍并略举天地间的实物为例，考证论述其数理，记载在书上，以阐述世上算法的美妙。于是又发明"重差"算法，并为之注解，以探究古人的真意，补充在勾股章之下。度量高度用重表法，测量深度用累矩法，对"孤离"无着的观测物须观察三次，孤离而又旁求者须观测四次。触类旁通，那么即便是幽远隐蔽的目标，都在测算的范围内。博学之士，宜详加审读。

> "术数虽若六艺之末，而施之人事，则最为切务，故古之博
> 雅君子马郑之流，未有不精于此者也。其撰著成书者，无虑百
> 家，然皆以'九章'为祖。"

——元·李冶《益古演段》

　　《九章算术》文字古奥，历代注释者甚多，其中以刘徽的注本最为有名。刘徽是我国魏晋时期著名数学家，他在曹魏末年撰成《九章算术注》九卷。刘徽注释《九章》时，在继承的基础上，又提出了许多自己的创见和发明：1. 在数系理论方面，他用数的同类与异类阐述了通分、约分、四则运算，以及繁分数化简等运算法则；他在注释开方术时，从开方不尽的意义出发，论述了无理方根的存在，并且引进新数，创造了用十进分数无限逼近无理根的方法；2. 在筹式演算理论方面，他先给出"率"的明确定义，又以遍乘、通约、齐同等三种基本运算为基础，建立起数与式运算的统一理论基础，他还用"率"来定义古代数学中的"方程"，即现代线性方程组的增广矩阵；3. 在勾股理论方面，他逐一论证了关于勾股定理和图解勾股形的计算原理，建立起相似勾股形理论，并发展了勾股测量术，通过对"勾中容横"与"股中容直"这类的典型图形的分析，形成了中国特有的相似理论；4. 在面积与体积理论方面，他用出入相补、以盈补虚的原理，以及"割圆术"的极限方法的刘徽原理，解决了多种几何形、几何体的面积、体积计算问题；5. 割圆术与圆周率，他在《九章算术·圆田术》注中，用割圆术证明了圆面积的精确公式，并给出了计算圆周率的科学方法，他首先从圆内接六边形开始割圆，每次边数倍增，在算到192边形的面积时，得到 π=3.14，在算到3 072边形的面积时，得到 π=3.141 6，称为"徽率"；6. "牟合方盖"说，他在《九章算术·开立圆术》注中，指出了球体积公式 $V=\dfrac{9D^3}{16}$（D为球直径）的不

精确性，并引入了"牟合方盖"（指正方体的两个轴互相垂直的内切圆柱体的贯交部分）这一著名的几何模型；7. 方程新术，他在《九章算术·方程术》注中，提出了解线性方程组的新方法，运用了比率算法的思想。并且，刘徽在自撰的《海岛算经》中，还提出了重差术，采用了重表、连索和累矩等测高测远方法。他还运用"类推衍化"的方法，使重差术由两次测望，发展为"三望""四望"。刘徽的这些方法，对后世的启发非常大，即便是对现今数学也有很多可借鉴之处。

本书在编辑时，为了让读者一窥堂奥，在翻译的同时也对原文作了注释，对原题作了译解，而原书"术曰"所提供的解题法，则以"术解"的形式列出了其解题步骤。在注释解题的过程中，本书除了参考刘徽、李淳风的注释外，还参考了吴文俊主编的《中国数学史大系》第一、二卷和李迪著的《中国数学史简编》，以及白尚恕、李继闵、肖作政等先生的科研成果。

《九章算术》是一部问题集，全书分为9章，共收有246个问题，每题都由问、答、术三部分组成。内容涉及算术、代数、几何等诸多领域，并与实际生活紧密相联，充分体现了中国人的数学观和生活观。全书章与章之间、同章术与术之间、同术所驭算题之间都是按照由浅入深、由简至繁的顺序编排的。

卷第一"方田"：主要讲各种形状的田亩的面积计算方法，包括长方形、等腰三角形、直角梯形、等腰梯形、圆形、扇形、弓形、圆环，以及分数的通分、约分、加减乘除四则运算的法则，后者比欧洲早了1400多年。

卷第二"粟米"：主要讲各种谷物粮食的比率和比例算法。

卷第三"衰分"：主要讲比例分配问题。

卷第四"少广"：主要讲已知面积或体积，求一边长和径长等问题。本章也介绍了开平方和开立方的方法，这是世界上最早的多位数和分数的开方法则，它使我国在解高次方程数值方面长期领先世界。

卷第五"商功"：主要讲土石工程的计算和各种立体体积的计算，包括正四棱柱、圆柱、圆台、正圆锥等十种体积。

卷第六"均输"：主要讲合理摊派赋税和合理分配赋役的计算，其中今有术、衰分术，及其应用方法，构成了今天正反比例、比例分配、复比例、连锁比例等整套比例理论，而西方直到15世纪末才提出类似的理论。

卷第七"盈不足"：主要讲盈亏问题的一种双假设算法，提出了盈不足、盈适足和不足适足、两盈和两不足这三种类型的盈亏问题，以及若干可通过两次假设化为盈不足问题的一般解法。这种解法传到西方后，产生了极大的影响，在当时处于世界领先地位。

卷第八"方程"：主要讲由线性方程组的系数排列而成的长方阵问题，它相当于现在的矩阵。其中解线性方程组时使用的直除法，与现在矩阵的初等变换一致，这是世界上最早的线性方程组解法，西方直到17世纪才由莱布尼茨提出了线性方程的解法。另外，本章中还首次出现了负数的概念，并提出了正负数的加减法则。这是世界数学史上一项重大成就，它首次突破正数的范围，扩展了数系。直至7世纪，印度的婆罗摩笈多才认识到负数。

卷第九"勾股"：主要是讲直角三角形三边互求的问题，本章中提出了勾股数问题的通解公式：若a、b、c分别是勾股形的勾、股、弦，则$c = \sqrt{a^2 + b^2}$，$a = \sqrt{c^2 - b^2}$，$b = \sqrt{c^2 - a^2}$。在西方，毕达哥拉斯、欧几里得等仅求得了这个公式的几种特殊情况；直到3世纪，丢番图才取得相近结果。而勾股章最后一题中给出的一组公式，直到19世纪末，才由美国数论学家迪克森得出。

《九章算术》是东方数学思想之源，也是我国历来各种考试的重要题库。在各级各类考试中，取材于《九章算术》的题目不胜枚举。可以毫不夸张地说，《九章算术》自成书之日起，就对我国数学界产生了巨大影响，它极大地推动了古代数学的发展，直至今天，其影响依然存在。

在本书中，我们还附录了《孙子算经》和《周髀算经》。《孙子算经》约成书于四五世纪，是一部关于乘除运算、求面积和体积、处理分数及开平方和立方的著作，其作者生平和编写年代都不清楚。本书中有个非常出名的"物不知数"问题，具体内容是："今有物不知其数，三三数之剩二，五五数之剩三，七七数之剩二，问物几何？答曰：二十三。"《孙子算经》不但提供了答案，而且还给出了解法。这也是世界上最早提出算法的，被誉为"孙子定理"或"中国剩余定理"。这个问题在民间广为流传，人们称其为"韩信点兵"，并根据它编了一首"孙子歌"来表示它的解法，即"三人同行七十，五树梅花廿一枝，七子团圆月正半，除百零五便得知"。也就是说，用3除余1，算70；用5除余1，算21；用7除余1，算15；把70，21，15这些数的倍数加起来，连续减去105，最后得出的最小正整数即为答案。后来，南宋大数学家秦九韶在总结"孙子定理"的基础上，创立了"大衍求一术"，将其发表在《数书九章》上，提出了关于一次同余式组问题的完整理论和算法，推广了"物不知数"的问题，取得了杰出成就。我们在选取《孙子算经》时，去掉了一些在现今科学技术环境下，容易造成误导的问题，另外全文是采取直译的方式，在最大限度上保留了《孙子算经》的原貌。

《周髀算经》是我国古代流传深广的天算著作，该书涉及到许多关于数学的内容，包括论述"勾三股四弦五"的勾股定理。它与《九章算术》在很多地方互为表里、互相补充，可以说是相得益彰。《周髀算经》的内容分别完成于西周、春秋战国、秦、汉等不同时期，是中国古代纯粹的数理天文理论著作。它的数据体系是以经验实测为参考，由理论计算所得，然后拿去与已有的数据相比较，同时预言某些数据，指导人们去做实验。因此，李志超先生认为：《周髀算经》是"科学理论的典范"，是"中国科学发展史上的一座丰碑，一座代表一个科学时代总结的里程碑"。《四库全书总目〈周髀算经提要〉》说，《周髀算经》"开西学之源"，这引起人们对《周髀算经》与外来文化的关系的高度关注；《周髀算经》盖天宇宙理论与古印度宇宙理论惊人的相似，其中关于寒暑五带知识，却是古希腊天文学的内容；《周髀算经》所构建的宇宙几何模型，又具有古希腊天文学的一般特征等。因此有学者断言：《周髀算经》隐藏了中西文化交流的大秘密。

本书所附《周髀算经》的注释参考了汉代赵君卿和唐代李淳风的注释，《周髀算经》原文主要采用校勘详实、版本珍贵的钦定《四库全书荟要》本（吉林出版集团2002年影印本）；章节划分采用了曲安京教授的科研成果，另外还参考了钱宝琮、陈遵妫、李志超、江晓原等先生的相关论述。

目 录 CONTENTS

卷第一
方 田

BOOK 1

方田术曰：广从步数相乘得积步。以亩法二百四十步除之，即亩数。百亩为一顷。

今有田广七分步之四，从五分步之三。问为田几何？

答曰：三十五分步之十二。

又有田广九分步之七，从十一分步之九，问为田几何？

答曰：十一分步之七。

又有田广五分步之四，从九分步之五。问为田几何？

答曰：九分步之四。

乘分术曰：母相乘为法，子相乘为实，实如法而一。

今有圭田广十二步正从二十一步。问为田几何？

答曰：一百二十六步。

又有圭田广五步二分步之一，从八步三分步之二。问为田几何？

答曰：二十三步六分步之五。

术曰：半广以乘正从。

原文

〔一〕今有田广十五步，从十六步[1]。问为田几何？

答曰：一亩。

〔二〕今有田广十二步，从十四步。问为田几何？

答曰：一百六十八步。

方田术[2]曰：广从步数相乘得积步[3]。以亩法[4]二百四十步除之，即亩数。百亩为一顷。

注释

〔1〕广：宽。从：长。

〔2〕方田术：指方形（含长方形、正方形）田地的计算问题。术：计算法则。

〔3〕积步：边长以步为单位的面积的平方步数，即长（步）×宽（步）。

〔4〕亩法：即由平方步化为亩时所用的除数240。同理"顷法"即是由亩化为顷所用的除数100。

译文

〔一〕已知某块田地宽15步，长16步。问这块田地的面积是多少？

答：这块田地面积为1亩。

〔二〕已知某块田地宽12步，长14步。问这块田地的面积是多少？

答：168（平方）步。

方形（含长方形、正方形）田地的算法是：长宽相乘得其面积——平方步数。

以亩法240平方步数除所得面积——平方步数，即为亩数。100亩为1顷。

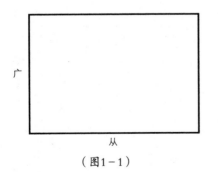

广

从

（图1-1）

译解

〔一〕如图1-1，所求田数为：

15步×16步＝240平方步＝1亩。

〔二〕参见图1-1，所求田数为：

12步×14步＝168平方步。

术解

〔1〕积步＝广×从。

〔2〕亩数＝积步÷240平方步。

〔3〕1顷＝100亩。

原文

〔三〕今有田广一里，从一里。问为田几何？

答曰：三顷七十五亩。

〔四〕又有田广二里，从三里。问为田几何？

答曰：二十二顷五十亩。

里田术[1]曰：广从里数相乘得积里[2]。以三百七十五乘之，即亩数。

□ 记录长江水位的礁石

图为重庆涪陵长江河道中的一块巨大礁石，上面记刻从唐代至民国时期1 200多年长江枯水位数据。这是中国自古对水位测量、记录的见证文物。

注释

〔1〕里田术：计算边长以里为单位的田地面积单位。

〔2〕积里：边长以里为单位的面积的平方步数，即长（里）×宽（里）。

译文

〔三〕已知某块田地宽1里，长1里。问这块田地的面积是多少？

答：这块田地的面积是3顷75亩。

〔四〕已知某块田地宽2里，长3里。问这块田地的面积是多少？

答：这块田地面积为22顷50亩。

边长以里为单位的田地的算法是：宽里数×长里数＝面积（平方里）；将所得（以平方里为单位）的面积×375亩，即为所求的亩数。

译解

〔三〕1里＝300步，1亩＝240平方步，1顷＝100亩。

面积：（300步×300步）÷240＝375亩；375亩÷100＝3顷75亩。

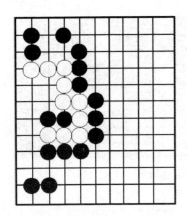

□ 棋 局

北宋科学家沈括喜好围棋，曾用数学的方法研究围棋的奥妙，并计算出围棋变化的极限数量。根据他的计算，围棋变化的极限数量大约是"连书万字五十二"，用现代数学表示是10连乘208次，即$1.0×10^{208}$。此计算方法的科学性尚待考证，然而，不可否认的是围棋与数学的密切关系。

也。以等数约之。

注释

〔1〕约分术：通分的法则。

译文

〔五〕今有$\frac{12}{18}$，问约分后得多少？

答：$\frac{2}{3}$。

〔六〕又有$\frac{49}{91}$，问约分后得多少？

答：$\frac{7}{13}$。

约分的法则是：若分子、分母均为偶数时，可先被2除，否则，将分母与分子

〔四〕所求田数为：

$2×3×375$亩$=2\ 250$亩；

$2\ 250$亩$÷100=22$顷50亩。

术解

〔1〕积里＝广（里）×从（里）。

〔2〕亩数＝积里×375亩。

原文

〔五〕今有十八分之十二，问约之得几何？

答曰：三分之二。

〔六〕又有九十一分之四十九。问约之得几何？

答曰：十三分之七。

约分术〔1〕曰：可半者半之；不可半者，副置分母、子之数，以少减多，更相减损，求其等

分列一处，然后以大数减小数，辗转相减，求它们的最大公约数，用最大公约数去约简分子与分母。

译解

〔五〕6是12与18的最大公约数，所以 $\dfrac{12 \div 6}{18 \div 6} = \dfrac{2}{3}$。

〔六〕7是49与91的最大公约数，所以 $\dfrac{49 \div 7}{91 \div 7} = \dfrac{7}{13}$。

术解

（以卷第一题〔六〕为例）

〔1〕可半者半之：分子、分母均为偶数，可先被2除。

〔2〕不可半者……求其等也：等，即等数，最大公约数。

$$
\begin{array}{c|c}
91 & 49 \\
91 - 49 = 42 & 49 - 42 = 7 \\
42 - 7 = 35 & \\
35 - 7 = 28 & \\
28 - 7 = 21 & \\
21 - 7 = 14 & \\
14 - 7 = 7 & \\
\end{array}
$$

欲求49与91的最大公约数，将两数分列一处。先由91－49，余42，再由49－42，余7；进一步由42－7五次余7，结果是：左右两边余数相等。这相等的余数7就是49和91的最大公约数。

"更相减损"求最大公约数的方法，是中国古代数学家的伟大创举，与欧几里得《几何原本》卷七第一题所论相同。钱宝琮《中国数学史略》说："意大利人班乞奥利于1494年写的一本算术书，求最大公约数也用更相减损法。他自己说这种方法是六世纪中罗马数学家波伊替斯所传

□ 彩陶　仰韶遗址

图为仰韶文化遗址中出土的彩陶。在这些彩陶上发现了很多刻画符号，这很可能就是数字的起源，是我国最早的记数符号。除了这些刻符，数的概念和应用也在许多陶画中反映出来。在陶画的制作过程中，图案组合中每一纹饰的大小与位置都要经过计算，这说明当时的人们已经掌握了数字规律，具备了离开实物数数的能力。

下的方法，它的渊源或者还是从中国传去的。"现在求两数的最大公约数所用的辗转相除法，是由"更相减损"法演变而来的。

〔3〕以等数约之：用7对$\frac{49}{91}$约分，所得：$\frac{49÷7}{91÷7}=\frac{7}{13}$。

原文

〔七〕今有三分之一，五分之二。问合之得几何？

答曰：十五分之十一。

〔八〕又有三分之二，七分之四，九分之五。问合之得几何？

答曰：得一、六十三分之五十。

〔九〕又有二分之一，三分之二，四分之三，五分之四。问合之得几何？

答曰：得二、六十分之四十三。

合分术[1]曰：母互乘子，并以为实，母相乘为法，实如法而一。不满法者，以法命之，其母同者，直相从之。

注释

〔1〕合分术：分数相加的运算法则。

□ **木斗水车**

木斗水车是一种从井中提水的工具。它用木斗代替刮水板，使一串木斗相连，套在井边的立轮上。当立轮转动时，木斗连续上升提水。图为木斗水车的结构示意图。

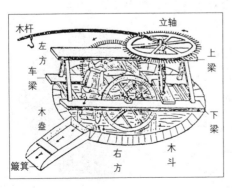

译文

〔七〕现有$\frac{1}{3}$，$\frac{2}{5}$，问相加得多少？

答：$\frac{11}{15}$。

〔八〕又有$\frac{2}{3}$，$\frac{4}{7}$，$\frac{5}{9}$，问三数相加得多少？

答：$1\frac{50}{63}$。

〔九〕又有$\frac{1}{2}$，$\frac{2}{3}$，$\frac{3}{4}$，$\frac{4}{5}$，问四数相加得多少？

答：$2\dfrac{43}{60}$。

分数相加的法则是：以诸分母与诸分子交互相乘，所得诸乘积相加之和作为被除数，而以诸分母相乘之积作为除数。以除数除被除数，若除之不尽，则以余数为分子，除数为分母，得一分数。若诸分数之分母相同，则可以用分子直接相加。

译解

〔七〕$\dfrac{1}{3} + \dfrac{2}{5} = \dfrac{1\times 5}{3\times 5} + \dfrac{2\times 3}{5\times 3} = \dfrac{5+6}{15} = \dfrac{11}{15}$。

〔八〕$\dfrac{2}{3} + \dfrac{4}{7} + \dfrac{5}{9} = \left(\dfrac{2}{3} + \dfrac{5}{9}\right) + \dfrac{4}{7} = \left(\dfrac{2\times 3}{3\times 3} + \dfrac{5}{9}\right) + \dfrac{4}{7} = \dfrac{11}{9} + \dfrac{4}{7} = \dfrac{11\times 7 + 4\times 9}{63} = \dfrac{113}{63} = 1\dfrac{50}{63}$。

〔九〕$\dfrac{1}{2} + \dfrac{2}{3} + \dfrac{3}{4} + \dfrac{4}{5} = \dfrac{1\times 30}{2\times 30} + \dfrac{2\times 20}{3\times 20} + \dfrac{3\times 15}{4\times 15} + \dfrac{4\times 12}{5\times 12} = \dfrac{30+40+45+48}{60} = \dfrac{163}{60} = 2\dfrac{43}{60}$。

术解

（以卷第一题〔八〕为例）

〔1〕母互乘子，并以为实。

母互乘子：$2\times 7\times 9 = 126$，$4\times 3\times 9 = 108$，$5\times 3\times 7 = 105$。并以为实：加在一起作为被除数，$126 + 108 + 105 = 339$。

〔2〕母相乘为法：$3\times 7\times 9 = 189$ 为除数。法：指除数。

〔3〕实如法而一：在被除数中，凡够等于除数的部分，则进而为 1（比如：339 就可以提取一个 189）。

〔4〕不满法者，以法命之：指相除不尽，所得余数，以实为分子，法为分母组成一分数。如：$339 - 189 = 150$ 作余数，150 作分子，189 作分母，$\dfrac{150(\text{实})}{189(\text{法})}$，约为 $\dfrac{50}{63}$，结果是：$1\dfrac{50}{63}$。

〔5〕其母同者，直相从之：分母相同的，分子直接相加。

如 $\dfrac{1}{5} + \dfrac{2}{5} = \dfrac{1+2}{5} = \dfrac{3}{5}$。

原文

〔一〇〕今有九分之八，减其五分之一。问余几何？

答曰：四十五分之三十一。

〔一一〕又有四分之三，减其三分之一。问余几何？

答曰：十二分之五。

减分术[1]曰：母互乘子，以少减多，余为实，母相乘为法，实如法而一。

注释

〔1〕减分术：分数相减的运算法则。

译文

〔一〇〕现有 $\dfrac{8}{9}$，减去 $\dfrac{1}{5}$。问差是多少？

答：$\dfrac{31}{45}$。

〔一一〕又有 $\dfrac{3}{4}$，减去 $\dfrac{1}{3}$。问差是多少？

答：$\dfrac{5}{12}$。

分数相减的运算法则是：分母与分子交叉相乘，从多数里减去少数，余数作被除数，而以分母相乘作除数，以除数除被除数得结果数。

译解

〔一〇〕$\dfrac{8}{9} - \dfrac{1}{5} = \dfrac{8 \times 5}{9 \times 5} - \dfrac{1 \times 9}{5 \times 9} = \dfrac{40-9}{45} = \dfrac{31}{45}$。

〔一一〕$\dfrac{3}{4} - \dfrac{1}{3} = \dfrac{3 \times 3}{4 \times 3} - \dfrac{1 \times 4}{3 \times 4} = \dfrac{9-4}{12} = \dfrac{5}{12}$。

术解

（以卷第一题〔一○〕为例）

〔1〕母互乘子，以少减多，余为实。

母互乘子：分母与分子交叉相乘。

$5 \times 8 = 40$，$1 \times 9 = 9$。

以少减多：从多的数里减去少数，$40 - 9 = 31$。余为实：相减的结果31为余数，作被除数（即"实"）。

〔2〕母相乘为法：分母相乘作除数（即"法"），即$9 \times 5 = 45$。

〔3〕实如法而一：除数除被除数得结果：即$31 \div 45 = \dfrac{31}{45}$。

原文

〔一二〕今有八分之五，二十五分之十六。问孰多？多几何？

答曰：二十五分之十六多；多二百分之三。

〔一三〕又有九分之八，七分之六。问孰多？多几何？

答曰：九分之八多；多六十三分之二。

〔一四〕又有二十一分之八，五十分之十七。问孰多？多几何？

答曰：二十一分之八多；多一千五十分之四十三。

课分术[1]曰：母互乘子，以少减多，余为实母相乘为法；实如法而一，即相多也。

注释

〔1〕课分术：比较两数的大小，并考核较大分数比较小分数大多少。

□ 河图

据称伏羲氏统治天下时，黄河里跃出一匹马，马背上驮一幅画，上面有黑白点五十个，用直线连成十数，后人称之为"河图"。"河图"总共记有十数，故又称"十数图"。"河图"的意义有三：一是用数为五行定位；二是推演五行生成数；三是以大衍数之理对人与天地相应整体观进行科学抽象。

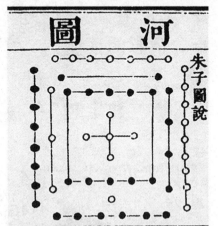

译文

〔一二〕今有 $\frac{5}{8}$，$\frac{16}{25}$。问哪个分数大？大多少？

答：$\frac{16}{25}$ 大，大 $\frac{3}{200}$。

〔一三〕又有 $\frac{8}{9}$，$\frac{6}{7}$，问哪个分数大？大多少？

答：$\frac{8}{9}$ 大，大 $\frac{2}{63}$。

〔一四〕又有 $\frac{8}{21}$，$\frac{17}{50}$，问哪个分数多？多多少？

答：$\frac{8}{21}$ 多，多 $\frac{43}{1\,050}$。

比较分数大小的运算法则是：分母与分子交叉相乘，从大数里减去小数，所得作被除数（新的分子）；分母与分母相乘作除数（新的分母）；以除数去除被除数所得的结果，即为多出之数。

译解

〔一二〕$\frac{5}{8} = \frac{5 \times 25}{8 \times 25} = \frac{125}{200}$，$\frac{16}{25} = \frac{16 \times 8}{25 \times 8} = \frac{128}{200}$，两数比较，$\frac{16}{25}$ 大，多出的数

为：$\frac{16}{25} - \frac{5}{8} = \frac{128}{200} - \frac{125}{200} = \frac{3}{200}$。

〔一三〕$\frac{8}{9} = \frac{8 \times 7}{9 \times 7} = \frac{56}{63}$，$\frac{6}{7} = \frac{6 \times 9}{7 \times 9} = \frac{54}{63}$，两

数比较，$\frac{8}{9}$ 大，大出的数为：$\frac{8}{9} - \frac{6}{7} = \frac{56}{63} - \frac{54}{63} = \frac{2}{63}$。

〔一四〕$\frac{8}{21} = \frac{8 \times 50}{21 \times 50} = \frac{400}{1\,050}$，$\frac{17}{50} =$

$\frac{17 \times 21}{50 \times 21} = \frac{357}{1\,050}$，

两数比较，$\frac{8}{21}$ 大，大出的数为：$\frac{400}{1\,050} -$

$\frac{357}{1\,050} = \frac{43}{1\,050}$。

□ 石斧

商朝农业生产者由两种身份的人组成，一为"邑人"，即乡村的氏族成员，他们以家为单位耕种公地，收获归己；二为"众人"，即从事劳动的奴隶，他们耕种商王或贵族占有的土地，收获归商王或贵族所有。图中石斧是邑人和众人耕田的常用工具。

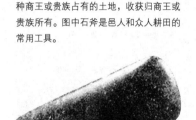

术解

（以卷第一题〔一四〕为例）

〔1〕母互乘子：$8 \times 50 = 400$，$17 \times 21 = 357$。以多减少：$400 - 357 = 43$。余为实：43 作被除数（新的分子，即"实"）。

〔2〕母相乘为法：$21 \times 50 = 1050$ 为除数（新的分母，即"法"）。

〔3〕实如法而一，即相多也：$\dfrac{43（实）}{1050（法）}$ 为一新结果，也就是所多的部分。

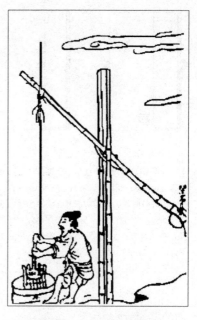

□ 竹竿提水图　《天工开物》插图

竹竿提水即选择大小两根竹竿相接，竹竿中部架在作为杠杆的竹梯上，并固定另一端头；较小竹竿另一端系一水桶。其原理是通过对架在竹梯上的大竹竿下压用力，从而提水出井。当放松大竹竿时，小竹竿下降，桶就会再次回到井里。图为古人用竹竿提水的情景。

原文

〔一五〕今有三分之一，三分之二，四分之三。问减多益少，各几何[1]而平[2]？

答曰：减四分之三者二，三分之二者一，并以益三分之一，而各平于十二分之七。

〔一六〕又有二分之一，三分之二，四分之三。问减多益少，各几何而平？

答曰：减三分之二者一，四分之三者四，并以益二分之一，而各平于三十六分之二十三。

平分术[3]曰：母互乘子，副并为平实，母相乘为法。以列数乘未并者，各自为列实，亦以列数乘法。以平实减列实，余，约之为所减。并所减以益于少，以法命平实，各得其平。

注释

〔1〕几何：多少。

〔2〕平：平均数。

〔3〕平分术：计算分数的平均算法。

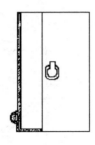

□ 巨野铜漏

　　巨野铜漏于1977年在山东巨野县红土山西汉墓出土。器作圆筒形，素面。高79.3厘米，口底直径各47厘米，壁厚0.7厘米，重74公斤。腹中部饰有两个对称铜环，距器底5厘米处有一圆孔，是铜漏的出水口。漏刻是人类生活中的重要计时工具。图为巨野铜漏线图。

译文

　　〔一五〕今有 $\frac{1}{3}$，$\frac{2}{3}$，$\frac{3}{4}$。若减多增少，这三个数各增多少或各减多少才能得到它们的平均数？

　　答：从 $\frac{3}{4}$ 中减去 $\frac{2}{12}$，从 $\frac{2}{3}$ 中减去 $\frac{1}{12}$，并将减下来的 $\frac{2}{12}$、$\frac{1}{12}$ 都加给 $\frac{1}{3}$，则3个数均等于其平均数 $\frac{7}{12}$。

　　〔一六〕又有 $\frac{1}{2}$，$\frac{2}{3}$，$\frac{3}{4}$。若减多增少，这三个数各增多少或各减多少才能得到它们的平均数？

　　答：从 $\frac{2}{3}$ 中减去 $\frac{1}{36}$，从 $\frac{3}{4}$ 中减去 $\frac{4}{36}$，将减下来的 $\frac{1}{36}$、$\frac{4}{36}$ 都加给 $\frac{1}{2}$，则3个数均等于其平均数 $\frac{23}{36}$。

　　分数平均的运算法则是：以诸分母与诸分子交叉相乘，另将乘得的积相加，作为平均数的分子（平实）；以诸分母相乘为除数。以列数（即分数个数）去乘（通得的）各列分子作为该列的新分子（列实）。同样又以列数去乘"法"为新分母。以"平实"去减各（较大的）"列实"，所得余数（与新分母）约简，即为（大数）应减之数。将所减各数之和增加于较小数，这样，各列分子皆为"平实"。以"平实"为分子，相应除数为分母，则各数皆得其平均分数。

译解

　　〔一五〕先求这3个数的平均数：$\left(\frac{1}{3}+\frac{2}{3}+\frac{3}{4}\right)\div3=\frac{7}{12}$，经过减多益少，3个数均等于它们的算术平均数，可得：$\frac{3}{4}-\frac{2}{12}=\frac{7}{12}$，$\frac{2}{3}-\frac{1}{12}=\frac{7}{12}$，$\frac{1}{3}+\left(\frac{2}{12}+\frac{1}{12}\right)=\frac{7}{12}$。

　　〔一六〕先求这3个数的平均数：$\left(\frac{1}{2}+\frac{2}{3}+\frac{3}{4}\right)\div3=\frac{23}{36}$，经过减多益少，3个数

均等于它们的算术平均数，可得：$\dfrac{2}{3} - \dfrac{1}{36} = \dfrac{23}{36}$，$\dfrac{3}{4} - \dfrac{4}{36} = \dfrac{23}{36}$，$\dfrac{1}{2} + \left(\dfrac{1}{36} + \dfrac{4}{36}\right) = \dfrac{23}{36}$。

术解

（以卷第一题〔一六〕为例）

〔1〕母互乘子：分母与分子交叉相乘，3个数为$\dfrac{1}{2}$，$\dfrac{2}{3}$，$\dfrac{3}{4}$，按"母互乘子"得3组数如下：$1 \times 3 \times 4 = 12$，$2 \times 2 \times 4 = 16$，$3 \times 2 \times 3 = 18$。

〔2〕副并为平实：另将"母互乘子"3数相加作为平均数的分子。并：相加；平实：平均数的分子，本题"平实"$= 12 + 16 + 18 = 46$。

〔3〕母相乘为法：$2 \times 3 \times 4 = 24$。

〔4〕以列数乘未并者：

$$3（列数）\times \begin{cases} 12 = 36 \\ 16 = 48 \\ 18 = 54 \end{cases}。$$

〔5〕各自为列实：另作一组分子即〔4〕中36、48、54。

〔6〕列数乘法：

$3（列数）\times 24（见〔3〕）= 72$。

〔7〕平实减列实：以大于平实46的列实48、54减去46，即$48 - 46 = 2$，$54 - 46 = 8$。2，8为余数。

〔8〕余，约之为所减：将余数2，8与分母72相约$\left(\dfrac{2}{72}，\dfrac{8}{72} \text{以最大公约数2相约得} \dfrac{1}{36}，\dfrac{4}{36}\right)$，即为所减之数，即"答曰"所示"减三分之二者一，四分之三者四"，其中一、四指$\dfrac{1}{36}$、$\dfrac{4}{36}$的分子数。

〔9〕并所减以益于少：将所减的数之和加给小于"平实"46的"列实"36被

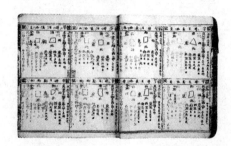

□《鱼鳞清册》书影

万历九年，张居正为增加政府收入，下令在全国范围内清丈土地，编制《鱼鳞清册》。图为某地十六清丈鱼鳞图册，即此次清丈全国土地的记录。它以"商"字编号，从商字1号至商字2 142号，共绘制2 142块地形，以及所有者的姓名等内容。这年全国共清查出隐瞒土地147万顷。

□ **北朝·魏铜砣**

铜砣腹作五瓣瓜棱形，上下饰大小相间的花瓣，在瓜棱凸起部位刻铭文15行。图为北朝·魏铜砣，铜砣底部，刻有一"平"字。上为铜砣正面图。

2约分之后的18，即18＋5＝23。

〔10〕以法命平实，各得其平："平实"46（见〔2〕），"法"72（见〔6〕），"以法命平实"即$\frac{46}{72}$，约2得$\frac{23}{36}$。各得其平。经过减多益少，3个数均等于它们的算术平均数，即：$\frac{2}{3}-\frac{1}{36}=\frac{23}{36}$，$\frac{3}{4}-\frac{4}{36}=\frac{23}{36}$，$\frac{1}{2}+\left(\frac{1}{36}+\frac{4}{36}\right)=\frac{23}{36}$。

原文

〔一七〕今有七人，分八钱三分钱之一。问人得几何？

答曰：人得一钱二十一分钱之四。

〔一八〕又有三人三分人之一，分六钱三分钱之一，四分钱之三。问人得几何？

答曰：人得二钱八分钱之一。

经分术[1]曰：以人数为法，钱数为实，实如法而一。有分者通之。重有分者同而通之[2]。

注释

〔1〕经分术：分数相除的运算法则。

〔2〕重有分者同而通之：若分母、分子都有带分数的，均需化为假分数运算。

译文

〔一七〕现有7人，分$8\frac{1}{3}$钱。问每人平均得钱多少？

答：每人得$1\frac{4}{21}$钱。

〔一八〕又有 $3\frac{1}{3}$ 人，分 $6\frac{1}{3}$ 钱和 $\frac{3}{4}$ 钱。问每人平均得钱多少？

答：每人得 $2\frac{1}{8}$ 钱。

分数相除的运算法则是：以人数作除数，以钱数作被除数，除数除被除数得结果。若除数、被除数中有带分数，应化为假分数。

译解

〔一七〕$8\frac{1}{3}$ 钱 $\div 7 = 1\frac{4}{21}$ 钱。

〔一八〕$\left(6\frac{1}{3} + \frac{3}{4}\right)$ 钱 $\div 3\frac{1}{3} = 2\frac{1}{8}$ 钱。

术解

（以卷第一题〔一七〕为例）

〔1〕以人数为法，钱数为实，实如法而一：$8\frac{1}{3}$ 钱 $\div 7 = 1\frac{4}{21}$ 钱。

〔2〕有分者同而通之：如将 $8\frac{1}{3}$ 化为 $\frac{25}{3}$，这样便于运算。

□ **压土 《天工开物》插图**

古代南、北种麦有分别，南方在耕地后，以灰拌种，手指拈而播种。种过之后，以脚跟压紧泥土。北方则是以驴车压。图为北方农民在播种后赶驴子压土的情景。

原文

〔一九〕今有田广七分步之四，从五分步之三。问为田几何？

答曰：三十五分步之十二。

〔二〇〕又有田广九分步之七，从十一分步之九，问为田几何？

答曰：十一分步之七。

〔二一〕又有田广五分步之四，从九分步之五。问为田几何？

□ 张 衡

张衡（公元78—公元139年），字平子，河南南阳西鄂（今河南南阳市石桥镇）人，精通天文历算，曾两任执管天文的太史令。他创制了世界上最早利用水力转动的漏水浑天仪和测定地震方位的候风地动仪；首次正确解释月食是由月球进入地影而产生的；观测和记录了中原地区能看到的2 500颗星，并且绘制了中国第一幅较完整的星图。

答日：九分步之四。

乘分术[1]曰：母相乘为法，子相乘为实，实如法而一。

注释

〔1〕乘分术：分数相乘的运算法则。

译文

〔一九〕今有田宽$\frac{4}{7}$步，长$\frac{3}{5}$步，问这块田面积是多少？

答：$\frac{12}{35}$平方步。

〔二〇〕又有田宽$\frac{7}{9}$步，长$\frac{9}{11}$步，问这块田的面积是多少？

答：$\frac{7}{11}$平方步。

〔二一〕又有田宽$\frac{4}{5}$步，长$\frac{5}{9}$步，问这块田的面积是多少？

答：$\frac{4}{9}$平方步。

译解

〔一九〕所求田面积为：$\frac{4}{7}$步$\times\frac{3}{5}$步$=\frac{12}{35}$平方步。

〔二〇〕所求田面积为：$\frac{7}{9}$步$\times\frac{9}{11}$步$=\frac{7}{11}$平方步。

〔二一〕所求田面积为：$\frac{4}{5}$步$\times\frac{5}{9}$步$=\frac{4}{9}$平方步。

术解

（以卷第一题〔二一〕为例）

〔1〕母相乘为法：分母相乘作除数，$5 \times 9 = 45$。

〔2〕子相乘为实：分子相乘作被除数，$4 \times 5 = 20$。

〔3〕实如法而一：除数除被除数得所求结果，20平方步 $\div 45 = \frac{20}{45}$平方步 $= \frac{4}{9}$平方步。

原文

〔二二〕今有田广三步三分步之一，从五步五分步之二。问为田几何？

答曰：十八步。

〔二三〕又有田广七步四分步之三，从十五步九分步之五。问为田几何？

答曰：一百二十步九分步之五。

〔二四〕又有田广十八步七分步之五，从二十三步十一分步之六。问为田几何？

答曰：一亩二百步十一分步之七。

大广田术[1]曰：分母各乘其全，分子从之，相乘为实。分母相乘为法。实如法而一。

注释

〔1〕大广田术：长宽为带分数田的运算法则。

译文

〔二二〕现有田宽$3\frac{1}{3}$步，长$5\frac{2}{5}$步，问这块田的面积是多少？

答：18平方步。

〔二三〕又有田宽$7\frac{3}{4}$步，长$15\frac{5}{9}$步。问这块田地的面积是多少？

□ 播 种 《天工开物》插图

古人在播种时很讲究，种子之间的距离有一定规范，如窝距为三寸，行距为八寸，行窝太窄，则不利于幼苗成活；行窝太宽，则不利于更多地播种，这也会影响到农民的收成。可见，在农作物播种时同样会涉及到数学计算。

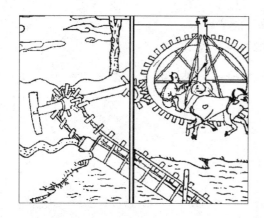

□ 水车灌溉　《天工开物》插图

　　古代灌溉农田，使用的是木制的汲水装置——龙骨水车。这种水车主要由木链、刮板等组成。通常安放在河边，下端刮板伸入水中，利用链轮传动原理，再加上人力（或畜力）带动木链翻转，这样装在木链上的刮板就能把河水提升到农田里进行灌溉。图为以牛带动木链翻转灌溉田地的情景。

答：$120\frac{5}{9}$平方步。

〔二四〕又有田宽$18\frac{5}{7}$步，长$23\frac{6}{11}$步。问这块田的面积是多少？

答：1亩$200\frac{7}{11}$平方步。

长、宽皆为带分数的田的算法是：各以分母乘其整数部分，再加上分子（组成一和），然后相乘作被除数。以分母相乘作除数。以除数去除被除数求得结果。

译解

〔二二〕$3\frac{1}{3}$步$\times 5\frac{2}{5}$步$=\frac{10}{3}$步$\times \frac{27}{5}$步$=18$平方步。

〔二三〕$7\frac{3}{4}$步$\times 15\frac{5}{9}$步$=120\frac{5}{9}$平方步。

〔二四〕$18\frac{5}{7}$步$\times 23\frac{6}{11}$步$=\frac{131}{7}$步$\times \frac{259}{11}$步$=440\frac{7}{11}$平方步$=1$亩$200\frac{7}{11}$平方步。

术解

（以卷第一题〔二四〕为例）

　　分母各乘其全，分子从之，相乘为实，分母相乘为法：各以分母乘它的整数部分，再加上分子（组成一和），然后相乘作被除数。

$18\frac{5}{7}$步$\times 23\frac{6}{11}$步

$=\frac{18\times 7\text{（分母乘其全）}+5\text{（分子从之）}}{7}$步$\times \frac{23\times 11\text{（分母乘其全）}+6\text{（分子从之）}}{11}$步

$=\frac{[(18\times 7+5)\times(23\times 11+6)\text{（相乘为实）}]}{7\times 11}$平方步

$$= \frac{131 \times 259}{77}平方步 = \frac{33\,929}{77}平方步 = 440\frac{7}{11}平方步。$$

原文

〔二五〕今有圭[1]田广[2]十二步，正从[3]二十一步。问为田几何？

答曰：一百二十六步。

〔二六〕又有圭田广五步二分步之一，从八步三分步之二。问为田几何？

答曰：二十三步六分步之五。

术曰：半广以乘正从。

注释

〔1〕圭：圭形，指三角形。

〔2〕广：三角形底边长。

〔3〕正从：三角形底边上的高。

译文

〔二五〕今有三角形田底边长12步，底边上的高21步。问这块田的面积是多少？

答：126平方步。

〔二六〕又有三角形田底边长$5\frac{1}{2}$步，底边上的高是$8\frac{2}{3}$步。问这块田的面积是多少？

答：$23\frac{5}{6}$平方步。

运算法则是：底边长的$\frac{1}{2}$乘底边上的高。

译解

〔二五〕如图1－2，所求田面积为：

□ **彩陶　仰韶遗址**

图为仰韶文化遗址中出土的彩陶。陶画的创作也促进了几何学的诞生，许多图形的完成都需要数学知识和几何知识参与才行。如正方形、等腰三角形的绘制必须要有一定线段等长的概念，又如画多角形，则必须在圆的基础上运用圆的等分计算才能做出。而大地湾仰韶早期等遗址发现的彩陶上已经出现了绘制得很标准的直角三角形、等腰三角形等，说明当时人们已经能够熟练运用这些几何图形来创造完美的图案了。

$\frac{1}{2} \times 12$步$\times 21$步$=126$平方步。

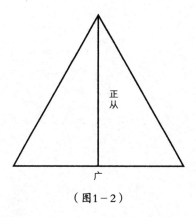

正
从

广

（图1-2）

〔二六〕所求田面积为：$\frac{1}{2} \times 5\frac{1}{2}$步$\times 8\frac{2}{3}$步$=23\frac{5}{6}$平方步。

术解

（以卷第一题〔二六〕为例）

所求田面积为：$\frac{1}{2} \times 5\frac{1}{2}$步$\times 8\frac{2}{3}$步$=23\frac{5}{6}$平方步。

原文

〔二七〕今有邪田[1]一头[2]广三十步，一头广四十二步，正从[3]六十四步。问为田几何？

答曰：九亩一百四十四步。

〔二八〕又有邪田，正广[4]六十五步，一畔[5]从一百步，一畔从七十二步。问为田几何？

答曰：二十三亩七十步。

术曰：并[6]两广[7]若袤而半之[8]，以乘正从若[9]广。又可半正从若广，以乘并，亩法而一[10]。

注释

〔1〕邪田：直角梯形田。

〔2〕头：直角梯形底边横放时，以"头"称其上下底，如图1－3。

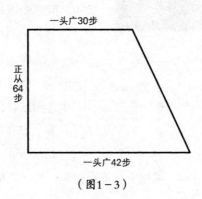

（图1－3）

〔3〕正从：高。

〔4〕正广：高。

〔5〕畔：直角梯形底纵向时，以"畔"称其上下底，如图1－4。

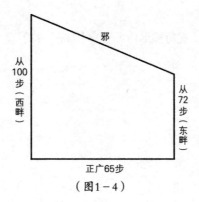

（图1－4）

〔6〕并：相加。

〔7〕两广：直角梯形两底边。

〔8〕半之：以2相除。

〔9〕若：或者。

〔10〕亩法而一：以每亩240平方步作除数，得一结果。

□ **窖穴**

　　原始社会晚期，每个村落都有大量的窖穴。窖穴多挖成方形或圆形，在开挖过程中，窖穴的口、底、壁都要求很规整。另外，窖穴的位置选择也很重要，这更有利于储存更多粮食和避免粮食受潮。

译文

　　〔二七〕现有直角梯形田，上、下底边长分别为30步、42步，高64步，问这块田地的面积是多少？

　　答：9亩144平方步。

　　〔二八〕又有一块直角梯形田高为65步，上、下底边长分别为100步、72步。问这块田的面积是多少？

　　答：23亩70平方步。

　　算法：上、下底相加所得和的一半，乘以高。或者高的一半，乘以上、下底的和，然后以每亩240平方步除之，即得出结果。

译解

　　〔二七〕如图1-3，直角梯形田面积=（30+42）步×64步÷2=2 304平方步=9亩144平方步。

　　〔二八〕如图1-4，直角梯形田面积=（100+72）步×65步÷2=5 590平方步=23亩70平方步。

术解

　　（以卷第一题〔二八〕为例）

　　〔1〕邪田（直角梯形田）面积为：

　　（上底+下底）×高÷2

　　〔2〕亩法而一：用240平方步作除数，每240平方步为1亩。

　　题〔二八〕所求邪田面积为：（100+72）步×65步÷2=5 590平方步，5 590÷240=23亩70平方步。

原文

　　〔二九〕今有箕田[1]，舌广[2]二十步，踵广[3]五步，正从三十步。问为田几何?

答曰：一亩一百三十五步。

〔三〇〕又有箕田，舌广一百一十七步，踵广五十步，正从一百三十五步。问为田几何?

答曰：四十六亩二百三十二步半。

术曰：并踵舌而半之，以乘正从。亩法[4]而一。

注释

〔1〕箕田：等腰梯形田。

〔2〕舌广：等腰梯形长底边。

〔3〕踵广：等腰梯形短底边，如图1-5所示：

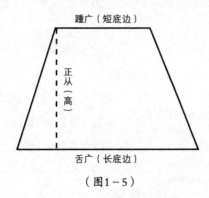

（图1-5）

〔4〕亩法：即平方步化为亩时所用的除数240。

译文

〔二九〕今有等腰梯形田的长底边为20步，短底边为5步，高为30步。问这块田的面积是多少?

答：1亩135平方步。

〔三〇〕又有一等腰梯形田的长底边为117步，短底边为50步，高135步。问这块田的面积是多少?

答：46亩232$\frac{1}{2}$平方步。

算法：上下底之和除以2，再以高相乘。以每亩240平方步除之，则得其结果。

译解

〔二九〕所求田面积为：

$$\frac{(20+5)\,步 \times 30步 \div 2}{240} = \frac{375平方步}{240} = 1亩135平方步。$$

〔三〇〕所求田面积为：$\dfrac{(117+50)\,步 \times 135步 \div 2}{240} = 46亩232\frac{1}{2}平方步。$

术解

（以卷第一题〔二九〕为例）

〔1〕箕田（等腰梯田）面积=（踵广+舌广）×正从÷2，即（长底边长+短底边长）×高÷2。

〔2〕用240平方步作除数，每240平方步为1亩。

题〔二九〕所求田面积为：

（20 + 5）× 30 ÷ 2 = 375平方步，

375平方步 ÷ 240 = 1亩135平方步。

原文

〔三一〕今有圆田，周三十步，径十步。问为田几何？

答曰：七十五步。

〔三二〕又有圆田，周一百八十一步，径六十步三分步之一。问为田几何？

答曰：十一亩九十步十二分步之一。

术曰：半周半径相乘得积步。

又术曰：周径相乘，四而一。

又术曰：径自相乘，三之，四而一。

又术曰：周自相乘，十二而一。

□ 桔槔

桔槔是中国农村历代通用的旧式提水器具。它是在一根竖立的架子上加上一根细长的杠杆，当中是支点，末端悬挂一个重物，前端悬挂水桶。当人把水桶放入水中打满以后，可借杠杆末端的重力作用，轻易地将水提拉至所需处。

译文

〔三一〕现有圆形田，圆周为30步，直径为10步。问田的面积是多少?

答：75平方步。

〔三二〕又有一圆形田，圆周为181步，直径$60\frac{1}{3}$步。问田的面积是多少？ 答：11亩$90\frac{1}{12}$平方步。

算法一：以圆周之半与半径相乘可得到圆田的面积。

算法二：圆周与直径相乘，除以4。

算法三：直径与直径相乘，乘以3除以4。

算法四：圆周与圆周相乘，除以12。

□ 砻

砻是用来去掉稻粒外壳的一种工具。它用绳悬挂横杆，再将连杆和砻上的曲柄相连。当用两手反复且稍有摆动地推动横杆时，就可以通过连杆曲柄等构件使砻的上半部分旋转起来。这种机器可看成一种曲柄连杆装置。图中，古人正在利用砻去掉稻壳。

译解

〔三一〕圆田面积为：

$$\pi R^2 \,(R为半径) = \pi\left(\frac{C}{2\pi}\right)^2 (C为周长)$$

$$= \pi \times \frac{C^2}{4\pi^2} = \frac{C^2}{4\pi} = \frac{30^2}{4\times3}\,(取\pi=3) = 75平方步。$$

〔三二〕圆田面积为：$\dfrac{C^2}{4\pi} = \dfrac{181^2}{4\times3} = \dfrac{3\,2761}{12}$平方步（取$\pi=3$），

1亩 $= 240$平方步，

$$\frac{3\,2761}{12} \div 240 = 11亩90\frac{1}{12}平方步。$$

术解

术曰列出了四种运算方法，以卷第一题〔三一〕为例说明其运算过程：

第一种算法：

圆田面积 = 半周 × 半径 = $\frac{20}{3}$步 × $\frac{10}{2}$步 = 75平方步。

第二种算法：

圆田面积 = 周径相乘 ÷ 4 = 30步 × 10步 ÷ 4 = 75平方步。

第三种算法：

圆田面积 = 直径 × 直径 × 3 ÷ 4 = 10步 × 10步 × 3 ÷ 4 = 75平方步。

第四种算法：

圆田面积 = 周长 × 周长 ÷ 12 = 30步 × 30步 ÷ 12 = 75平方步。

原文

〔三三〕今有宛田[1]，下周三十步，径十六步。问为田几何？

答曰：一百二十步。

〔三四〕又有宛田，下周九十九步，径五十一步。问为田几何？

答曰：五亩六十二步四分步之一。

术曰：以径乘周，四而一。

注释

〔1〕宛田：即扇形田，见图1-6。传统解为球冠形，按这种注解，则本题的算法不准确，如刘徽所言："此术不验。"本处采用扇形田的理解，则本题的解法不误（参见肖作政先生《宛田非球冠形》一文，载《自然科学史研究》第七卷，1988年第2期）。

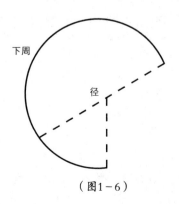

下周

径

（图1-6）

译文

〔三三〕现有扇形田，下周长30步，径长16步。问这块田面积是多少？

答：120平方步。

〔三四〕又有一扇形田，下周长99步，径长51步。问这块田的面积是多少？

答：5亩62$\frac{1}{4}$平方步。

算法：用径长乘以周长，除以4。

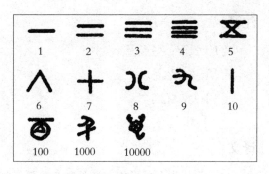

☐ **甲骨文中的13个数字**

在中国，数字出现的最早物证是殷商甲骨文（公元前14世纪—公元前11世纪），其中有13个记数单位。一、十、百、千、万，各有专名。这已经蕴涵有十进位制的萌芽。

译解

〔三三〕设扇形弧长为L，半径为R，

则其面积 $= \frac{1}{2}LR = \frac{1}{2} \times 30步 \times \frac{16步}{2} = \frac{30步 \times 16步}{4} = 120$平方步。

〔三四〕扇形田面积 $= \frac{1}{2} \times 99步 \times \frac{51}{2}步 = 1\,262\frac{1}{4}$平方步 $= 5$亩$62\frac{1}{4}$平方步。

术解

（以卷一题〔三三〕为例）

宛田（扇形田）面积 $= 30步 \times 16步 \div 4 = 120$平方步

原文

〔三五〕今有弧田[1]，弦[2]三十步，矢[3]十五步，问为田几何？

答曰：一亩九十七步半。

〔三六〕又有弧田，弦七十八步二分步之一，矢十三步九分步之七，问为田几何？

答曰：二亩一百五十五步八十一分步之五十六。

术曰：以弦乘矢，矢又自乘，并之，二而一。

注释

〔1〕弧田：弓形田。

〔2〕弦：弦长。

〔3〕矢：弧高。

译文

〔三五〕现有弓形田，弦长30步，弧高15步。问这块田的面积是多少？

答：1亩97$\frac{1}{2}$平方步。

〔三六〕又有一弓形田，弦长78$\frac{1}{2}$步，弧高13$\frac{7}{9}$步。问这块田的面积是多少？

答：2亩155$\frac{56}{81}$平方步。

算法：用弦长乘以弧高，弧高又自乘，两者之和除以2。

译解

〔三五〕如图1-7，由弦长是弧高的2倍得知，此弓形田为半圆形田。所求面积为：

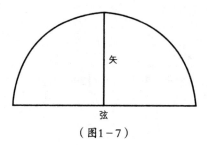

（图1-7）

$\frac{1}{2}\pi R^2 = \frac{1}{2} \times 3.14 \times (15步)^2 (\pi = 3.14) = 353\frac{1}{4}$平方步 $= 1$亩$113\frac{1}{4}$平方步（取 $\pi = 3.14$），与古人答案稍有不同，古人在运算时取$\pi = 3$。

〔三六〕设弦长$a = 78\frac{1}{2}$步，弧高$h = 13\frac{7}{9}$步，

所求弓形田面积 $= \frac{2}{3}ah + \frac{16h^3}{31a} = 3$ 亩 $5\frac{17}{50}$ 平方步。古人的算法误差较大。

术解

由于卷第一题〔三五〕与〔三六〕术解与译解均有差异，故以两题为例，说明古人算法。

弓形田面积 = （弦×矢 + 矢²）÷2，

将题〔三五〕所设条件代入公式，得所求田面积为：

$$[（30步 \times 15步）+（15步）^2] \div 2 = 337\frac{1}{2}平方步 = 1亩97\frac{1}{2}平方步，$$

将题〔三六〕所设条件代入公式，得所求田面积为：

$$\left[78\frac{1}{2}步 \times 13\frac{7}{9}步 +\left(13\frac{7}{9}步\right)^2 \right] \div 2 = 2亩155\frac{56}{81}平方步。$$

原文

〔三七〕今有环田，中周九十二步，外周一百二十二步，径五步，问为田几何？

答：二亩五十五步。

术曰：并中外周而半之，以径乘之为积步。

译文

〔三七〕现有圆环形田，内圆周长是92步，外圆周长是122步，径长是5步。问这块田的面积是多少？

答：2亩55平方步。

算法：内圆周长与外圆周长的和除以2，再乘以径长。

□ **连机碓 元朝**

连机碓是以水为动力的一种谷物加工工具。元代王祯在《农书·农器图谱·机碓》中形容它说："今人造作水轮，轮轴长可数尺，列贯横木，相交如枪之制。水激轮转，则轴间横木，间打所排碓梢，一起一落舂之，即连机碓也。"这是说连机碓在工作时，以一个大型的立式水轮带动装在轮轴上的一排互相错开的拨板，拨板拨动碓杆，从而使几个碓头间断地相继舂米。

译解

〔三七〕设径长 $a=5$ 步，外圆半径为 r、外圆周长 $C=122$ 步，内圆半径为 r'，内圆周长 $C'=92$ 步。

因公式：$C=2\pi r$，故外圆半径 $r=\dfrac{C}{2\pi}=\dfrac{122步}{2\pi}=\dfrac{61步}{\pi}$，

内圆半径 $r'=\dfrac{C'}{2\pi}=\dfrac{92步}{2\pi}=\dfrac{46步}{\pi}$，

圆环形面积＝外圆面积－内圆面积

$$=\left[\pi\left(\frac{61步}{\pi}\right)^2\right]-\left[\pi\left(\frac{46步}{\pi}\right)^2\right]=\pi\left[\frac{(61步)^2}{\pi^2}-\frac{(46步)^2}{\pi^2}\right]$$

$$=\pi\frac{(61步)^2-(46步)^2}{\pi^2}=535平方步＝2亩55平方步（取\pi=3）。$$

术解

按古人的解题法则：将圆环形伸直，使成等腰梯形，按等腰梯形算出其面积。如图1－8。

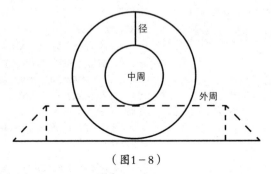

（图1－8）

所求面积为：

$$[（中周+外周）\div 2]\times 径=\frac{92+122}{2}步\times 5步=535平方步＝2亩55平方步。$$

原文

〔三八〕又有环田[1]，中周六十二步四分步之三，外周一百一十三步二分步之一，径十二步三分步之二。问为田几何？

答曰：四亩一百五十六步四分步之一。

术曰：置中外周步数[2]：分母、子各居其下[3]，母互乘子，分母相乘，通全步[4]，内分子[5]，并而半之。径亦通分内子，以乘周为实[6]。分母相乘为法，除之为积步，余积步之分。以亩法除之，即亩数也。

注释

〔1〕环田：指不足一匹的圆形田，如图1-9。

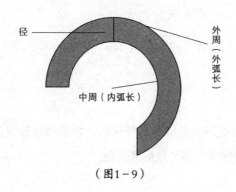

径 —— 外周（外弧长）

中周（内弧长）

（图1-9）

〔2〕置中外周步数：合并内外弧的长度。

〔3〕分母、子各居其下：意为在处理带有整数的分数时，先将整数放在一边，处理分母、分子。

〔4〕通全步：将带分数的步数化为假分数的步数。

〔5〕内分子："内"意为"纳"。加上分子。

〔6〕实：被除数。

译文

〔三八〕又有一环田，内圆弧长$62\frac{3}{4}$步，外圆弧长$113\frac{1}{2}$步，径长$12\frac{2}{3}$步，问这块田的面积是多少？

答：4亩$156\frac{1}{4}$平方步。

算法：合并内外圆弧长的步数：使分母、分子各在其整数部分之下，以此分母与分子交互相乘（进行通分）；又将整数部分化为分数，即用分母乘整数步数再加分子（化为假分数）。然后内外圆弧长度相加除以2。以径长的分母乘整步数再加分子，所得之数乘圆弧数（和数之半的分子）为被除数，以（圆弧长与径长）二者之分母相乘为除数，相除得环形田面积步数，相除不尽的余数即是面积步数的分数部分。以亩法（每亩240平方步）除之，便得亩数。

译解

将圆环伸直，使成等腰梯形，按等腰梯形算出其面积，参见图1－9及卷第一题〔三七〕解法，所求面积为：

$$\left[\left(62\frac{3}{4}+113\frac{1}{2}\right)\div2\right]步\times12\frac{2}{3}步=1\ 116\frac{1}{4}平方步=4亩156\frac{1}{4}平方步。$$

术解

与译解一样，将圆环伸直成为等腰梯形，按等腰梯形就能算出环田的面积，因涉及到分数，所以讲了许多分数运算法则。

粟 米

BOOK 2

方今有粟一斗，欲为粝米。问得几何？

答曰：为粝米六升。

术曰：以粟求粝米，三之，五而一。

今有粟三斗六升，欲为粺饭。问得几何？

答曰：为粺饭三斗八升二十五分升之二十二。

今有粟三斗少半升，欲为菽。问得几何？

答曰：为菽二斗七升一十分升之三。

今有粟五斗太半升，欲为麻。问得几何？

答曰：为麻四斗五升五分升之三。

今有粟一十斗八升五分升之二，欲为麦。问得几何？

答曰：为麦九斗七升二十五分升之一十四。

□ 刘徽

刘徽（约公元225—公元295年），数学家。他的杰作《九章算术注》和《海岛算经》是我国宝贵的数学遗产。刘徽是中国最早明确主张用逻辑推理的方式来论证数学命题的人。他在开方不尽的问题中提出"求徽数"的思想，这不仅是圆周率精确计算的必要条件，也促进了十进小数的产生；还首次提出了"不定方程问题"；建立等差级数前n项和公式等。他在世界数学史上有崇高的地位，被称为"中国数学史上的牛顿"。

原文

粟米之法[1]：

粟率五十，粝米[2]三十，粺米[3]二十七，糳米[4]二十四，御米[5]二十一，小䵂[6]十三半，大䵂[7]五十四，粝饭[8]七十五，粺饭五十四，糳饭四十八，御饭四十二，菽[9]、荅[10]、麻[11]、麦各四十五，稻六十，豉[12]六十三，飧[13]九十，熟菽一百三半，蘖[14]一百七十五。

今有术[15]曰：以所有数乘所求率为实[16]，以所有率为法[17]，实如法而一[18]。

注释

〔1〕粟米之法：以"粟率五十"为标准，粮谷间相互兑换的比率数（如粟米：粝米=50：30）。本处所列比率表是一个兑换比率表。

〔2〕粝米：粗米。粝米三十指粟米：粝米=50：30，以下类推。

〔3〕粺米：比粝米稍精的米。

〔4〕糳（zuó）米：舂过的米，稍精于粺米。

〔5〕御米：上等精米，精于糳米。

〔6〕〔7〕小䵂、大䵂：䵂（zhé）磨碎后未分筛的麦屑。磨得较细一点的为小䵂，粗一点的称大䵂。

〔8〕饭：煮熟的谷类食物，因加水谷类煮成熟饭后数量增多，故饭率为米率的两倍（如粺、糳、御）或两倍半（如粝）。

〔9〕菽：大豆。

〔10〕荅：小豆。

〔11〕麻：芝麻。

〔12〕豉：用煮熟的大豆发酵后制成，供调味或药用。

〔13〕飧（sūn）：稀饭。

〔14〕糵（niè）：酿酒用的发酵剂，即酒曲，以粮食制成。

〔15〕今有术：根据已知数及比率关系推求未知数的算法，也就是现今所讲的四项比例算法。

〔16〕实：被除数。

〔17〕法：除数。

〔18〕实如法而一：被除数除以除数所得的结果。

译文

以粟为基础而规定的粮食兑换标准：粟的交换率定为50，粝米30，粺米27，

糳米24，御米21，小䵂$13\frac{1}{2}$，大䵂54，粝饭75，粺饭54，䵂饭48，御饭42，菽、

苔、麻、麦各45，稻60，豉63，飧90，熟菽$103\frac{1}{2}$，糵175。

四项比例运算法则是：用所有数乘所求率为被除数，以所有率为除数，以除数除被除数得出一新结果（以公式表示：所求数=所有数×所求率÷所有率）。

原文

〔一〕今有粟一斗[1]，欲为粝米。问得几何？

答曰：为粝米六升。

术曰：以粟求粝米，三之，五而一。

注释

〔1〕斗：度量单位，1斗＝10升，本章以后算题中常出现这个单位，不赘注。

译文

〔一〕今有粟1斗，要换成粝米，问可换粝米多少？

答：可换得粝米6升。

□ 耧车　汉代

耧车，也叫耧犁，是西汉时期出现的一种畜力条播机。据东汉崔寔《政论》记载，耧车由三只耧脚组成，即三脚耧，车身下面有三个开沟器，播种时用一头牛拉着耧车，耧脚便在平整好的土地上开沟播种，同时进行覆盖、镇压，一举多得，省时又省力，其效率之高，可达"日种一顷"。常用来播种大麦、小麦、大豆、高粱等作物。

□ 石 臼

石臼利用了斜面省力的原理。当杵下舂时，被舂的谷物就会沿臼壁斜推而上，这实际就是斜面提升。当谷物沿壁升到一定高度时，在自重和震动力的作用下，又会回落到底部，被二次加工。如此往复，谷物就可脱壳或被加工成粉。图为杵臼加工示意图。

算法：已知粟数求粝米数，以粟数乘以3，再除以5即可。

译解

粟：粝米 = 50∶30，

答案 = $1斗 \times \dfrac{30}{50} = 10升 \times \dfrac{3}{5} = 6升$。

术解

所求粝米 = 粟数 × 3 ÷ 5 = 1斗 × 3 ÷ 5 = 6升。

原文

〔二〕今有粟二斗一升，欲为粺米。问得几何？

答曰：为粺米一斗一升五十分升之十七。

术曰：以粟求粺米，二十七之，五十而一。

译文

〔二〕今有粟2斗1升，要换成粺米。问可换得多少粺米？

答：可换得粺米$1斗1\dfrac{17}{50}升$。

算法：已知粟数求粺米数，以粟数乘27，再除以50即可。

译解

粟米：粺米 = 50∶27，

答案 = $2斗1升 \times \dfrac{27}{50} = 21升 \times \dfrac{27}{50} = 11\dfrac{17}{50}升 = 1斗1\dfrac{17}{50}升$。

术解

所求粺米数 = 粟数 × 27 ÷ 50 = $2斗1升 \times 27 \div 50 = 1斗1\dfrac{17}{50}升$。

原文

〔三〕今有粟四斗五升，欲为粺米。问得几何？

答曰：为粺米二斗一升五分升之三。

术曰：以粟求粺米，十二之，二十五而一。

译文

〔三〕今有粟4斗5升，要换成粺米。问可换得多少粺米？

答：可换得粺米2斗$1\frac{3}{5}$升。

算法：已知粟数求粺米数，以粟数乘以12，再除以25即可。

译解

粟：粺米 = 50：24，

答案 = 4斗5升 × $\frac{24}{50}$ = 45升 × $\frac{12}{25}$ = $21\frac{3}{5}$升 = 2斗$1\frac{3}{5}$升。

术解

所求粺米数 = 粟数 × 12 ÷ 25 = 4斗5升 ×

12 ÷ 25 = 2斗$1\frac{3}{5}$升。

原文

〔四〕今有粟七斗九升，欲为御米，问得几何？

答曰：为御米三斗三升五十分升之九。

术曰：以粟求御米，二十一之，五十而一。

译文

〔四〕现有粟米7斗9升，要换成御米。问能换得多少御米？

答：可换得御米3斗$3\frac{9}{50}$升。

□ **铜砝码　明代**

图为明朝铜砝码，重928.4克，刻有铭文"崇祯丁丑年置"（1637年）"贰拾伍两"，由官方颁发，这是商贾间相互校准、通行的标准器。

□ 太极图

"二进制"来源于我国的《易经》。该书中"—"记作1，"— —"记作0，再按照"逢二进一"的法则，即可表示出《易经》中的四仪八卦。每次取出两个符号排列，组成"四象"；每次取出三个排列，组成"八卦"；而每次取出六个排列，就组成了全书64个"卦爻辞"的标题。如今，二进制是电子计算机的运算基础。

算法：已知粟数求御米数，以粟数乘以21，再除以50即可。

译解

粟：御米 = 50 : 21，

$$答案 = 7斗9升 \times \frac{21}{50} = 79升 \times \frac{21}{50} = 3斗3\frac{9}{50}升。$$

术解

$$所求御米数 = 粟数 \times 21 \div 50 = 7斗9升 \times 21 \div 50 = 3斗3\frac{9}{50}升。$$

原文

〔五〕今有粟一斗，欲为小䴬，问得几何？

答曰：为小䴬二升一十分升之七。

术曰：以粟求小䴬，二十七之，百而一。

译文

〔五〕现有粟1斗，要换成细麦屑。问能换得多少细麦屑？

答：能换得细麦屑$2\frac{7}{10}$升。

算法：已知粟数求细麦屑数，用粟数乘以27，再除以100即可。

译解

粟：细麦屑（小䴬）$= 50 : 13\frac{1}{2}$，

$$麦屑数 = 1斗 \times \left(13\frac{1}{2} \div 50\right) = 10升 \times \frac{27}{100} = 2\frac{7}{10}升。$$

术解

所求细麦屑数 = 粟数 × 27 ÷ 100 = 1斗 × 27 ÷ 100 = $2\frac{7}{10}$升,

原文

〔六〕今有粟九斗八升。欲为大䴅。问得几何?

答曰:为大䴅一十斗五升二十五分升之二十一。

术曰:以粟求大䴅,二十七之,二十五而一。

译文

〔六〕今有粟9斗8升,要换成粗麦屑。问能换得多少粗麦屑?

答:能换粗麦屑10斗$5\frac{21}{25}$升。

算法:已知粟数求粗麦屑数,用粟数乘以27,再除以25。

译解

粟:粗麦屑(大䴅) = 50:54,

答案 = 9斗8升 × $\frac{54}{50}$ = 98升 × $\frac{27}{25}$ =

10斗$5\frac{21}{25}$升。

□ **徐光启与利玛窦**

图为明末科学家徐光启(右)与意大利传教士利玛窦(左)讨论中西方数学的情形。

术解

所求粗麦屑数 = 粟数 × 27 ÷ 25 =

9斗8升 × 27 ÷ 25 = 10斗$5\frac{21}{50}$升。

原文

〔七〕今有粟二斗三升,欲为粝饭。问得几何?

答曰:为粝饭三斗四升半。

□ 莲花铜砣　明代

此铜砣为明朝时期的量器，此砣之上铸有莲花云纹饰。

术曰：以粟米粝饭，三之，二而一。

译文

〔七〕今有粟2斗3升，要换成粝饭，问能换得多少粝饭？

答：能换得粝饭3斗$4\frac{1}{2}$升。

算法：已知粟数求粝饭数，用粟数乘以3，再除以2即可。

译解

粟：粝饭 = 50：75，

答案 = 2斗3升 $\times \dfrac{75}{50}$ = 23升 $\times \dfrac{3}{2}$ = 3斗$4\frac{1}{2}$升。

术解

所求粝饭数 = 粟数 × 3 ÷ 2 = 2斗3升 × 3 ÷ 2 = 3斗$4\frac{1}{2}$升。

原文

〔八〕今有粟三斗六升，欲为粺饭。问得几何？

答曰：为粺饭三斗八升二十五分升之二十二。

术曰：以粟求粺饭，二十七之，二十五而一。

译文

〔八〕今有粟3斗6升，要换成粺饭。问能换得多少粺饭？

答：可换得粺饭3斗$8\frac{22}{25}$升。

算法：已知粟数求粺饭数，用粟数乘27，再除以25即可。

译解

粟：粺饭 = 50：54，

答案 = 3斗6升 $\times \dfrac{54}{50}$ = 36升 $\times \dfrac{27}{25}$ = 3斗8$\dfrac{22}{25}$升。

术解

所求粺饭 = 粟数 $\times 27 \div 25$ = 3斗6升 $\times 27 \div 25$ = 3斗8$\dfrac{22}{25}$升。

原文

〔九〕今有粟八斗六升，欲为粺饭。问得几何？

答曰：为粺饭八斗二升二十五分升之一十四。

术曰：以粟求粺饭，二十四之，二十五而一。

□ 各圆形算法图　《周易》　西周

　　《周易》是中国古代的一本占卜书，记录的是理、象、数、占，主要由符号和文字组成。同时，它也是中国数学发展的最早源头，甚至在一些重要的数学著作中，数学家们还运用《周易》中的有关概念来表述数学问题。图为《周易》中各种圆形的计算方法。

各圆形算法

一　如一圆形以三乘径得周半径乘半周得面积

二　二圆为椭圆形以大径乘小径三因四除得面积

三　三圆为长圆体以体径求得圆面积高乘之得体积

四　四圆为圆锥体以底径求得底面积高乘之三除之得体积

五　五圆为圆体以径求得圆面积倍圆径之三除之得体积

六　六圆为椭圆体以小径求得圆面积倍大径乘之三除之得体积

七　周易倚数录附卷 十　七圆为圆台体以上下径各求得上下面积又以上下径相乘得数开平方得中径求得中圆面积三积相加高乘之三除之

得体积

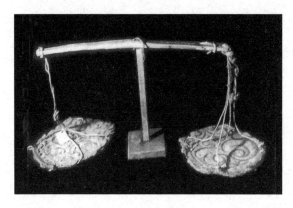

□ **布天平 唐代**

布天平是唐朝时期的称重工具。因托盘材质为布料，所以称之为"布天平"，古人用它来称量小型的器物。

译文

〔九〕今有粟8斗6升，要换成糲饭。问能换多少糲饭？

答：能换糲饭8斗2$\frac{14}{25}$升。

算法：已知粟数求糲饭数，用粟数乘以24，再除以25。

译解

粟：糲饭＝50：48，

答案＝8斗6升×$\frac{48}{50}$＝

86升×$\frac{24}{25}$＝8斗2$\frac{14}{25}$升。

术解

所求糲饭数＝粟数×24÷25＝8斗6升×24÷25＝8斗2$\frac{14}{25}$升。

原文

〔一〇〕今有粟九斗八升，欲为御饭。问得几何？

答曰：为御饭八斗二升二十五分升之八。

术曰：以粟求御饭，二十一之，二十五而一。

译文

〔一〇〕今有粟9斗8升，要换成御饭。问能换得多少御饭？

答：能换得御饭8斗2$\frac{8}{25}$升。

算法：已知粟数求御饭数，用粟数乘21，再除以25即可。

译解

粟：御饭 = 50 : 42，

答案 = 9斗8升 × $\frac{42}{50}$ = 98升 × $\frac{21}{25}$ = 8斗2$\frac{8}{25}$升。

术解

所求御饭数 = 粟数 × 21 ÷ 25 = 9斗8升 × 21 ÷ 25 = 8斗2$\frac{8}{25}$升。

原文

〔一一〕今有粟三斗少半[1]升，欲为菽。问得几何？

答曰：为菽二斗七升一十分升之三。

〔一二〕今有粟四斗一升太半[2]升，欲为荅。问得几何？

答曰：为荅三斗七升半。

〔一三〕今有粟五斗太半升，欲为麻。问得几何？

答曰：为麻四斗五升五分升之三。

〔一四〕今有粟一十斗八升五分升之二，欲为麦。问得几何？

答曰：为麦九斗七升二十五分升之一十四。

术曰：以粟求菽、荅、麻、麦，皆九之，十而一。

注释

〔1〕少半：古代称$\frac{1}{3}$为少半。

〔2〕太半：古代称$\frac{2}{3}$为太半。

□ **彩帛规矩图　汉代**

"规"和"矩"是古代用来画线作图的工具，规常用于画圆，矩用来作直角或者测量长度等。在功能上，矩可以代替规，堪称万能工具。图中，伏羲手执矩，女娲手执规，这说明早在远古时代，规、矩就已被使用。

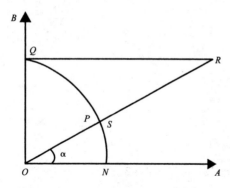

□ **割圆八线**

割圆八线，即对一个角而言的八个三角函数，因其可用第一象限单位圆中八条线长（NP、ON、OB、BR、OS、OR、NA、PQ）表示而得名。明末邓玉函所撰的《割圆八线表》有所提及。

译文

〔一一〕今有粟3斗$\frac{1}{3}$升，要换成大豆。问能换得多少大豆？

答：能换大豆2斗7$\frac{3}{11}$升。

〔一二〕今有粟4斗1$\frac{2}{3}$升，要换成小豆。问能换得多少小豆？

答：能换得小豆3斗7$\frac{1}{2}$升。

〔一三〕今有粟5斗$\frac{2}{3}$升，要换成麻。问能换得多少麻？

答：能换麻4斗5$\frac{3}{5}$升。

〔一四〕今有粟10斗8$\frac{2}{5}$升，要换成麦。问能换得多少麦？

答：能换麦9斗7$\frac{14}{25}$升。

算法：已知粟数，求大豆、小豆、麻、麦的数量，都用粟数乘以9，再除以10即可。

译解

〔一一〕粟：大豆 = 50：45，

答案 = 3斗$\frac{1}{3}$升 × $\frac{45}{50}$ = 30$\frac{1}{3}$升 × $\frac{9}{10}$ = 2斗7$\frac{3}{10}$升。

术解

所求大豆数 = 粟数 × 9 ÷ 10 = 3斗$\frac{1}{3}$升 × 9 ÷ 10 = 2斗7$\frac{3}{10}$升。

译解

〔一二〕粟：小豆 = 50：45，

答案 = 4斗$1\frac{2}{3}$升 $\times \frac{45}{50} = 41\frac{2}{3}$升 $\times \frac{9}{10} = 3$斗$7\frac{1}{2}$升。

术解

所求小豆数 = 粟数 $\times 9 \div 10 = 4$斗$1\frac{2}{3}$升 $\times 9 \div 10 = 3$斗$7\frac{1}{2}$升。

译解

〔一三〕粟：麻 = 50：45，

答案 = 5斗$\frac{2}{3}$升 $\times \frac{45}{50} = 50\frac{2}{3}$升 $\times \frac{9}{10} = 4$斗$5\frac{3}{5}$升。

术解

所求麻数 = 粟数 $\times 9 \div 10 = 5$斗$\frac{2}{3}$升 $\times 9 \div 10 = 4$斗$5\frac{3}{5}$升。

译解

〔一四〕粟：麦 = 50：45，

答案 = 10斗$8\frac{2}{5} \times \frac{45}{50} = 108\frac{2}{5}$升 $\times \frac{9}{10} =$

9斗$7\frac{14}{25}$升。

□ 瓷砣　明代

图为刻有铭文"万历辛丑年"（1601
年）字样，重568克的瓷砣。

术解

所求麦数 = 粟数 $\times 9 \div 10 = 10$斗$8\frac{2}{5}$升

$\times 9 \div 10 = 9$斗$7\frac{14}{25}$升。

原文

〔一五〕今有粟七斗五升七分升之四，欲
为稻。问得几何？

□ **计数符号**

图为新石器陶器，其上有阿拉伯数字1－30的早期代表符号。

答曰：为稻九斗三十五分升之二十四。

术曰：以粟求稻，六之，五而一。

译文

〔一五〕今有粟7斗5$\frac{4}{7}$升，要换成稻。问能换得多少稻？

答：能换稻9斗$\frac{24}{35}$升。

算法：已知粟数求稻数，用粟数乘以6，再除以5即可。

译解

粟：稻＝50：60，

$$答案 = 7斗5\frac{4}{7}升 \times \frac{60}{50} = 75\frac{4}{7}升 \times \frac{6}{5} = 9斗\frac{24}{35}升。$$

术解

$$所求稻数 = 粟数 \times \frac{6}{5} = 7斗5\frac{4}{5}升 \times \frac{6}{5} = 9斗\frac{24}{35}升。$$

原文

〔一六〕今有粟七斗八升，欲为豉。问得几何？

答曰：为豉九斗八升二十五分升之七。

术曰：以粟求豉，六十三之，五十而一。

译文

〔一六〕今有粟7斗8升，要换成豉。问能换得多少豉？

答：能换得豉9斗8$\frac{7}{25}$升。

算法：已知粟数求豉数，用粟数乘63，再除以50即可。

译解

粟：豉 = 50：63，

答案 = 7斗8升 × $\dfrac{63}{50}$ = 78升 × $\dfrac{63}{50}$ = 9斗8$\dfrac{7}{25}$升。

术解

所求豉数 = 粟数 × 63 ÷ 50 = 7斗8升 × 63 ÷ 50 = 9斗8$\dfrac{7}{25}$升。

原文

〔一七〕今有粟五斗五升，欲为飧。问得几何？

答曰：为飧九斗九升。

术曰：以粟求飧，九之，五而一。

译文

〔一七〕今有粟5斗5升，要换成稀饭。问能换得多少稀饭？

答：能换得稀饭9斗9升。

算法：已知粟数求稀饭数，用粟数乘以9，再除以5即可。

译解

粟：飧（稀饭）= 50：90，

答案 = 5斗5升 × $\dfrac{90}{50}$ = 55升 × $\dfrac{9}{5}$ = 9斗9升。

术解

所求稀饭数 = 粟数 × 9 ÷ 5 = 5斗5升 × 9 ÷ 5 =

□ **取锡　《天工开物》插图**

在殷墟文化中曾出土过数具虎面铜盔，内部红铜尚好，外面镀一层厚锡，镀层精美，这说明当时的人们已认识到铜外镀锡，而锡的开挖技术据此可判断是在殷商之前。

□ 悯 农

图中描绘了在烈日下农民种粮食的景象，表现了农民终年辛勤劳动的生活，最后以"谁知盘中餐，粒粒皆辛苦"这样近似蕴意深远的格言，体现了粮食的来之不易以及诗人对农民真挚的同情之心。

9斗9升。

原文

〔一八〕今有粟四斗，欲为熟菽。问得几何？

答曰：为熟菽八斗二升五分升之四。

术曰：以粟求熟菽，二百七之，百而一。

译文

〔一八〕今有粟4斗，要换成熟大豆。问能换得多少熟大豆？

答：能换得熟大豆8斗$2\frac{4}{5}$升。

算法：已知粟数求熟大豆数，用粟数乘以207，再除以100即可。

译解

$$粟：熟菽 = 50：103\frac{1}{2}，$$

答案 = 4斗 $\times \left(103\frac{1}{2} \div 50\right) = 40升 \times \dfrac{207}{100} =$

8斗$2\frac{4}{5}$升。

术解

所求熟大豆数 = 粟数 $\times 207 \div 100 = 4斗 \times 207 \div 100 = 8斗2\frac{4}{5}升$。

原文

〔一九〕今有粟二斗，欲为蘗。问得几何？

答曰：为蘗七斗。

术曰：以粟求蘖，七之，二而一。

译文

〔一九〕今有粟2斗，要换成酒曲。问能换得多少酒曲？

答：能换得酒曲7斗。

算法：已知粟数求酒曲数，用粟数乘以7，再除以2即可。

译解

粟：酒曲（蘖）= 50 : 175，

答案 = $2斗 \times \dfrac{175}{50} = 20升 \times \dfrac{7}{2} = 70升 = 7斗$。

术解

所求酒曲数 = 粟数 × 7 ÷ 2 = $2斗 \times 7 \div 2 = 7斗$。

原文

〔二〇〕今有粝米十五斗五升五分升之二，欲为粟。问得几何？

答曰：为粟二十五斗九升。

术曰：以粝米求粟，五之，三而一。

译文

〔二〇〕今有粝米15斗5$\dfrac{2}{5}$升，要换成粟。问能换多少粟？

答：能换粟25斗9升。

算法：已知粝米数求粟数，用粝米数乘以5，再除以3即可。

□ 吴越地区的堤坝

五代时期，南方各国都重视水利灌溉，注意改土治水，提高抵抗自然灾害的能力，使农业得到迅速的发展。当时，劳动人民利用水乡河身较高、田面较低的地势，在河渠两岸、农田周围修筑堤坝，内以围田，外以隔水。图为吴越地区的堤坝，被用以保护农田不受水灾的破坏。

□ **宋代农耕图**

　　宋真宗时期大兴水利，大面积开荒，农业发展迅速。并从占城引进耐旱、早熟的稻种，唐代平均亩产约1.5石，宋代约2石，比唐代高约30％。

译解

　　粝米：粟 = 30：50，

　　答案 = $15斗5\frac{2}{5}升 \times \frac{50}{30} = 155\frac{2}{5}升$

　　$\times \frac{5}{3} = 25斗9升$。

术解

　　所求粝米数 = 粟数 × 5 ÷ 3 = 15斗

$5\frac{2}{5}升 \times 5 \div 3 = 25斗9升$。

原文

　　〔二一〕　今有粺米二斗，欲为粟。问得几何？

　　答曰：为粟三斗七升二十七分升之一。

　　术曰：以粺米求粟，五十之，二十七而一。

译文

　　〔二一〕　今有粺米2斗，要换成粟，问能换得多少粟?

　　答：能换得粟3斗7$\frac{1}{27}$升。

　　算法：已知粺米数求粟数，用粺米数乘以50，再除以27即可。

译解

　　粺米：粟 = 27：50，

　　答案 = $2斗 \times \frac{50}{27} = 20升 \times \frac{50}{27} = 3斗7\frac{1}{27}升$。

术解

　　所求粺米数 = 粟数 × 50 ÷ 27 = 2斗 × 50 ÷ 27 = 3斗7$\frac{1}{27}$升。

原文

〔二二〕今有糳米三斗少半升，欲为粟。问得几何？

答曰：为粟六斗三升三十六分升之七。

术曰：以糳米求粟，二十五之，十二而一。

译文

〔二二〕今有糳米3斗$\frac{1}{3}$升，要换成粟。问能换得多少粟？

答：能换得粟6斗3$\frac{7}{36}$升。

算法：已知糳米数求粟数，用糳米数乘以25，再除以12即可。

译解

糳米：粟 = 24：50，

答案 = 3斗$\frac{1}{3}$升 $\times \frac{50}{24}$ = 30$\frac{1}{3}$升 $\times \frac{25}{12}$ = 6斗3$\frac{7}{36}$升。

术解

所求粟数 = 糳米数 $\times$ 25 $\div$ 12 = 3斗$\frac{1}{3}$升 $\times$ 25 $\div$ 12 = 6斗3$\frac{7}{36}$升。

原文

〔二三〕今有御米十四斗，欲为粟。问得几何？

答曰：为粟三十三斗三升少半升。

术曰：以御米求粟，五十之，二十一而一。

译文

〔二三〕今有御米14斗，要换成粟。问能换得多少粟？

答：能换得粟33斗3$\frac{1}{3}$升。

算法：已知御米数求粟数，用御米数乘以50，再除以21即可。

□ 计时工具

漏是古代一种计时器，又称"刻漏"和"漏壶"，是利用漏水或受水的方法来计量时间，前者称泄水型，后者称为受水型。泄水型漏壶是观测壶内水漏泄减少的情况来计算时间的，而受水型漏壶则是观测壶内流入水增加的情况来计算。图为兽耳八卦铜壶滴漏。

译解

御米：粟 = 21∶50，

答案 = $14斗 × \dfrac{50}{21} = 140升 × \dfrac{50}{21} = 33斗3\dfrac{1}{3}升$。

术解

所求粟数 = 御米数 × 50 ÷ 21 = $14斗 × 50 ÷ 21 = 33斗3\dfrac{1}{3}升$。

原文

〔二四〕今有稻一十二斗六升一十五分升之一十四，欲为粟。问得几何?

答曰：为粟一十斗五升九分升之七。

术曰：以稻求粟，五之，六而一。

译文

〔二四〕今有稻$12斗6\dfrac{14}{15}升$，要换成粟。问能换得多少粟?

答：能换得粟$10斗5\dfrac{7}{9}升$。

算法：已知稻数求粟数，用稻数乘以5，再除以6即可。

译解

稻：粟 = 60∶50，

答案 = $12斗6\dfrac{14}{15}升 × \dfrac{50}{60} = 126\dfrac{14}{15}升 × \dfrac{5}{6} = 10斗5\dfrac{7}{9}升$。

术解

所求粟数 = 稻数 × 5 ÷ 6 = $12斗6\dfrac{14}{15}升 × 5 ÷ 6 = 10斗5\dfrac{7}{9}升$。

原文

〔二五〕今有粝米一十九斗二升七分升之一，欲为粺米。问得几何？

答曰：为粺一十七斗二升一十四分升之一十三。

术曰：以粝米求粺米，九之，十而一。

译文

〔二五〕今有粝米19斗$2\frac{1}{7}$升，要换成粺米。问能换得多少粺米？

答：能换得粺米17斗$2\frac{13}{14}$升。

算法：已知粝米数求粺米数，用粝米数乘以9，再除以10即可。

译解

粝米：粺米 = 30 : 27，

答案 = 19斗$2\frac{1}{7}$升 $\times \frac{27}{30} = 192\frac{1}{7}$升 $\times \frac{9}{10} = 17$斗$2\frac{13}{14}$升。

术解

所求粺米数 = 粝米数 $\times 9 \div 10 = 19$斗$2\frac{1}{7}$升 $\times 9 \div 10 = 17$斗$2\frac{13}{14}$升。

原文

〔二六〕今有粝米六斗四升五分升之三，欲为粝饭。问得几何？

答曰：为粝饭一十六斗一升半。

术曰：以粝米求粝饭，五之，二而一。

译文

〔二六〕今有粝米6斗$4\frac{3}{5}$升，要换成粝饭。问能换得多少粝饭？

答:能换得粝饭16斗$1\frac{1}{2}$升。

□ 打谷　《天工开物》　插图

图为古代农民收割和春打稻谷的情景。

算法：已知粝米数求粝饭数，用粝米数乘以5，再除以2即可。

译解

粝米：粝饭 = 30：75，

答案 = $6斗4\frac{3}{5}升 \times \frac{75}{30} = 64\frac{3}{5}升 \times \frac{5}{2} = 16斗1\frac{1}{2}升$。

术解

所求粝饭数 = 粝米数 $\times 5 \div 2 = 6斗4\frac{3}{5}升$

$\times 5 \div 2 = 16斗1\frac{1}{2}升$。

原文

〔二七〕今有粝饭七斗六升七分升之四，欲为飧。问得几何？

答曰：为飧九斗一升三十五分升之三十一。

术曰：以粝饭求飧，六之，五而一。

译文

〔二七〕今有粝饭7斗$6\frac{4}{7}$升，要换成稀饭。问能换得多少稀饭？

答：能换得稀饭9斗$1\frac{31}{35}$升。

算法：已知粝饭数求稀饭数，用粝饭数乘以6，再除以5即可。

译解

粝饭：飧（稀饭）= 75：90，

答案 = $7斗6\frac{4}{7}升 \times \frac{90}{75} = 76\frac{4}{7}升 \times \frac{6}{5} = 9斗1\frac{31}{35}升$。

术解

所求稀饭数 = 粝饭数 × 6 ÷ 5 = 7斗6$\frac{4}{7}$升 × 6 ÷ 5 = 9斗1$\frac{31}{35}$升。

原文

〔二八〕 今有菽一斗，欲为熟菽。问得几何？

答曰：为熟菽二斗三升。

术曰：以菽求熟菽，二十三之，十而一。

译文

〔二八〕 今有大豆1斗，要换成熟大豆。问能换得多少熟大豆？

答：能换得熟大豆2斗3升。

算法：已知大豆数求熟大豆数，用大豆数乘以23，再除以10即可。

译解

大豆：熟大豆 = 45：103$\frac{1}{2}$，

答案 = 1斗 × $\left(103\frac{1}{2} ÷ 45\right)$ = 10升

× $\frac{23}{10}$ = 2斗3升。

术解

所求熟大豆数 = 大豆数 × 23 ÷ 10 = 1斗 × 23 ÷ 10 = 2斗3升。

原文

〔二九〕 今有菽二斗，欲为豉。问得几何？

答曰：为豉二斗八升。

□ **冶铁水排**

冶铁水排是公元31年东汉南阳太守杜诗发明的，用于冶铁时鼓风。它是由立水轮、卧轴、拐木、偃本、皮囊排气管、吊杆等部件组成。这种以水为动力，利用杠杆和立水轮的机械原理制成的水排用力小，功效大，一直沿用至唐代。

术曰：以菽求豉，七之，五而一。

译文

〔二九〕今有大豆2斗，要换成豆豉。问能换得豆豉多少？

答：能换得豆豉2斗8升。

算法：已知大豆数求豆豉数，用大豆数乘以7，再除以5。

译解

大豆：豆豉 = 45：63，

答案 = 2斗 $\times \dfrac{63}{45}$ = 20升 $\times \dfrac{63}{45}$ = 20升 $\times \dfrac{7}{5}$ = 2斗8升。

术解

所求豆豉数 = 大豆数 $\times 7 \div 5$ = 2斗 $\times 7 \div 5$ = 2斗8升。

原文

〔三〇〕今有麦八斗六升七分升之三，欲为小𪍿。问得几何？

答曰：为小𪍿二斗五升一十四分升之一十三。

术曰：以麦求小𪍿，三之，十而一。

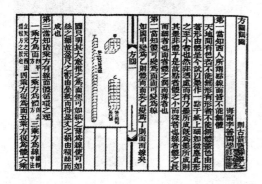

□《方圆阐幽》书影 李善兰 清代

《方圆阐幽》为清代李善兰的数学著作。其内容是关于幂级数展开式方面的研究。书中提出"尖锥术"，并把"尖锥术"用于对数函数的幂级数展开；用求诸尖锥之和的方法来解决各种数学问题。

译文

〔三〇〕今有麦8斗6$\dfrac{3}{7}$升，要换成细麦屑。问能换得多少细麦屑？

答：能换得细麦屑2斗5$\dfrac{13}{14}$升。

算法：已知小麦数求细麦屑数，用小麦数乘以3，再除以10即可。

译解

麦：小麷 = 45：$13\frac{1}{2}$，

答案 = 8斗$6\frac{3}{7}$升 × $\left(13\frac{1}{2} \div 45\right)$ = $86\frac{3}{7}$升 × $\frac{3}{10}$ = 2斗$5\frac{13}{14}$升。

术解

所求细麦屑数 = 小麦数 × 3 ÷ 10 = 8斗$6\frac{3}{7}$升 × 3 ÷ 10 = 2斗$5\frac{13}{14}$升。

原文

〔三一〕今有麦一斗，欲为大麷。问得几何？

答曰：为大麷一斗二升。

术曰：以麦求大麷，六之，五而一。

译文

〔三一〕今有麦1斗，要换成粗麦屑。问能换得多少粗麦屑？

答：能换得粗麦屑1斗2升。

算法：已知小麦数求粗麦屑数，用小麦数乘以6，再除以5即可。

译解

麦：大麷 = 45：54，

答案 = 1斗 × $\frac{54}{45}$ = 10升 × $\frac{6}{5}$ = 1斗2升。

术解

所求粗麦屑数 = 小麦数 × 6 ÷ 5 = 1斗 × 6 ÷ 5 = 1斗2升。

原文

〔三二〕今有出钱一百六十，买瓴甓[1]十八枚。问枚几何？

答曰：一枚，八钱九分钱之八。

〔三三〕今有出钱一万三千五百,买竹二千三百五十个。问个几何?

答曰:一个,五钱四十七分钱之三十五 。

经率术[2]曰:以所买率[3]为法,所出钱数为实,实如法得一钱[4]。

注释

〔1〕瓴甓(líng pì):砖。

〔2〕经率术:古代称物品单价为"经率"。经率术,指物品单价的算法。

〔3〕所买率:所买物品的数量。

〔4〕一钱:每个物品值多少钱,即物品单价。

译文

〔三二〕今有人出钱160,买砖18块。问一块砖要多少钱?

答:一块砖$8\frac{8}{9}$钱。

〔三三〕今有人出钱13 500,买竹2 350根,问每根竹要多少钱?

答:买一根竹需要用$5\frac{35}{47}$钱。

物品单价的算法:用所买物数量作除数,所出钱的数量作被除数,两数相除得物品单价。

译解("术解"与译解一致)

〔三二〕每一块砖价格为:160钱÷18 = $8\frac{8}{9}$钱。

〔三三〕每一根竹价格为:13 500÷2 350 = $5\frac{35}{47}$钱。

原文

〔三四〕今有出钱五千七百八十五,买漆一斛[1]六斗七升太半升。欲斗率之[2]。问斗几何?

答曰:一斗,三百四十五钱五百三分钱之十五。

〔三五〕今有出钱七百二十,买缣[3]一匹[4]二丈一尺。欲丈率之,问丈几何?

答曰：一丈，一百一十八钱六十一分钱之二。

〔三六〕今有出钱二千三百七十，买布九匹二丈七尺。欲以匹率之，问匹几何？

答曰：一匹，二百四十四钱一百二十九分钱之一百二十四。

〔三七〕今有出钱一万三千六百七十，买丝一石二钧[5]一十七斤。欲石率之，问石几何？

答曰：一石，八千三百二十六钱一百九十七分钱之一百七十八。

经率术曰：以所率[6]乘钱数为实，以所买率为法，实如法得一。

注释

〔1〕1斛＝1石＝10斗，1斗＝10升。

〔2〕欲斗率之：打算以斗为单位进行计算。

〔3〕缣（jiān）：一种细绢。

〔4〕匹：古代长度单位。1匹＝4丈，1丈＝10尺。

〔5〕钧：古代重量单位。1石＝4钧，1钧＝30斤。

〔6〕所率：所确定的折算单位。此处与题设中的"欲斗率之""欲丈率之""欲以匹率之"相呼应。"所率"指题设所确定的"一斗""一丈""一匹"等。

译文

〔三四〕今有人出钱5785，买漆1斛6斗7$\frac{2}{3}$升，打算以斗计算。问1斗漆要多少钱？

答：1斗漆要345$\frac{15}{503}$钱。

〔三五〕今有人出钱720，买缣1匹2丈1尺。打算以丈计算，问买1丈缣要多少钱？

答：1丈要118$\frac{2}{61}$钱。

□ 望远镜图

图为《崇祯历书》中的望远镜图。从中可以看出明代科技已受西方科技的影响，开始与世界接轨。

〔三六〕今有人出钱2 370，买布9匹2丈7尺。打算以匹计算，问买1匹布要多少钱？

答：买1匹布要$244\frac{124}{129}$钱。

〔三七〕今有人出钱13 670，买丝1石2钧17斤，打算以石计算。问买1石丝要多少钱？

答：买1石丝要$8\,326\frac{178}{197}$钱。

物价单位算法：以折算单位乘钱数为被除数，以所买物的数量为除数，除数除被除数得出单价。

译解

〔三四〕1斛6斗$7\frac{2}{3}$升=$\left(1\times10+6+7\frac{2}{3}\div10\right)$斗=$16\frac{23}{30}$斗，5 785钱÷$16\frac{23}{30}$=$345\frac{15}{503}$钱。

〔三五〕1匹2丈1尺=$\left(1\times4+2+\frac{1}{10}\right)$丈=$6\frac{1}{10}$丈，720钱÷$6\frac{1}{10}$=$118\frac{2}{61}$钱。

〔三六〕9匹2丈7尺=$\left(9+\frac{2}{4}+\frac{7}{40}\right)$匹=$9\frac{27}{40}$匹，2 370钱÷$9\frac{27}{40}$=$244\frac{124}{129}$钱。

〔三七〕1石2钧17斤$\left(1+\frac{2}{4}+\frac{17}{120}\right)$石=$1\frac{77}{120}$石，13 670钱÷$1\frac{77}{120}$=$8\,326\frac{178}{197}$钱。

术解

以卷第二题〔三四〕为例：

$$\text{所求1斗漆钱数}=\frac{\text{折算单位为"斗"}\times\text{钱数5 785}}{\text{所买物数量为1斛6斗}7\frac{2}{3}\text{升}}=\frac{\text{斗}\times\text{5 785钱}}{16\frac{23}{30}\text{斗}}=345\frac{15}{503}\text{钱}。$$

原文

〔三八〕今有出钱五百七十六，买竹七十八个。欲其大小率之[1]，问各几何？

答曰：其四十八个，个七钱。其三十个，个八钱。

〔三九〕今有出钱一千一百二十，买丝一石二钧十八斤。欲其贵贱斤率之。

问各几何？

答曰：其二钧八斤，斤五钱。其一石一十斤，斤六钱。

〔四〇〕今有出钱一万三千九百七十，买丝一石二钧二十八斤三两五铢。欲其贵贱石率之。问各几何？

答曰：其一钧九两一十二铢，石八千五十一钱。其一石一钧二十七斤九两一十七铢，石八千五十二钱。

〔四一〕今有出钱一万三千九百七十，买丝一石二钧二十八斤三两五铢。欲其贵贱钧率之，问各几何？

答曰：其七斤一十两九铢，钧二千一十二钱。其一石二钧二十斤八两二十铢，钧二千一十三钱。

〔四二〕今有出钱一万三千九百七十，买丝一石二钧二十八斤三两五铢。欲其贵贱钧率之，问各几何？

答曰：其一石二钧七斤十两四铢，斤六十七钱。其二十斤九两一铢，斤六十八钱。

〔四三〕今有出钱一万三千九百七十，买丝一石二钧二十八斤三两五铢。欲其贵贱两率之，问各几何？

答曰：其一石一钧一十七斤一十四两一铢，两四钱。其一钧一十斤五两四铢，两五钱。

其率术[2]曰：各置所买石、钧、斤、两为法，以所率乘钱数为实，实如法而一。不满法者反以实减法，法贱实贵。其求石、钧、斤、两，以积铢各除法实，各得其积数，余各为铢。

注释

〔1〕欲其大小率之：拟分大小两种竹为单位进行计算。以竹数除钱数尚有余分，为便于找补，或舍弃奇零分数取不足近似整数为物价之"小者"，或收入奇零分数取过剩近似整数为物价之"大者"。大小二价钱相差为1。

□ 50两银锭

中国古代货币。即熔铸成锭的白银。始自汉代，其后各代皆有铸造，但流通不广。至明代盛行，但不是国家法定银锭货币。至清始，作为主要货币流通。重量不等，因以"两"为主要重量单位，故又称银两。

秦朝量制与衡制的换算	
量制	衡制
1斛 = 10斗	1石 = 4钧
1斗 = 10升	1钧 = 30斤
1升 = 10合	1斤 = 16两
1合 = 2禽	1两 = 4锱
	1锱 = 6铢
*1斗约合公制2公升	*1石约合公制37.75公斤
*1升约合公制200毫升	*1斤约合公制0.256公斤

□ **度量衡的统一标准**

战国时期，度量衡的使用相当混乱。秦朝为了保证国家的赋税收入，规定由中央和地方的各级政府统一制造度量衡器具，并在全国推行统一的度量衡标准。图为秦朝量制与衡制换算的表格示意图。

〔2〕其率术：指贵贱二价的算法。

译文

〔三八〕今有人出钱576，买竹78根。拟分大、小两种竹为单位进行计算。问可买大、小竹各多少根？每根竹的单价各是多少钱？

答：可买小竹48根，每根单价7钱。还可买大竹30根，每根单价8钱。

〔三九〕今有人出钱1120，买丝1石2钧18斤，拟分贵、贱两种以斤为单位计算。问可买贵、贱丝各多少斤？每斤丝的单价是多少钱？

答：可买贱丝2钧8斤，每斤单价5钱。可买贵丝1石10斤，每斤单价6钱。

〔四〇〕今有人出钱13 970，买丝1石2钧28斤3两5铢。拟按贵、贱两种以石为单位计算。问可买贵、贱丝各多少？每石丝的单价各是多少钱？

答：可买贱丝1钧9两12铢，每石单位8 051钱。可买贵丝1石1钧27斤9两17铢，每石单价8 052钱。

〔四一〕今有人出钱13970，买丝1石2钧28斤3两5铢。拟按贵、贱两种以钧为单位计算。问可买贵、贱丝各多少？每钧丝的单价各是多少？

答：可买贱丝7斤10两9铢，每钧价2 012钱。可买贵丝1石2钧20斤8两20铢，每钧价2 013钱。

〔四二〕今有人出钱13 970，买丝1石2钧28斤3两5铢。拟按贵、贱两种以斤为单位计算。问能买贵、贱丝各多少？每斤丝单价多少？

答：能买贱丝1石2钧7斤10两5铢，每斤价67钱。能买贵丝20斤9两1铢，每斤价68钱。

〔四三〕今有人出钱13 970，买丝1石2钧28斤3两5铢。拟打算按贵、贱两种以两为单位计算，问能购贵、贱丝各多少？贵丝、贱丝单价各多少？

答：能购贱丝1石1钧17斤14两1铢，每两4钱。能购贵丝1钧10斤5两4铢，每两5钱。

贵贱二价算法：各自列出所买物的石、钧、斤、两之数作为除数，以折算单位乘钱数作为被除数，用除数去除被除数。除之不尽者，则以被除数之余数（"实余"）去减除数，于是所得除数之余数（简称"法余"）即是贱者之数，而"实余"即为贵者之数，这就是"法贱实贵"。当其数要化为石、钧、斤、两，则以各单位所含铢数去除"法余"与"实余"，使得相应单位的量数、余数以铢为单位。

译解（"术解"与译解一致）

〔三八〕567钱÷78根＝7钱/根……余30钱，

因大竹比小竹多用1钱，由余数30可知买大竹30根，买小竹78根－30根＝48根。小竹每支7钱，大竹每支8钱。

〔三九〕1石＝120斤，1钧＝30斤，1石＝4钧，1斤＝16两，1两＝24铢。

1石2钧18斤（1×120＋2×30＋18）斤＝198斤，

1 120钱÷198斤＝5钱/斤……余130钱，

因贵丝比贱丝每斤价多1钱，可知：

买贵丝：130斤＝4钧10斤＝1石10斤，买贱丝：198斤－130斤＝68斤＝2钧8斤，贵丝单价：6钱/斤，贱丝单价：5钱/斤。

〔四〇〕1石2钧28斤3两5铢＝$\frac{79\,949}{46\,080}$石。

13 970钱÷$\frac{79\,949}{46\,080}$石＝8 050钱/石……余68 201钱。由余数68 201钱可知：

可买贵丝：68 201铢＝$\frac{68\,201}{46\,080}$石＝1石1钧27斤9两17铢，可买贱丝：1石2钧28斤3两5铢－1石1钧27斤9两17铢＝1钧9两12铢，贱丝单价：8 501钱/石，贵丝单价：8 502钱/石。

〔四一〕1石2钧28斤3两5铢＝79 949铢＝$\frac{79\,949}{11\,520}$钧，13 970钱÷$\frac{79\,949}{11\,520}$钧＝2 012钱/钧……余77 012钱，

因钧已化为铢，余数77 012应与贵丝"铢"数相对应。由余数77 012钱知：

可买贵丝：77 012铢 = $\frac{79\,949}{11\,520}$钧 = 1石2钧20斤8两20铢，可买贱丝：1石2钧28斤3两5铢 – 1石2钧20斤8两20铢 = 7斤10两9铢，贵丝单价：2013钱/钧，贱丝单价：1 012钱/钧。

〔四二〕1石2钧7斤10两4铢 = $\frac{79\,949}{384}$斤，13 970钱 ÷ $\frac{79\,949}{384}$斤 = 67钱/斤……余7 897钱。

因"斤"已化成"铢"计，余数7 897钱应与贵丝"铢"对应，所以由余数7 897钱可知：

可买贵丝：7 897铢 = $\frac{79\,949}{384}$斤 = 20斤9两1铢，可购贱丝：1石2钧28斤3两5铢 – 20斤9两1铢 = 1石2钧7斤10两4铢，贵丝单价：68钱/斤，贱丝单价：67钱/斤。

〔四三〕1石2钧28斤3两5铢 = $\frac{79\,949}{24}$两，13 970钱 ÷ $\frac{79\,949}{24}$两 = 4钱/两……余15 484钱，

因"两"已化为"铢"计，余数15 484钱应与"铢"数相对应。所以由余数15 484钱知：

能购贵丝：15 484铢 = $\frac{15\,484}{24}$两 = 1钧10斤5两4铢，能购贱丝：1石2钧28斤3两5铢 – 1钧10斤5两4铢 = 1石1钧17斤14两1铢，贵丝单价：5钱/两，贱丝单价：4钱/两。

原文

〔四四〕今有出钱一万三千九百七十，买丝一石二钧二十八斤三两五铢。欲其贵贱铢率之，问各几何？

答曰：其一钧二十斤六两十一铢，五铢一钱。

其一石一钧七斤一十二两一十八铢，六铢一钱。

〔四五〕今有出钱六百二十，买羽二千一百翭[1]。欲其贵贱率之，问各几何？

答曰：其一千一百四十翭，三翭一钱。其九百六十翭，四翭一钱。

〔四六〕今有出钱九百八十，买矢簳[2]五千八百二十枚。欲其贵贱率之，问各几何？

答曰：其三百枚，五枚一钱。其五千五 百二十枚，六枚一钱。

反其率术[3]曰：以钱数为法，所率为实，实如法而一。不满法者反以实减

法，法少，实多。二物各以所得多少之数乘法实，即物数。

注释

〔1〕鍭（hóu）：箭矢。

〔2〕矢簳（gǎn）：箭杆。

〔3〕反其率术：卷第二题〔四三〕后有"其率"，"其率"是求贵贱物品每一单位值几钱，而"反其率"则是求一钱能买多少物品，恰与"其率"相反，故称"反其率"。

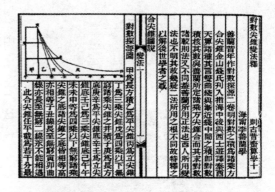

□ 《则古昔斋算学》书影 李善兰 清代

《则古昔斋算学》是清李善兰的13种数学、科学著作的总集。其子目为《方圆阐幽》一卷、《弧矢启秘》二卷、《对数探源》二卷、《垛积比类》四卷、《四元解》二卷、《麟德术解》三卷、《椭圆正术解》二卷、《椭圆新术》一卷、《椭圆拾级》三卷、《火器真诀》一卷、《对数尖锥变法解》一卷、《级数回求》一卷及《天算或问》一卷。它代表了中国传统数学的最高成就。

译文

〔四四〕今有人出钱13 970，买丝1石2钧28斤3两5铢。拟按贵、贱两种以铢为单位计算。问可购得贵、贱丝各多少？每钱可购得贵、贱丝各多少铢？

答：可购得贵丝1钧20斤6两11铢，每钱可购5铢。可购得贱丝1石1钧7斤12两18铢，每钱可购6铢。

〔四五〕今有人出钱620，买箭矢2 100支。打算按贵贱两种价计算，问可购得贵、贱箭矢各多少支？每钱可购得贵、贱箭矢各多少支？

答：可购得价格贵的箭矢1 140支，每钱可购得3支。可购得价格贱的箭矢960支，每钱可购得4支。

〔四六〕今有人出钱980，买贵、贱两种不同的箭杆5 820支，打算按贵、贱两种价计算。问分别购得贵、贱两种箭杆各多少支？每钱可购得贵、贱箭杆各多少支？

答：可购得贵箭杆300支，每钱可购得5支。可购得贱箭杆5 520支。每钱可购得6支。

求一钱能买多少物品的算法：以钱数作为除数，以所买物数作被除数，用除

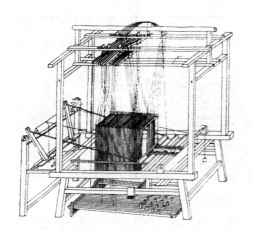

丁桥织机

　　丁桥织机是一种多综多蹑的织机，古称"绫机"，约发明于先秦战国时期，在汉唐时代非常盛行，是古代四川织锦艺人用来织造古蜀锦的专用提花丝织机。因为这种织机的脚踏板上布满了竹钉，形状像河面上依次排列的过河石墩"丁桥"，所以被称为"丁桥织机"。这种织机在近代仍被用来生产花绫、花锦、花边等织品。

数去除被除数得一结果。除之不尽，则以被除数之余数（实余）去减除数，于是所得除数之余数（法余）即是少者之数，被除数之余数即是多者之数，这就是"法少""实多"。以每钱买物两种多少之数去分别乘"法余"与"实余"，即得相应之物数。

译解（"术解"与译解一致）

　　〔四四〕1石2钧28斤3两5铢 = 79 949铢，

　　79 949铢 ÷ 13 970钱 = 5铢/钱……余10 099铢，

　　由此可知，每钱5铢是贵丝的价格，每钱6铢是贱丝的价格。

　　故贱丝重：10 099钱 × 6铢/钱 = 60 594铢 = 1石1钧7斤12两18铢，贵丝重：1石2钧28斤3两5铢 − 1石1钧7斤12两18铢 = 1钧20斤6两11铢。

　　〔四五〕2 100支 ÷ 620钱 = 3支/钱……余240支，

　　由此可知，每钱3支是价格贵的箭矢，每钱4支则是价格贱的箭矢。

　　可买价贱的箭矢数：240钱 × 4支/钱 = 960支，可买价贵的箭矢数：2 100支 − 960支 = 1 140支。

　　〔四六〕5 820支 ÷ 980钱 = 5支/钱……余920支，

　　由此可得，每钱5支是贵箭杆的价格，每钱6支是贱箭杆的价格。

　　贱箭杆数：920钱 × 6支/钱 = 5 520支，贵箭杆数：5 820支 − 5 520支 = 300支。

卷第三
衰 分

BOOK 3

今有牛、马、羊食人苗，苗主责之粟五斗。羊主曰："我羊食半马。"马主曰："我马食半牛。"今欲衰偿之，问各出几何？

答曰：牛主出二斗八升七分升之四；马主出一斗四升七分升之二；羊主出七升七分升之一。

术曰：置牛四、马二、羊一，各自为列衰，副并为法。以五斗乘未并者各自为实。实如法得一斗。

今有甲持钱五百六十，乙持钱三百五十，丙持钱一百八十，凡三人俱出关，关税百钱。欲以钱数多少衰出之，问各几何？

答曰：甲出五十一钱一百九分钱之四十一；乙出三十二钱一百九分钱之一十二；丙出一十六钱一百九分钱之五十六。

原文

衰分术[1]曰：各置列衰，副并为法，以所分乘未并者各自为实，实如法而一。不满法者，以法命之。

注释

〔1〕衰（cuī）分术：按比例进行分配的算法。

译文

按比例分配的算法：将所分配的比率按次序排列出来，另取众比率之和作为除数，以所分之总数乘分配比率各自作被除数。以除数去除被除数，除之不尽，则得分数。

原文

〔一〕今有大夫、不更、簪衰、上造、公士，凡五人，共猎得五鹿。欲以爵次[1]分之，问各得几何？

答曰：大夫得一鹿三分鹿之二。不更得一鹿三分鹿之一。簪衰得一鹿。上造得三分鹿之二。公士得三分鹿之一。

术曰：列置爵数，各自为衰，副并为法。以五鹿乘未并者，各自为实。实如法得一鹿。

注释

〔1〕爵次：爵名的次序。按《汉书百官公卿表》，"爵一级曰公士，二上造，三簪衰，四不更，五大夫……二十彻侯。皆

□ 水磨

水磨是用水力作为动力的磨，大约发明于晋代。水磨由水轮、轴和齿轮组成，它的动力是一个卧式或立式的水轮，在轮的立轴上安装有磨的上扇，流水冲动水轮时就会带动磨一起转动。至于安装卧轮还是立轮，则要根据当地的水利资源、水势高低、齿轮与轮轴的匹配原则等来决定。

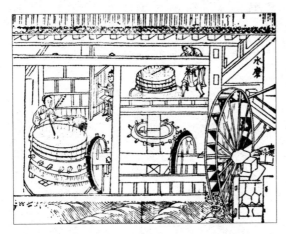

秦制。"

译文

〔一〕现有大夫、不更、簪褭、上造、公士等五个不同爵次的官员，共猎得5只鹿，要按爵次高低分配。问各得多少鹿？

答：大夫得鹿 $1\frac{2}{3}$ 只；不更得鹿 $1\frac{1}{3}$ 只；簪褭得鹿1只；上造得鹿 $\frac{2}{3}$ 只；公士得鹿 $\frac{1}{3}$ 只。

算法：依次列出爵数，各自作分配比率，以"副并"作为除数，以鹿数5乘"未并者"各作被除数，以除数除被除数即得鹿数。

译解

由题设条件得：

$$5只 \div (5+4+3+2+1) = \frac{1}{3}只,$$

五人所得鹿数分别为：

公士：$\frac{1}{3}$只 $\times 1 = \frac{1}{3}$只，上造：$\frac{1}{3}$只 $\times 2 =$ $\frac{2}{3}$只，簪褭：$\frac{1}{3}$只 $\times 3 = 1$只，不更：$\frac{1}{3}$只 $\times 4 = 1\frac{1}{3}$只，大夫：$\frac{1}{3}$只 $\times 5 = 1\frac{2}{3}$只。

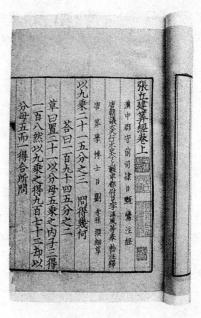

□ 《张丘建算经》 书影 张丘建 南北朝

《张丘建算经》大约成书于5世纪中叶南北朝时期。全书分三卷，卷中之尾和卷下之首残缺，现传本还留下92问。该书除《九章算术》已有的内容外，还涉及到等差级数问题、二次方程，特别是不定方程等问题，这些都是特别值得予以提出的。

术解

按运算法则

〔1〕列置爵数，各自为衰（依次列出爵数，作为各自的分配比率）：公士1，上造2，簪褭3，不更4，大夫5。

〔2〕副并为法（以"副并"作除数）：副并 = 1 + 2 + 3 + 4 + 5 = 15，以15作除数。

〔3〕以鹿数5乘未并者各自为实（用鹿数5乘以"未并者"各自作被除数）：即作被除数公士为 1×5，上造为 2×5，簪褭为 3×5，不更为 4×5，大夫为 5×5。

〔4〕实如法得一鹿：除数除被除数为各自所得的鹿数，即得结果。

依算法，各自应分配的鹿数为：

公士：$5只 \times \frac{1}{15} = \frac{1}{3}只$，上造：$5只 \times \frac{2}{15} = \frac{2}{3}只$，簪衰：$5只 \times \frac{3}{15} = 1只$，

不更：$5只 \times \frac{4}{15} = 1\frac{1}{3}只$，大夫：$5只 \times \frac{5}{15} = 1\frac{2}{3}只$。

原文

〔二〕今有牛、马、羊食人苗，苗主责之粟五斗。羊主曰："我羊食半马。"马主曰："我马食半牛。"今欲衰偿之，问各出几何？

答曰：牛主出二斗八升七分升之四；马主出一斗四升七分升之二；羊主出七升七分升之一。

术曰：置牛四、马二、羊一，各自为列衰，副并为法。以五斗乘未并者各自为实。实如法得一斗。

译文

〔二〕今有牛、马、羊吃了别人的禾苗，禾苗主人要求赔偿5斗粟。羊主人说："我羊所吃的禾苗只有马的一半。"马主人说："我马所吃的禾苗只有牛的一半。"打算按此比率偿还，牛、马、羊的主人各应赔偿多少粟？

答：牛主人应赔偿粟2斗$8\frac{4}{7}$升；马主人应赔偿粟1斗$4\frac{2}{7}$升；羊主人应赔偿粟$7\frac{1}{7}$升。

算法：取牛4、马2、羊1，作为各自的分配比率。以众比率之和为除数（即以4+2+1 = 7为除数）。

以5斗乘各自比率（未并者）为被除数，以除数除被除数便可得出每一位主人应赔的斗数。

□ 定型量器

图为秦国制造的1升和1/10升的定型量器。

译解

根据题设条件得：5斗 ÷（1+2+4）= $\frac{5}{7}$斗，

三人应赔偿的粟数分别为：

牛主人：$\frac{5}{7}$斗 × 4 = $2\frac{6}{7}$斗 = 2斗$8\frac{4}{7}$升，马主人：$\frac{5}{7}$斗 × 2 = $1\frac{3}{7}$斗 = 1斗$4\frac{2}{7}$升，

羊主人：$\frac{5}{7}$斗 × 1 = $\frac{5}{7}$斗 = $7\frac{1}{7}$升。

术解

各自的分配比率（未并者）为：牛主人4，马主人2，羊主人1。

众比率之和为：4+2+1=7，

依算法，各自应赔偿的粟数为：

牛主人：5斗 × $\frac{4}{7}$ = $2\frac{6}{7}$斗 = 2斗$8\frac{4}{7}$升，马主人：5斗 × $\frac{2}{7}$ = $1\frac{3}{7}$斗 = 1斗$4\frac{2}{7}$升，

羊主人：5斗 × $\frac{1}{7}$ = $\frac{5}{7}$斗 = $7\frac{1}{7}$升。

原文

〔三〕今有甲持钱五百六十，乙持钱三百五十，丙持钱一百八十，凡三人俱出关，关税百钱。欲以钱数多少衰出之，问各几何？

答曰：甲出五十一钱一百九分钱之四十一；乙出三十二钱一百九分钱之一十二；丙出一十六钱一百九分钱之五十六。

术曰：各置钱数为列衰，副并为法。以百钱乘未并者，各自为实。实如法得一钱。

译文

〔三〕今有甲持钱560，乙持钱350，丙持钱180，甲乙丙三人一起出关，关税共计100钱，要按各人带钱多少的比率交税，问三人各应付多少税？

答：甲应出$51\frac{41}{109}$钱，乙应出$32\frac{12}{109}$钱，丙应出$16\frac{56}{109}$钱。

算法：各取所持钱数为分配比率，另取众比率之和为除数，以100乘各自的比率（未并者）为除数，以除数去除被除数，便得出每人应承担的关税钱数。

译解

根据题设条件得：100钱÷（560＋350＋180）钱＝$\frac{10}{109}$，

分别应付的关税为：甲：$\frac{10}{109}$×560钱＝$51\frac{41}{109}$钱，乙：$\frac{10}{109}$×350钱＝$32\frac{12}{109}$钱，

丙：$\frac{10}{109}$×180钱＝$16\frac{56}{109}$钱。

术解

各自的分配比率（未并者）为：甲560，乙350，丙180。

众比率之和为：560＋350＋180＝1 090。

依算法，各自应承担的关税为：甲：100钱×$\frac{560}{1\,090}$＝$51\frac{41}{109}$钱，

乙：100钱×$\frac{350}{1\,090}$＝$32\frac{12}{109}$钱，丙：100钱×$\frac{180}{1\,090}$＝$16\frac{56}{109}$钱。

□ 刀币 春秋时期

古代的刀币主要由刀演变而来。图为春秋时期的刀币，主要流通于齐、赵、燕三国的部分地区。

原文

〔四〕今有女子善织，日自倍，五日织五尺。问日织几何？

答曰：初日织一寸三十一分寸之十九；次日织三寸三十一分寸之七；次日织六寸三十一分寸之十四；次日织一尺二寸三十一分寸之二十八；次日织二尺五寸三十一分寸之二十五。

术曰：置一、二、四、八、十六为列衰，副并为法。以五尺乘未并者，各自为实。实如法得一尺。

译文

〔四〕今有一女子很会织布，每日加倍增长，5天共织布5尺。问每日各织多少布？

答：第1天织布$1\frac{19}{31}$寸，第2天织布$3\frac{7}{31}$寸，第3天织布

$6\frac{14}{31}$寸，第4天织布1尺$2\frac{28}{31}$寸，第5天织布2尺

$5\frac{25}{31}$寸。

算法：取1、2、4、8、16为分配比率，取众比率之和为除数，以5尺乘各自比率为各自的被除数，以除数去除被除数，便可得出每一天织布的尺寸数。

译解

根据题设条件，设等比数列式

$a_n = a_1 q^{n-1}$，$S_n = \dfrac{a_1 - a_n q}{1-q}$，当$n=5$，$q=2$

时，$S_n = 5$，

解得：$a_1 = S_5 \times \dfrac{1-q}{1-q^5}$，

第1天织布数：$a_1 = \dfrac{5}{31}$尺$=1\frac{19}{31}$寸，第2天

织布数：$a_2 = \dfrac{10}{31}$尺$=3\frac{7}{31}$寸，

第3天织布数：$a_3 = \dfrac{20}{31}$尺$=6\frac{14}{31}$寸，第4天

织布数：$a_4 = \dfrac{40}{31}$尺$=1$尺$2\frac{28}{31}$寸，

第5天织布数：$a_5 = \dfrac{80}{31}$尺$=2$尺$5\frac{25}{31}$寸。

□ **郭守敬 元代**

郭守敬（公元1231—公元1316年），元代天文学家、水利学家、数学家和仪表制造家。他和王恂、许衡等人一起编制出我国古代最先进、施行最久的历法《授时历》。他创制和改进了简仪、高表、候极仪、浑天象、仰仪等十几件天文仪器仪表；并在全国设立了观测站，进行了大规模测量，他所测的回归年长度为365.2425日，与现行公历值完全一致。

术解

第一天到第五天的分配比率分别为：1，2，4，8，16。

众比率之和为：$1 + 2 + 4 + 8 + 16 = 31$，

依算法，五天织布的尺寸分别为：

第1天：5尺$\times \dfrac{1}{31} = \dfrac{5}{31}$尺$=1\frac{19}{31}$寸，第2天：5尺$\times \dfrac{2}{31} = \dfrac{10}{31}$尺$=3\frac{7}{31}$寸，

第3天：5尺$\times \dfrac{4}{31} = \dfrac{20}{31}$尺$=6\frac{14}{31}$寸，第4天：5尺$\times \dfrac{8}{31} = \dfrac{40}{31}$尺$=1$尺$2\frac{28}{31}$寸，

第5天：$5尺 \times \dfrac{16}{31} = \dfrac{80}{31}尺 = 2尺5\dfrac{25}{31}寸$。

原文

〔五〕今有北乡算[1]八千七百五十八，西乡算七千二百三十六，南乡算八千三百五十六。凡三乡，发徭三百七十八人。欲以算数多少衰出之，问各几何？

答曰：北乡遣一百三十五人一万二千一百七十五分人之一万一千六百三十七；西乡遣一百一十二人一万二千一百七十五分人之四千四；南乡遣一百二十九人一万二千一百七十五分人之八千七百九。

术曰：各置算数为列衰，副并为法。以所发徭人数乘未并者，各自为实。实如法得一人。

注释

〔1〕算：西汉的人头税。

译文

〔五〕今有北乡应缴税8 758"算"，西乡应缴税7 236"算"，南乡应缴税8 356"算"，三乡总计应派徭役378人，要按"算"数多少的比例出人。问各乡应派多少人？

答：北乡派$135\dfrac{11\,637}{12\,175}$人；西乡派$112\dfrac{4\,004}{12\,175}$人；南乡派$129\dfrac{8\,709}{12\,175}$人。

算法：列出各乡"算"数为分配比数，取众比数之和为除数，以所发徭役人数乘以各比数，各自作被除数。除数除被除数得每一乡应派人数。

□ 商鞅铜方升 战国·秦 上海博物馆藏

商鞅铜方升是公元前344年商鞅督造的标准量器。此器物三面及底部均刻有铭文。铭文记："十六寸五分寸一（16.2立方寸）为升。"经实验测量后，方升深1寸、宽3寸、长5.4寸，得一尺合23.1厘米，一升合200毫升。

译解

根据题设条件得：

$378 \div (8\,758 + 7\,236 + 8\,356) = \dfrac{378}{24\,350}$人，三乡应派徭役的人数分别为：

北乡：$\dfrac{378}{24\,350}$人 $\times 8758 = 135\dfrac{11\,637}{12\,175}$人，

西乡：$\dfrac{378}{24\,350}$人 $\times 7\,236 = 112\dfrac{4\,004}{12\,175}$人，

南乡：$\dfrac{378}{24\,350}$人 $\times 8\,356 = 129\dfrac{8\,709}{12\,175}$人。

□ 杆杠

图为古代埃及的杆杠。

术解

各自的分配比率为：北乡8 758，西乡7 236，南乡8 356。

众比率之和为8 758 + 7 236 + 8 356 = 24 350，

所发徭役人数乘以各比数：北乡8 758×378人，西乡7 236×378人，南乡8 356×378人。将三个得数分别作三个被除数，依算法，各乡应派人数为：

北乡：378人 $\times \dfrac{8\,356}{24\,350} = 135\dfrac{11\,637}{12\,175}$人，

西乡：378人 $\times \dfrac{7\,236}{24\,350} = 112\dfrac{4\,004}{12\,175}$人，

南乡：378人 $\times \dfrac{8\,356}{24\,350} = 129\dfrac{8\,709}{12\,175}$人。

原文

〔六〕今有禀[1]粟，大夫、不更、簪袅、上造、公士，凡五人，一十五斗。今有大夫一人后来，亦当禀五斗。仓无粟，欲以衰出之，问各几何？

答曰：大夫出一斗四分斗之一；不更出一斗；簪袅出四分斗之三；上造出四分斗之二；公士出四分斗之一。

术曰：各置所禀粟斛，斗数、爵次均之，以为列衰。副并而加后来大夫亦五斗，得二十以为法。以五斗乘未并者，各自为实。实如法得一斗。

注释

〔1〕禀：指发给。

□ **铜权**

图为秦朝时期的半两铜权。

译文

〔六〕今发粟，大夫、不更、簪袅、上造、公士，共五人，15斗。后来又来了一大夫，也要发五斗。仓库里已再没有粟，要按比例从前五人中退还。问五人各应退还多少粟?

答：大夫应退出粟$1\frac{1}{4}$斗，不更应退出粟1斗，簪袅应退出粟$\frac{3}{4}$斗，上造应退出粟$\frac{2}{4}$斗，公士应退出粟$\frac{1}{4}$斗。

算法：取所发粟的斛、斗数，按爵次加权平均，作为分配比数，另取众比数之和加后来大夫应得之斗数5，得20作为除数。以斗数5乘未并各比数分别作被除数。以除数除被除数便得出每一人（指前5人）应退还的斗数。

译解

根据题设条件得：

$5 + 4 + 3 + 2 + 1 = 15$，$15斗 \div (5 + 5 + 4 + 3 + 2 + 1) = \frac{3}{4}斗$。

五人应退还的粟数分别为：

大夫：$5斗 - \frac{3}{4}斗 \times 5 = 1\frac{1}{4}斗$，不更：$4斗 - \frac{3}{4}斗 \times 4 = 1斗$，

簪袅：$3斗 - \frac{3}{4}斗 \times 3 = \frac{3}{4}斗$，上造：$2斗 - \frac{3}{4}斗 \times 2 = \frac{2}{4}斗 = \frac{1}{2}斗$，

公士：$1斗 - \frac{3}{4}斗 \times 1 = \frac{1}{4}斗$。

术解

取所发粟的斛、斗数，按爵次加权平衡，得分配比数，参考卷第三〔一〕题：大夫5斗，不更4斗，簪袅3斗，上造2斗，公士1斗。20作为除数。

依算法，每人应退还的粟数为：

大夫：$5斗 \times \frac{5}{20} = 1\frac{1}{4}斗$，不更：$5斗 \times \frac{4}{20} = 1斗$，

簪衰：$5斗 \times \dfrac{3}{20} = \dfrac{3}{4}斗$，上造：$5斗 \times \dfrac{2}{20} = \dfrac{1}{2}斗$，

公士：$5斗 \times \dfrac{1}{20} = \dfrac{1}{4}斗$。

原文

〔七〕今有禀粟五斛，五人分之。欲令三人得三，二人得二，问各几何？

答曰：三人，人得一斛一斗五升十三分升之五；二人，人得七斗六升十三分升之十二。

术曰：置三人，人三；二人，人二，为列衰。副并为法。以五斛乘未并者各自为实。实如法得一斛。

译文

〔七〕今发粟5斛，五个人分，其中有三人每人得三份，有二人每人得二份。问每人各得多少粟？

答：得三等份的三人，每人得粟1斛1斗$5\dfrac{5}{13}$升。得二等份的二人，每人得粟7斗$6\dfrac{12}{13}$升。

算法：列出三人，每人所得份数为三；两人，每人所得份数为二，为分配比数。另取众比数之和为除数。用5斛乘以各比数，各自为被除数。以除数除被除数即得每一人所得数量。

译解

根据题设条件得：$5斛 \div (3 \times 3 + 2 \times 2) = \dfrac{5}{13}斛$。

三人各得：$\dfrac{5}{13}斛 \times 3 = 1\dfrac{2}{13}斛 = 1斛1斗5\dfrac{5}{13}升$，

二人各得：$\dfrac{5}{13}斛 \times 2 = \dfrac{10}{13}斛 = 7斗6\dfrac{12}{13}升$。

术解

1斛 = 1石 = 10斗。

□ **铜砝码 清代**

该砝码刻有铭文"叁两"字样，重108克。

三人每人得3等份的比数为三，二人每人得二等份的比数为2。

众比率之和（副并）为：$3 \times 3 + 2 \times 2 = 13$。

依算法，得三等份的三人每人所得数为：$5斛 \times \dfrac{3}{13} = \dfrac{15}{13}斛 = 1\dfrac{2}{13}斛 = 1斛1斗5\dfrac{5}{13}升$，

得二等份的二人每人所得数为：$5斛 \times \dfrac{12}{13} = \dfrac{10}{13}斛 = 7斗6\dfrac{12}{13}升$。

原文

返衰术[1]曰：列置衰而令相乘，动者为不动者衰[2]。

注释

〔1〕返衰术：分配比率的倒数。如$5 : 4 : 3 : 2 : 1$为"列衰"，而$\dfrac{1}{5} : \dfrac{1}{4} : \dfrac{1}{3} : \dfrac{1}{2} : \dfrac{1}{1}$则称为"返衰"。

〔2〕动者为不动者衰："返衰"一般为分数，这些分数母互乘子后之值为"动者"，原来分数则称"不动者"。"动者为不动者衰"即"动者"为相应位上"不动者"的分配比数。如$\dfrac{b}{a}$、$\dfrac{d}{c}$、$\dfrac{f}{e}$母互乘子后，值为bce、dae、fac，动为"动者"，而$\dfrac{b}{a}$、$\dfrac{d}{c}$、$\dfrac{f}{e}$称为"不动者"。"动者为不动者衰"就是bce、dae、fac为$\dfrac{b}{a}$、$\dfrac{d}{c}$、$\dfrac{f}{e}$位上的分配比数。即：$\dfrac{b}{a} : \dfrac{d}{c} : \dfrac{f}{e} = \dfrac{bce}{ace} : \dfrac{dae}{eca} : \dfrac{fac}{eac} = bce : dae : fac$。

译文

按反比例分配算法：列出分配比数而交互乘子，乘得之数为相应位上（按反比）的分配比数。

原文

〔八〕今有大夫、不更、簪袅、上造、公士凡五人，共出百钱。欲令高爵出少，以次渐多，问各几何？

答曰：大夫出八钱一百三十七分钱之一百四；不更出一十钱一百三十七分钱之一百三十；簪袅出一十四钱一百三十七分钱之八十二；上造出二十一钱一百三十七分钱之一百二十三；公士出四十三钱一百三十七分钱之一百九。

术曰：置爵数，各自为衰，而反衰之。副并为法。以百钱乘未并者各自为实。实如法得一钱。

译文

〔八〕今有大夫、不更、簪袅、上造、公士五人，共出100钱，要使爵位高的少出钱，从高爵位到低爵位，出的钱逐渐增加，问各出多少钱？

答：大夫出$8\frac{104}{137}$钱，不更出$10\frac{130}{137}$钱，簪袅出$14\frac{82}{137}$钱，上造出$21\frac{123}{137}$钱，公士出$43\frac{109}{137}$钱。

算法：按位列出各比数，而后作出按反比分配的比数，取诸比数之和为除数，用100钱乘以未合并的诸比数各自为被除数，以除数除被除数得出每一位应出的钱数。

译解

根据题设条件得：$100钱 \div \left(\frac{1}{5} + \frac{1}{4} + \frac{1}{3} + \frac{1}{2} + 1 \right) = \frac{6\,000}{137}钱$。

五人所出的钱数分别为：

大夫：$\frac{6\,000}{137}钱 \times \frac{1}{5} = 8\frac{104}{137}钱$，不更：$\frac{6\,000}{137}钱 \times \frac{1}{4} = 10\frac{130}{137}钱$，

簪袅：$\frac{6\,000}{137}钱 \times \frac{1}{3} = 14\frac{82}{137}钱$，上造：$\frac{6\,000}{137}钱 \times \frac{1}{2} = 21\frac{123}{137}钱$，

公士：$\frac{6\,000}{137}钱 \times 1 = 43\frac{109}{137}钱$。

术解

从卷第三题〔一〕知，大夫、不更、簪衰、上造、公士的比数是5：4：3：2：1，反比关系是$\frac{1}{5}：\frac{1}{4}：\frac{1}{3}：\frac{1}{2}：1$。

除数为：$\frac{1}{5}+\frac{1}{4}+\frac{1}{3}+\frac{1}{2}+1=\frac{137}{60}$，

被除数分别为100乘以下列各数：$\frac{1}{5}$，$\frac{1}{4}$，$\frac{1}{3}$，$\frac{1}{2}$，1。

依算法，每人应出的钱数为：

大夫：$\dfrac{100钱 \times \frac{1}{5}}{\frac{137}{60}}=8\frac{104}{137}钱$，　不更：$\dfrac{100钱 \times \frac{1}{4}}{\frac{137}{60}}=10\frac{130}{137}钱$，

簪衰：$\dfrac{100钱 \times \frac{1}{3}}{\frac{137}{60}}=14\frac{82}{137}钱$，　上造：$\dfrac{100钱 \times \frac{1}{2}}{\frac{137}{60}}=21\frac{123}{137}钱$，

公士：$\dfrac{100钱 \times 1}{\frac{137}{60}}=43\frac{109}{137}钱$。

原文

〔九〕今有甲持粟三升，乙持粝米三升，丙持粝饭三升。欲令合而分之，问各几何？

答曰：甲二升一十分升之七；乙四升一十分升之五；丙一升一十分升之八。

术曰：以粟率五十、粝米率三十、粝饭率七十五为衰，而反衰之。副并为法。以九升乘未并者自为实。实如法得一升。

译文

〔九〕今有甲持粟3升，乙持粝米3升，丙持粝饭3升。要合在一起分配，问各得多少？

答：甲得$2\frac{7}{10}$升，乙得$4\frac{5}{10}$升，丙得$1\frac{8}{10}$升。

算法：按粟率50、粝米率30、粝饭率75为比数，而后作按反比分配的比数，

取众比数之和为被除数，以总升数9乘未合并的诸比数各自为被除数，用除数除被除数便可得每一位应得的升数。

译解

根据题设条件得：（3 + 3 + 3）升 ÷ $\left(\dfrac{1}{50} + \dfrac{1}{30} + \dfrac{1}{75}\right)$ = 135升。

三人所得混合后的粮食数分别为：

甲：135升 × $\dfrac{1}{50}$ = $2\dfrac{7}{10}$升，乙：135升 × $\dfrac{1}{30}$ = $4\dfrac{5}{10}$升，丙：135升 × $\dfrac{1}{75}$ = $1\dfrac{8}{10}$升。

秦汉：一尺合23厘米
一升合200毫升
一斤合250克

□ 汉承秦制

"汉承秦制"是指刘邦建立的西汉王朝直到汉宣帝，在相当长的一段时期内继承和发展了秦朝的各项制度，度量衡也不例外。图中显示秦汉时期一尺合23厘米，一升合200毫升，一斤合250克的度量衡制度。

术解

粟、粝米、粝饭的反比关系是：$\dfrac{1}{50} : \dfrac{1}{30} : \dfrac{1}{75}$，

除数为：$\dfrac{1}{50} + \dfrac{1}{30} + \dfrac{1}{75} = \dfrac{2}{30}$，

被除数分别为：总升数9乘以下列各比数：$\dfrac{1}{50}$、$\dfrac{1}{30}$、$\dfrac{1}{75}$。依算法，混合后每人各得粮食数是：甲：$\dfrac{9升 \times \frac{1}{50}}{\frac{2}{30}} = 2\dfrac{7}{10}$升，乙：$\dfrac{9升 \times \frac{1}{30}}{\frac{2}{30}} = 4\dfrac{5}{10}$升，丙：$\dfrac{9升 \times \frac{1}{75}}{\frac{2}{30}} = 1\dfrac{8}{10}$升。

原文

〔一〇〕[1]今有丝一斤，价直[2]二百四十。今有钱一千三百二十八，问得丝几何？

答曰：五斤八两一十二铢五分铢之四。

术曰：以一斤价数为法，以一斤乘今有钱数为实。实如法得丝数。

注释

〔1〕〔一〇〕：从本问到章终各问并非"衰分"问题，而是简比例、复比例问题。

〔2〕直：通"值"。

译文

〔一〇〕今有丝1斤，价值240钱。今有钱1 328，问可买丝多少？

答：可买丝5斤8两12$\frac{4}{5}$铢。

算法：以1斤价格作除数，以1斤乘以今有钱数为被除数，用除数除被除数便得可买丝数。

译解

1斤 = 16两 = 384铢，1两 = 24铢。

根据题设条件，所求丝数：1 328钱 ÷ 240钱/斤 = 5$\frac{8}{15}$斤 = 5斤8两12$\frac{4}{5}$铢。

术解

除数：240钱。

被除数：1斤 × 1 328钱。

所得丝数 = $\dfrac{1斤 \times 1\,328钱}{240钱}$ = 5$\frac{8}{15}$斤 = 5斤8两12$\frac{4}{5}$铢。

原文

〔一一〕今有丝一斤，价直三百四十五。今有丝七两一十二铢，问得钱几何？

答曰：一百六十一钱三十二分钱之二十三。

术曰：以一斤铢数为法，以一斤价数乘七两一十二铢为实。实如法得钱数。

译文

〔一一〕今有丝1斤，价值345钱。今有丝7两12铢，问价值多少钱？

答：值$161\frac{23}{32}$钱。

算法：以一斤丝所含铢数为除数，以1斤价格乘7两12铢（所含铢数）作为被除数，以除数除被除数便得钱数。

译解

根据题设条件，所求钱数为：

$$\frac{345钱}{384铢} \times （7 \times 24 + 12）铢 = 161\frac{23}{32}钱。$$

术解

除数：1斤即384铢，

被除数：345钱 × （7 × 24 + 12）铢，

所得钱数 = 345钱 × $\dfrac{（7 \times 24 + 12）铢}{384铢}$ = $161\frac{23}{32}$钱。

南朝	北朝
一尺合24厘米	一尺约50厘米
一升合200毫升	一升约600毫升
一斤合250克	一斤约700克

☐ **南朝与北朝的度量衡**

南北朝社会动乱，使得各国的度量衡制度也十分混乱。从图中描述的南北朝时期度量衡的单位量衡比值中，可看出两者的差距。

原文

〔一二〕今有缣一丈，直一百二十八。今有缣一匹九尺五寸，问得钱几何？

答曰：六百三十三钱五分钱之三。

术曰：以一丈寸数为法，以价钱数乘今有缣寸数为实。实如法得钱数。

译文

〔一二〕今有缣1丈，价为128钱，问缣1匹9尺5寸值多少钱？

答：值$633\frac{3}{5}$钱。

算法：以1丈缣所含的寸数作除数，以1丈价格乘今有缣的寸数作被除数，以被除数除以除数便得钱数。

译解

1丈 = 100寸，1匹9尺5寸 = 495寸。

根据题设条件，所求钱数为：$\dfrac{128钱}{100寸} \times 495寸 = 633\dfrac{3}{5}$钱。

术解

除数：1丈 = 10尺 = 100寸，

被除数：128钱 × 1匹9尺5寸 = 128钱 × 495寸，

所得钱数：$\dfrac{128钱 \times 495寸}{100寸} = 633\dfrac{3}{5}$钱。

原文

〔一三〕今有布一匹，价直一百二十五。今有布二丈七尺，问得钱几何？

答曰：八十四钱八分钱之三。

术曰：以一匹尺数为法，今有布尺数乘价钱为实。实如法得钱数。

译文

〔一三〕今有布1匹，价值125钱，问布2丈7尺值多少钱？

答：值$84\dfrac{3}{8}$钱。

算法：以1匹布作除数，以今有布的尺数乘以每匹布的价钱作为被除数，被除数除以除数便得钱数。

译解

根据题设条件，所求钱数为：

$125钱/匹 \times 2丈7尺 = 125钱/匹 \times \dfrac{27}{40}匹 = 84\dfrac{3}{8}$钱。

术解

除数：1匹 = 40尺，

被除数：125钱 × 2丈7尺 = 125钱 × 27尺，

所得钱数：$\dfrac{125钱 \times 27尺}{40尺} = 84\dfrac{3}{8}$钱。

□ **绫罗绸缎**

绫罗绸缎按原料分为有纯桑蚕丝织品和交织品。绫类织物的地纹是各种经面斜纹组织或以经面斜纹组织为主，混用其他组织制成的布匹，常见的绫类织物品种有花素绫、广陵、交织绫、尼棉绫等，素绫是用纯桑蚕丝做原料的丝织品，它质地轻薄，色光漂亮，手感柔软，可以做四季服装。

原文

〔一四〕今有素一匹一丈，价直六百二十五。今有钱五百，问得素几何？

答曰：得素一匹。

术曰：以价直为法，以一匹一丈尺数乘今有钱数为实。实如法得素数。

译文

〔一四〕今有土坯布1匹1丈，价值625钱。今有500钱，可得土坯布多少？

答：可得土坯布1匹。

算法：以价格数作除数，以1匹1丈所含尺数乘今有钱数作被除数，用除数除被除数，可得土坯布之数。

译解

1匹1丈 = 50尺。

根据题设条件，所求土坯布数为：$50尺 \times \dfrac{500钱}{625钱} = 40尺 = 1匹$。

术解

除数：625钱，

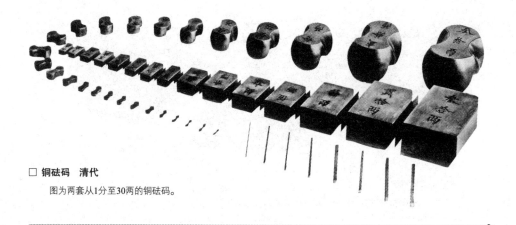

□ **铜砝码　清代**

图为两套从1分至30两的铜砝码。

被除数：1匹1丈 × 500钱 = 50尺 × 500钱，

所得土坯布数：$\dfrac{50尺 × 500钱}{625钱} = 40尺 = 1匹$。

原文

〔一五〕今有与人丝一十四斤，约得缣一十斤。今与人丝四十五斤八两，问得缣几何？

答曰：三十二斤八两。

术曰：以一十四斤两数为法，以一十斤乘今有丝两数为实。实如法得缣数。

译文

〔一五〕现在给人丝14斤，约定换得缣10斤。今有丝45斤8两，问可换得多少缣？

答：可换得缣32斤8两。

算法：以14斤所含的两数作除数，以10斤乘以今有丝的两数作被除数，被除数除以除数便得所求的缣数。

译解

1斤 = 16两。

根据题设条件，所求缣数为：

$$\frac{10斤}{14斤} \times 45斤8两 = 32.5斤 = 32斤8两。$$

术解

除数：14斤 × 16 = 224两，

被除数：10斤 × 45斤8两 = 10斤 × 728两，

所得缣数：$\frac{10斤 \times 728两}{224两} = 32\frac{5}{10}斤 = 32斤8两。$

原文

〔一六〕今有丝一斤，耗七两。今有丝二十三斤五两，问耗几何？

答曰：一百六十三两四铢半。

术曰：以一斤展十六两为法。以七两乘今有丝两数为实。实如法得耗数。

译文

〔一六〕丝1斤耗银7两，今有丝23斤5两，问耗银多少？

答：耗银163两4$\frac{1}{2}$铢。

算法：以1斤折合16两作除数，以7两乘今有丝所含的两数作被除数，用被除数除以除数便得耗银数。

译解

根据题设条件，所求耗银数为：

$$\frac{7两}{16两} \times 23斤5两 = 163\frac{3}{16}两 = 163两4\frac{1}{2}铢。$$

术解

除数：1斤 = 16两，

被除数：7两 × 23斤5两 = 7两 × (23 × 16 + 5) 两 = 2 611两，

所得耗银数：$\dfrac{7两 \times （23 \times 16 + 5）两}{16两} = 163\dfrac{3}{16}两$。

又知1两 = 24铢，$163\dfrac{3}{16}$两 = 163两$4\dfrac{1}{2}$铢。

原文

〔一七〕今有生丝三十斤，干之，耗三斤十二两。今有干丝一十二斤，问生丝几何？

答曰：一十三斤一十一两十铢七分铢之二。

术曰：置生丝两数，除耗数，余，以为法。三十斤乘干丝两数为实。实如法得生丝数。

译文

〔一七〕今有生丝30斤，干燥后耗损3斤12两。今有干丝12斤，问原有生丝多少？

答：原有生丝为13斤11两$10\dfrac{2}{7}$铢。

算法：列出生丝两数，减去耗损数，所得余数作除数。30斤乘今有干丝两数作被除数，被除数除以除数得所求生丝数。

译解

3斤12两 = 60两，30斤 = 480两，12斤 = 192两。

根据题设条件，所求生丝数为：$\dfrac{480}{480 - 60} \times 192两 = 219\dfrac{3}{7}两 = 13斤11两10\dfrac{2}{7}铢$。

术解

除数：30斤 $\times$ 16 － （3斤 $\times$ 16 + 12两） = （480 － 60）两 = 420两，

被除数：（30斤 $\times$ 16两） $\times$ （12斤 $\times$ 16两）

所求生丝数：$\dfrac{（30斤 \times 16两） \times （12斤 \times 16两）}{420两} = 13斤11两10\dfrac{2}{7}铢$。

原文

〔一八〕今有田一亩，收粟六升太半升。今有田一顷二十六亩一百五十九步，问收粟几何？

答曰：八斛四斗四升一十二分升之五。

术曰：以亩二百四十步为法。以六升太半升乘今有田积步为实。实如法得粟数。

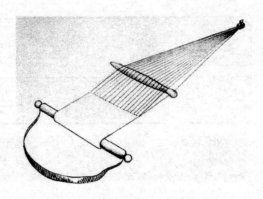

□ **腰机**

原始的织机是席地而坐的"踞织机"，也叫腰机。这种足蹬式腰机没有机架，卷布轴的一端系于腰间，双足蹬住另一端的经轴并张紧织物，用分经棍将经纱按奇偶数分成两层，再用提综杆提起经纱形成梭口，并以骨针引纬，打纬刀打纬。腰机织造最重要的成就是采用了提综杆、分经棍和打纬刀。

译文

〔一八〕今有田1亩，收粟$6\frac{2}{3}$升。今有田1顷26亩159平方步，问收粟多少？

答：8斛4斗$4\frac{5}{12}$升。

算法：以田1亩步作除数，以$6\frac{2}{3}$升乘今有田所含亩数作被除数，被除数除以除数即得粟数。

译解

1顷 = 100亩，1亩 = 240平方步，则1顷26亩159平方步 = $126\frac{159}{240}$亩。

根据题设条件，所求粟数为：$6\frac{2}{3}$升/亩 $\times 126\frac{159}{240}$亩 $= \frac{10\,133}{12}$升 $= 8$石4斗$4\frac{5}{12}$升。

术解

除数：1亩 = 240平方步

被除数：$6\frac{2}{3}$升 $\times$ 1顷26亩159平方步 $= 6\frac{2}{3}$升 $\times 30339$平方步，

□ **鎏金花卉铜尺及拓本　唐代**
　该尺通体鎏金，绘有花卉，残长24厘米。

所求粟数：$\dfrac{6\frac{2}{3}升 \times 30\ 399平方步}{240平方步} = 6\frac{2}{3}升 \times 126\frac{6\ 625}{10\ 000} = \dfrac{20}{3}升 \times \dfrac{10\ 133}{80} = \dfrac{10\ 133}{12}升 =$

$8石4斗4\frac{5}{12}升。$

原文

〔一九〕今有取保[1]一岁，价钱二千五百。今先取一千二百，问当作日几何？

答曰：一百六十九日二十五分日之二十三。

术曰：以价钱为法，以一岁三百五十四日乘先取钱数为实。实如法得日数。

注释

〔1〕取保：犯人因交保证金后而获得自由。

译文

〔一九〕已知犯人1年的保证金为2 500钱。今交1 200钱，可保多长时间？

答：可保$169\frac{23}{25}$天。

算法：以每年的保证金为除数，以1年所含的日数354天乘今交保证金数作被除数，被除数除以除数，便得所求日数。

译解

依原"术"一年354天计，根据题设条件，所求天数为：

$$\frac{354天}{2\,500钱} \times 1\,200钱 = 169\frac{23}{25}天。$$

术解

除数：2 500钱，

被除数：354天×1 200钱，

所求天数：$\dfrac{354天 \times 1\,200钱}{2\,500钱} = 169\dfrac{23}{25}天。$

原文

〔二〇〕有贷人千钱，月息三十。今有贷人七百五十钱，九日归之，问息几何？

答曰：六钱四分钱之三。

术曰：以月三十日乘千钱为法。以息三十乘今所贷钱数，又以九日乘之，为实。实如法得一钱。

译文

〔二〇〕已知向人贷款1 000钱，月息30钱。今向人贷750钱，9天归还，应付多少利息？

答：应付利息$6\frac{3}{4}$钱。

算法：以每月30天乘以1 000钱作除数。以月息30钱乘今向人所贷的750钱再乘9天作被除数，被除数除以除数即得所求利息数。

译解

依原"术"1月为30天计，根据题设条件，所求利息数为：

$$\frac{30钱}{1\,000钱 \times 30天} \times 750钱 \times 9天 = 6\frac{3}{4}钱。$$

术解

除数：1 000钱×30天，

被除数：30钱×750钱×9天，

所求利息数：$\dfrac{750钱 \times 30钱 \times 9天}{1\,000钱 \times 30天} = 6\dfrac{3}{4}钱。$

卷第四
少 广

BOOK 4

少广术曰：置全步及分母子，以最下分母遍乘诸分子及全步，各以其母除其子，置之于左。命通分者，又以分母遍乘诸分子及已通者，皆通而同之，并之为法。置所求步数，以全步积分乘之为实。实如法而一，得从步。

今有田广一步半。求田一亩，问从几何？

答曰：一百六十步。

术曰：下有半，是二分之一。以一为二，半为一，并之得三，为法。置田二百四十步，亦以一为二乘之，为实。实如法得从步。

今有田广一步半、三分步之一、四分步之一。求田一亩，问从几何？

答曰：一百一十五步五分步之一。

术曰：下有四分，以一为一十二，半为六，三分之一为四，四分之一为三，并之得二十五，以为法。置田二百四十步，亦以一为一十二乘之，为实。实如法而一，得从步。

原文

少广术[1]曰：置全步及分母子，以最下分母遍乘诸分子及全步，各以其母除其子，置之于左。命通分者，又以分母遍乘诸分子及已通者，皆通而同之，并之为法。置所求步数，以全步积分乘之为实。实如法而一，得从步。

注释

〔1〕少广术：少，稍微，少量。广，指长方形的宽。李淳风注"少广"：今欲截取其从（"从"指长方形的长）多，少以益其广。根据本段内容，"少广"应理解为：由长方形面积或体积求一边的长。

译义

"少广"算法：列出"全步"（整数部分）及诸分子分母，以最下面的分母遍乘各分子和"全步"，各自以分母去约其分子，所得数放在左行。将所得能通分之分数进行通分约简，又用它的分母去遍乘诸（未通者）的分子和已通之数。逐个照此同样方法通分，以通约后所得诸数之和为除数。列出所求田面积的（平方）步数，用"全部积分"（公分母）乘之作被除数，以除数去除被除数，即得田长步数。

术解

现以卷第四题〔三〕为例解释"少广术"。

〔1〕置全步及分母子："全步"是指整数部分，将1、$\frac{1}{2}$、$\frac{1}{3}$、$\frac{1}{4}$按古人习惯自上而下的次序排放，

□ 记里鼓车 西汉

记里鼓车又称"记道车"，是一种配有减速齿轮系统的古代车辆。减速齿轮始终与车轮同时转动，其最末一只齿轮轴在车行一里时，中平轮正好回转一周，车上的拨子也就拨动车上木人击鼓一次；车每行10里，上平轮转一周，其上的拨子就拨动上一层木人击鼓一次。今天汽车中里程表，每行驶一公里便转动一个数码，其原理与此车相似。

如数列1。

〔2〕以最下面的分母遍乘诸分子及全步，即用4遍乘整数及所有分数，形成另一数列，如数列2。

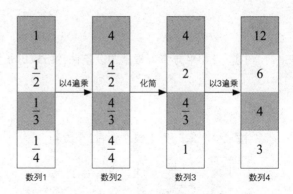

〔3〕各以其母除其子，置之于右：进行约分化简，形成一数列，如数列3。

〔4〕命通分者……并之为法：其中"通分者"是经遍乘之后，仍是分数的数。"已通者"是化简为整数之数，即再用未化为整数的分数的分母遍乘各项，得一数列，如数列4。结果是数列1扩大了12倍后形成数列4，12为"全步积分"。

"并之为法"指将数列4相加作除数，即12 + 6 + 4 + 3 = 25作除数。

〔5〕"置所求步数……得从步"，"所求步数"在卷第四题〔三〕中为1亩步数，即240平方步。240 × 12 = 2 880为被除数。

所求"从（指长）数"为：$\dfrac{2\,880}{25} = 115\dfrac{1}{5}$步。

原文

〔一〕今有田广一步半。求田一亩，问从几何？

答曰：一百六十步。

术曰：下有半，是二分之一。以一为二，半为一，并之得三，为法。置田二百四十步，亦以一为二乘之，为实。实如法得从步。

译文

〔一〕今有长方形田宽$1\dfrac{1}{2}$步。问田一亩，长多少步？

答：田长160步。

算法：列在下面的"分母"为2。按少广术将1化为2，$\dfrac{1}{2}$化为1，将化得之数相加得3作除数；取1亩的平方步数240乘数列1所化得的全步积分2作为被除数。用除数除被除数，便为所求的田长步数。

译解

1亩＝240平方步。根据题设条件，所求田长为：240平方步 ÷ $1\frac{1}{2}$步 ＝ 160步

术解

按"少广术"列出自左到右2个数列：

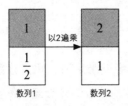

除数：2＋1＝3，

被除数：240步×2（全步积分），

所求田长步数：$\dfrac{240步 × 2}{3}$ ＝ 160步。

□ **沈括**

　　沈括（公元1031—公元1095年），北宋科学家、政治家。字存中，杭州钱塘（今浙江杭州）人。曾任过司天监、翰林学士。他博学多闻，于数学、天文、地理、律历、音乐、医药等都有研究。晚年居润州，举平生见闻，撰《梦溪笔谈》，此书在数学史上占有重要地位。

原文

　　〔二〕今有田广一步半、三分步之一。求田一亩，问从几何？

　　答曰：一百三十步一十一分步之一十。

　　术曰：下有三分，以一为六，半为三，三分之一为二，并之得一十一为法。置田二百四十步，亦以一为六乘之，为实。实如法得从步。

译文

　　〔二〕今有2块长度相等的田，其宽分别为$1\frac{1}{2}$步、$\frac{1}{3}$步。问田面积1亩，长是多少？

　　答：田长$130\frac{10}{11}$步。

算法：列在下面的分母是3。按少广术将1化为6，$\frac{1}{2}$化为3，$\frac{1}{3}$化为2，将所化得之数相加得11作为除数；取1亩的平方步数240乘数列1所化得的全步积分6作为被除数。用除数去除被除数，便为所求的田长步数。

译解

根据题设条件，所求田长为：240平方步 $\div \left(1+\frac{1}{2}+\frac{1}{3}\right)$ 步 $=130\frac{10}{11}$步。

术解

按"少广术"列出自左到右4个数列：

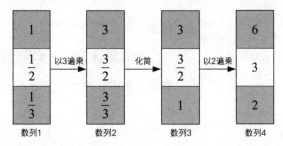

除数为最后一个数列之和：$6+3+2=11$，

被除数：240步 $\times 6$，

所求田长步数：$\dfrac{240步 \times 6}{11}=130\frac{10}{11}$步。

原文

〔三〕今有田广一步半、三分步之一、四分步之一。求田一亩，问从几何？

答曰：一百一十五步五分步之一。

术曰：下有四分，以一为一十二，半为六，三分之一为四，四分之一为三，并之得二十五，以为法。置田二百四十步，亦以一为一十二乘之，为实。实如法而一，得从步。

译文

〔三〕今有长度相等的3块田，宽分别为$1\frac{1}{2}$步、$\frac{1}{3}$步、$\frac{1}{4}$步。问田面积1亩，长是多少？

斛　升　斗　合　龠

□ **新莽嘉量**

　　新莽嘉量是汉朝时期一件五量（斛、斗、升、合、龠）合一的铜质标准量器。十龠为合，十合为升，十升为斗，十斗为斛。器壁上有81字总铭，单件量器上又各有铭文，记录了各自所量的尺寸和容积。图为新莽嘉量中的斛、斗、升、合、龠量。

答：田长 $115\frac{1}{5}$ 步。

算法：列在下面的分母是4。

按少广术将1化为12，$\frac{1}{2}$ 化为6，$\frac{1}{3}$ 化为4，$\frac{1}{4}$ 化为3，将各化得之数相加得25，作为除数；取1亩的平方步数240乘1所化得的全步积分12作为被除数。用除数除被除数，便为所求的田长步数。

详解

　　根据题设条件，所求田长步数为：$240\text{平方步} \div \left(1\frac{1}{2} + \frac{1}{3} + \frac{1}{4}\right)$

步 $= 115\frac{1}{5}$ 步。

术解

　　本题详解过程在解释少广术时已详细陈述过，此略。

原文

　　〔四〕今有田广一步半、三分步之一、四分步之一、五分步之一。求田一亩，问从几何？

　　答曰：一百五步一百三十七分步之一十五。

　　术曰：下有五分，以一为六十，半为三十，三分之一为二十，四分之一为一十五，五分之一为一十二，并之得一百三十七，以为法。置田二百四十步，亦以一为六十乘之，为实。实如法得从步。

译文

〔四〕今有4块长度相等的田，宽分别为$\frac{1}{2}$步、$\frac{1}{3}$步、$\frac{1}{4}$步、$\frac{1}{5}$步。问田面积1亩，长是多少？

答：田长$105\frac{15}{137}$步。

算法：列在下面的分母是5。按少广术将1化为60，$\frac{1}{2}$化为30，$\frac{1}{3}$化为20，$\frac{1}{4}$化为15，$\frac{1}{5}$化为12，将各化得之数相加得137作为除数；取1亩的平方步数240乘数列1所化得的60作为被除数。用除数除被除数，便为所求的田长步数。

译解

根据题设条件，所求田长步数为：

$$240\text{平方步} \div \left(1 + \frac{1}{2} + \frac{1}{3} + \frac{1}{4} + \frac{1}{5}\right)\text{步} = 105\frac{15}{137}\text{步}。$$

术解

按"少广术"列出自左到右4个数列：

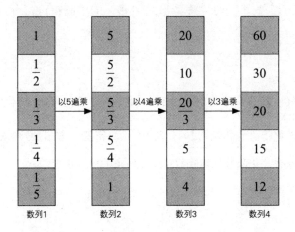

除数为最后一个数列之和：$60 + 30 + 20 + 15 + 12 = 137$，

被除数为：$240\text{步} \times 60$，

所求田长为：$\dfrac{240\text{步} \times 60}{137} = 105\frac{15}{137}\text{步}。$

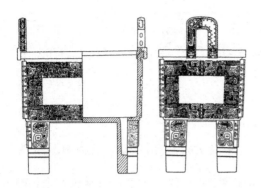

□ 司母戊鼎　商代

司母戊鼎为商代最大的青铜器。后世专家曾对此器进行取样分析，发现此器铜、锡、铅含量的比例不同。经过进一步考察，他们还发现商代冶金工匠已能根据各种器具的不同用途，选用不同比例的铜、锡、铅来进行炼制。图中左为司母戊鼎正视及剖视图，右为侧视图。

原文

〔五〕今有田广一步半、三分步之一、四分步之一、五分步之一、六分步之一。求田一亩，问从几何？

答曰：九十七步四十九分步之四十七。

术曰：下有六分，以一为一百二十，半为六十，三分之一为四十，四分之一为三十，五分之一为二十四，六分之一为二十，并之得二百九十四以为法。置田二百四十步，亦以一为一百二十乘之，为实。实如法得从步。

译文

〔五〕今有5块田，宽各为$1\frac{1}{2}$步、$\frac{1}{3}$步、$\frac{1}{4}$步、$\frac{1}{5}$步、$\frac{1}{6}$步。问田面积1亩，长是多少？

答：田长$97\frac{47}{49}$步。

算法：列在下面的分母是6。按少广术将1化为120，$\frac{1}{2}$化为60，$\frac{1}{3}$化为40，$\frac{1}{4}$化为30，$\frac{1}{5}$化为24，$\frac{1}{6}$化为20，将各化得之数相加得294作除数；取1亩的平方步数240乘1所化得的全步积分120作为被除数。用除数除被除数，即为所求的田长步数。

译解

1亩＝240平方步，所求田长步数为：

$$240\text{平方步} \div \left(1\frac{1}{2}+\frac{1}{3}+\frac{1}{4}+\frac{1}{5}+\frac{1}{6}\right)\text{步} = 97\frac{47}{49}\text{步}。$$

术解

按"少广术"列出自左到右4个数列：

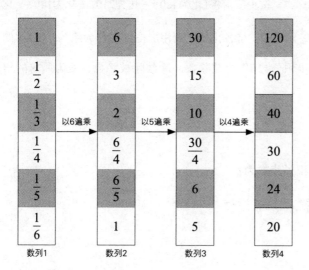

除数为最后一个数列之和：$120 + 60 + 40 + 30 + 24 + 20 = 294$，

被除数为：240步 $\times$ 120，

所求田长为：$\dfrac{240步 \times 120}{294} = 97\dfrac{47}{49}$步。

原文

〔六〕今有田广一步半、三分步之一、四分步之一、五分步之一、六分步之一、七分步之一。求田一亩，问从几何？

答曰：九十二步一百二十一分步之六十八。

术曰：下有七分，以一为四百二十，半为二百一十，三分之一为一百四十，四分之一为一百五，五分之一为八十四，六分之一为七十，七分之一为六十，并之得一千八十九，以为法。置田二百四十步，亦以一为四百二十乘之，为实。实如法得从步。

译文

〔六〕今有6块长度相等的田，宽分别为$1\frac{1}{2}$步、$\frac{1}{3}$步、$\frac{1}{4}$步、$\frac{1}{5}$步、$\frac{1}{6}$步、$\frac{1}{7}$步。问田面积为1亩，长是多少？

答：长为 $92\frac{68}{121}$ 步。

算法：列在下面的分母为7。按少广术将1化为420，$\frac{1}{2}$化为210，$\frac{1}{3}$化为140，$\frac{1}{4}$化为105，$\frac{1}{5}$化为84，$\frac{1}{6}$化为70，$\frac{1}{7}$化为60，将各化得之数相加得1089作为除数；取1亩的平方步数240乘1所化得的全步积分420作为被除数。除数除被除数，便为所求的田长步数。

译解

根据题设条件，所求田长步数为：

$$240\text{平方步} \div \left(1\frac{1}{2}+\frac{1}{3}+\frac{1}{4}+\frac{1}{5}+\frac{1}{6}+\frac{1}{7}\right)\text{步} = 92\frac{68}{121}\text{步}。$$

术解

按"少广术"列出自左到右6个数列：

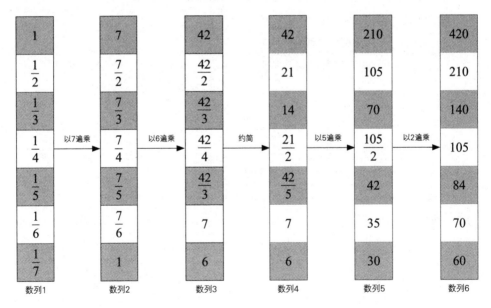

除数为最后一列数之和：$420 + 210 + 140 + 105 + 84 + 70 + 60 = 1\,089$，

被除数：$240\text{步} \times 420$，

所求田长步数：$\dfrac{240\text{步} \times 420}{1\,089} = 92\dfrac{68}{121}\text{步}。$

原文

〔七〕今有田广一步半、三分步之一、四分步之一、五分步之一、六分步之一、七分步之一、八分步之一。求田一亩，问从几何？

答曰：八十八步七百六十一分步之二百三十二。

术曰：下有八分，以一为八百四十，半为四百二十，三分之一为二百八十，四分之一为二百一十，五分之一为一百六十八，六分之一为一百四十，七分之一为一百二十，八分之一为一百五，并之得二千二百八十三，以为法。置田二百四十步，亦以一为八百四十乘之，为实。实如法得从步。

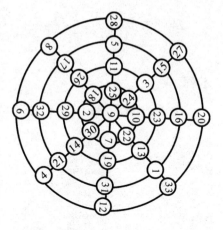

□ 幻圆

这是我国宋代数学家杨辉创作的第一个幻圆，为"米"字形九宫组合结构，由1至33自然数列填成。其具有如下组合性质：四条"米"字直径各8数之和等于138（不加中位数9）；若直径一分为二则成八条半径，各4数之和等于69（不加中位数9）；四个"米"字同心圆各环8数之和等于138（不加中位数9）。

译文

〔七〕今有7块长度相等的田，宽分别为$1\frac{1}{2}$步、$\frac{1}{3}$步、$\frac{1}{4}$步、$\frac{1}{5}$步、$\frac{1}{6}$步、$\frac{1}{7}$步、$\frac{1}{8}$步。问田面积为1亩，长是多少？

答：田长为$88\frac{232}{761}$步。

算法：列在下面的分母为8。按少广术将1化为840，$\frac{1}{2}$化为420，$\frac{1}{3}$化为280，$\frac{1}{4}$化为210，$\frac{1}{5}$化为168，$\frac{1}{6}$化为140，$\frac{1}{7}$化为120，$\frac{1}{8}$化为105，将各化得之数相加得2283作为除数；取1亩的平方步数240乘1所化得的全步积分840作为被除数。除数除被除数，便为所求的田长步数。

译解

根据题设条件，所求田长步数为：

$$240平方步 \div \left(1\frac{1}{2} + \frac{1}{3} + \frac{1}{4} + \frac{1}{5} + \frac{1}{6} + \frac{1}{7} + \frac{1}{8}\right)步 = 88\frac{232}{761}步。$$

术解

按"少广术"列出自左到右5个数列：

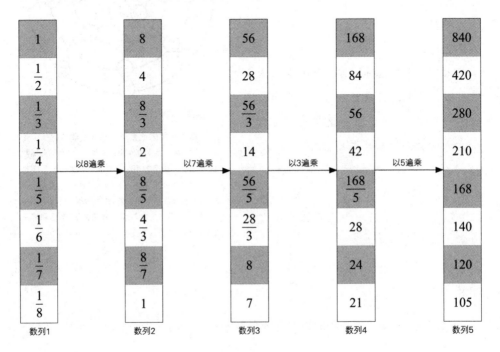

除数为最后一个数列之和：840 + 420 + 280 + 210 + 168 + 140 + 120 + 105
= 2 283，

被除数：240步 × 840，

所求田长步数：$\dfrac{240步 \times 840}{2\,283} = 88\dfrac{232}{761}步。$

原文

〔八〕今有田广一步半、三分步之一、四分步之一、五分步之一、六分步之
一、七分步之一、八分步之一、九分步之一。求田一亩，问从几何？

答曰：八十四步七千一百二十九分步之五千九百六十四。

术曰：下有九分，以一为二千五百二十，半为一千二百六十，三分之一为

八百四十，四分之一为六百三十，五分之一为五百四，六分之一为四百二十，七分之一为三百六十，八分之一为三百一十五，九分之一为二百八十，并之得七千一百二十九，以为法。置田二百四十步，亦以一为二千五 百二十乘之，为实。实如法得从步。

译文

〔八〕今有8块长度相等的田，宽分别为$1\frac{1}{2}$步、$\frac{1}{3}$步、$\frac{1}{4}$步、$\frac{1}{5}$步、$\frac{1}{6}$步、$\frac{1}{7}$步、$\frac{1}{8}$步、$\frac{1}{9}$步。问田面积为1亩，长是多少？

答：长度为$84\frac{5\,964}{7\,129}$步。

算法：列在最下面的分母为9。按少广术将1化为2 520，$\frac{1}{2}$化为1 260，$\frac{1}{3}$化为840，$\frac{1}{4}$化为630，$\frac{1}{5}$化为504，$\frac{1}{6}$化为420，$\frac{1}{7}$化为360，$\frac{1}{8}$化为315，$\frac{1}{9}$化为280，将各化得之数相加得7 129作为除数；取1亩的平方步数240乘1所化得的全步积分2 520作为被除数。除数除被除数，便为所求的田长步数。

译解

根据题设条件，所求田长步数为：

$$240平方步 \div \left(1\frac{1}{2} + \frac{1}{3} + \frac{1}{4} + \frac{1}{5} + \frac{1}{6} + \frac{1}{7} + \frac{1}{8} + \frac{1}{9}\right) 步 = 84\frac{5\,964}{7\,129}步。$$

术解

按"少广术"列出如右数列（由于运算方法相同，只列第一个及最后一个数列，其他的省略）。

被除数为最后一个数列之和：

$2520 + 1260 + 840 + 630 + 504 + 420 +$

$360 + 315 + 280 = 7\,129，$

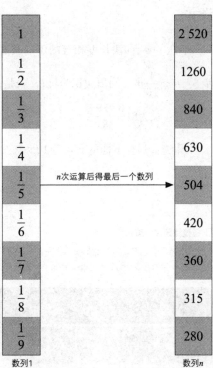

n次运算后得最后一个数列

数列1   数列n

除数：240步×2 520,

所求田长步数：$\dfrac{240步 \times 2\ 520}{7\ 129} = 84\dfrac{5\ 964}{7\ 129}$步。

原文

〔九〕今有田广一步半、三分步之一、四分步之一、五分步之一、六分步之一、七分步之一、八分步之一、九分步之一、十分步之一。求田一亩，问从几何？

答曰：八十一步七千三百八十一分步之六千九百三十九。

术曰：下有一十分，以一为二千五百二十，半为一千二百六十，三分之一为八百四十，四分之一为六百三十，五分之一为五百四，六分之一为四百二十，七分之一为三百六十，八分之一为三百一十五，九分之一为二百八十，十分之一为二百五十二，并之得七千三百八十一，以为法。置田二百四十步，亦以一为二千五百二十乘之，为实。实如法得从步。

译文

〔九〕今有9块长度相等的田，其宽分别为$1\dfrac{1}{2}$步、$\dfrac{1}{3}$步、$\dfrac{1}{4}$步、$\dfrac{1}{5}$步、$\dfrac{1}{6}$步、$\dfrac{1}{7}$步、$\dfrac{1}{8}$步、$\dfrac{1}{9}$步、$\dfrac{1}{10}$步。问田面积为1亩，长是多少？

答：长为$81\dfrac{6\ 939}{7\ 381}$步。

算法：列在下面的分母为10。按少广术将1化为2 520，$\dfrac{1}{2}$化为1 260，$\dfrac{1}{3}$化为840，

□ 拨镂绿牙尺　唐代

　　在古代，牙尺是上层社会的生活用品。中国流传下来的唐代牙尺很少。图中牙尺按竖式排列方法，以单线为栏，中间则以双线等分为10个小格，两面寸格内镂刻有鸟兽、花卉以及亭台等图案。

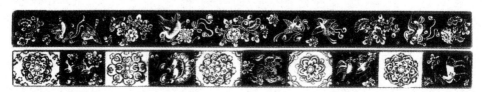

$\frac{1}{4}$化为630，$\frac{1}{5}$化为504，$\frac{1}{6}$化为420，$\frac{1}{7}$化为360，$\frac{1}{8}$化为315，$\frac{1}{9}$化为280，$\frac{1}{10}$化为252，将所化得之数相加得7 381作为除数；取1亩的平方步数乘1所化得的全步积分2 520作为被除数。除数除被除数，便为所求的田长步数。

译解

根据题设条件，所求田长步数为：

$$240平方步 \div \left(1\frac{1}{2} + \frac{1}{3} + \frac{1}{4} + \frac{1}{5} + \frac{1}{6} + \frac{1}{7} + \frac{1}{8} + \frac{1}{9} + \frac{1}{10}\right)步 = 81\frac{6\,939}{7\,381}步。$$

术解

按"少广术"列出如右数列（由于运算方法相同，只列第一个及最后一个数列，其他的省略）：

除数为最后一数列之和：

$$2\,520 + 1\,260 + 840 + 630 + 504 + 420 + 360 + 315 + 280 + 252 = 7\,381$$

被除数：240步 × 2 520

所求田长步数：$\dfrac{240步 \times 2\,520}{7\,381} = 81\dfrac{6\,939}{7\,381}$步。

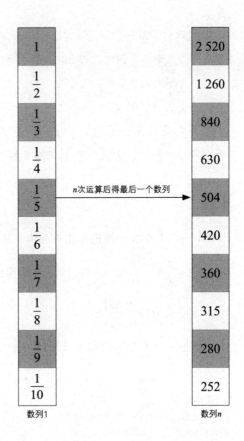

n次运算后得最后一个数列

数列1　　数列n

原文

〔一〇〕今有田广一步半、三分步之一、四分步之一、五分步之一、六分步之一、七分步之一、八分步之一、九分步之一、十分步之一、十一分步之一。求田一亩，问从几何？

答曰：七十九步八万三千七百一十一分步之三万九千六百三十一。

术曰：下有一十一分，以一为二万七千七百二十，半为一万三千八百六十，三分之一为九千二百四十，四分之一为六千九百三十，五分之一为五千五百四十四，六分之一为四千六百二十，七分之一为三千九百六十，八分之一为三千四百六十五，九分之一为三千八十，一十分之一为二千七百七十二，一十一分之一为二千五百二十，并之得八万三千七百一十一，以为法。置田二百四十步，亦以一为二万七千七百二十乘之，为实。实如法得从步。

译文

〔一〇〕今有10块长度相等的田，其宽分别为$1\frac{1}{2}$步、$\frac{1}{3}$步、$\frac{1}{4}$步、$\frac{1}{5}$步、$\frac{1}{6}$步、$\frac{1}{7}$步、$\frac{1}{8}$步、$\frac{1}{9}$步、$\frac{1}{10}$步、$\frac{1}{11}$步。问田面积为1亩，长是多少？

答：长为$79\frac{39\,631}{83\,711}$步。

算法：列在最下面的分母为11。按少广术将1化为27 720，$\frac{1}{2}$化为13 860，$\frac{1}{3}$化为9 240，$\frac{1}{4}$化为6 930，$\frac{1}{5}$化为5 544，$\frac{1}{6}$化为4 620，$\frac{1}{7}$化为3 960，$\frac{1}{8}$化为3 465，$\frac{1}{9}$化为3 080，$\frac{1}{10}$化为2 772，$\frac{1}{11}$化为2 520，将所化得之数相加得83 711作为除数；取1亩的平方步数240乘1所化得的全步积分27 720作为被除数。除数除被除数，便为所求的田长步数。

译解

根据题设条件，所求田长步数为：

$$240平方步 \div \left(1\frac{1}{2} + \frac{1}{3} + \frac{1}{4} + \frac{1}{5} + \frac{1}{6} + \frac{1}{7} + \frac{1}{8} + \frac{1}{9} + \frac{1}{10} + \frac{1}{11}\right)步 = 79\frac{39\,631}{83\,711}步。$$

□ 称鸡图

　　在北朝，魏敦煌壁画中，绘有一人手执一秤，秤里似有一鸡。图为其称鸡的情景。

术解

按"少广术"列出如下数列（由于运算方法相同，只列第一个及最后一个数列，其他的省略）。

除数为最后一个数列之和：

27 720 + 13 860 + 9 240 + 6 930 + 5 544 + 4 620 + 3 960 + 3 465 + 3 080 + 2 772 + 2 520 = 83 711，

被除数为：240步 × 27 720，

所求田长步数为：

$$\frac{240步 \times 27\ 720}{83\ 711} = 79\frac{39\ 631}{83\ 711}步。$$

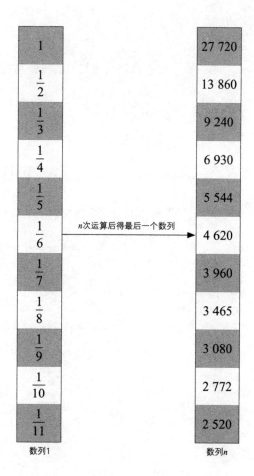

数列1　　　　　n次运算后得最后一个数列　　　　　数列n

原文

〔一一〕今有田广一步半、三分步之一、四分步之一、五分步之一、六分步之一、七分步之一、八分步之一、九分步之一、十分步之一、十一分步之一、十二分步之一。求田一亩，问从几何？

答曰：七十七步八万六千二十一分步之二万九千一百八十三。

术曰：下有一十二分，以一为八万三千一百六十，半为四万一千五百八十，三分之一为二万七千七百二十，四分之一为二万七百九十，五分之一为一万六千六百三十二，六分之一为一万三千八百六十，七分之一为一万一千八百八十，八分之一为一万三百九十五，九分之一为九千二百四十，一十分之一为八千三百一十六，十一分之一为七千五百六十，十二分之一为六千九百三十，并之得二十五万八千六十三，以为法。置田二百四十步，亦以一为八万三千一百六十乘之，为实。实如法得从步。

译文

〔一一〕今有11块长度相等的田，其宽分别为$1\frac{1}{2}$步、$\frac{1}{3}$步、$\frac{1}{4}$步、$\frac{1}{5}$步、$\frac{1}{6}$步、$\frac{1}{7}$步、$\frac{1}{8}$步、$\frac{1}{9}$步、$\frac{1}{10}$步、$\frac{1}{11}$步、$\frac{1}{12}$步。问田面积为1亩，长是多少?

答：长为$77\frac{29\,183}{86\,021}$步。

算法：列在最下面的分母为12。按少广术将1化为83 160，$\frac{1}{2}$化为41 580，$\frac{1}{3}$化为27 720，$\frac{1}{4}$化为20 790，$\frac{1}{5}$化为16 632，$\frac{1}{6}$化为13 860，$\frac{1}{7}$化为11 880，$\frac{1}{8}$化为10 395，$\frac{1}{9}$化为9 240，$\frac{1}{10}$化为8 316，$\frac{1}{11}$化为7 560，$\frac{1}{12}$化为6 930，将所化得之数相加得258 063作为除数；取1亩的平方步数240乘1所化得的全步积分83 160作为被除数。除数除被除数，便为所求的田长步数。

译解

根据题设条件，所求田长步数为：

$$240平方步 \div \left(1\frac{1}{2} + \frac{1}{3} + \frac{1}{4} + \frac{1}{5} + \frac{1}{6} + \frac{1}{7} + \frac{1}{8} + \frac{1}{9} + \frac{1}{10} + \frac{1}{11} + \frac{1}{12}\right)步 = 77\frac{29\,183}{86\,021}步。$$

术解

按"少广术"列出如左数列（由于运算方法相同，只列第一个及最后一个数列，其他的省略）。

除数为最后一个数列之和：

$$83\,160 + 41\,580 + 27\,720 + 20\,790 + 16\,632 + 13\,860 + 11\,880 + 10\,395 + 9\,240 + 8\,316 + 7\,560 + 6\,930 = 258\,063,$$

数列1		数列n
1		83 160
$\frac{1}{2}$		41 580
$\frac{1}{3}$		27 720
$\frac{1}{4}$		20 790
$\frac{1}{5}$		16 632
$\frac{1}{6}$	n次运算后得最后一个数列 →	13 860
$\frac{1}{7}$		11 880
$\frac{1}{8}$		10 395
$\frac{1}{9}$		9 240
$\frac{1}{10}$		8 316
$\frac{1}{11}$		7 560
$\frac{1}{12}$		6 930

被除数：240步 × 83 160，

所求田长步数为：$\dfrac{240步 \times 83\,160}{258\,063} = 77\dfrac{29\,183}{86\,021}$步。

原文

〔一二〕今有积五万五千二百二十五步。问为方几何？

答曰：二百三十五步。

〔一三〕又有积二万五千二百八十一步。问为方几何？

答曰：一百五十九步。

〔一四〕又有积七万一千八百二十四步。问为方几何？

答曰：二百六十八步。

〔一五〕又有积五十六万四千七百五十二步四分步之一。问为方几何？

答曰：七百五十一步半。

〔一六〕又有积三十九亿七千二百一十五万六百二十五步。问为方几何？

答曰：六万三千二十五步。

开方术曰：置积为实。借一算步之，超一等。议所得，以一乘所借一算为法，而以除。除已，倍法为定法。其复除。折法而下。复置借算步之如初，以复议一乘之，所得副，以加定法，以除。以所得副从定法。复除折下如前。若开之不尽者为不可开，当以面命之。若实有分者，通分内子为定实。乃开之，讫，开其母报除。若母不可开者，又以母乘定实，乃开之，讫，令如母而一。

译文

〔一二〕今有正方形面积55 225平方步。问其边长是多少？

答：边长为235步。

〔一三〕今有正方形面积25 281平方步。问其边长是多少？

答：边长为159步。

〔一四〕今有正方形面积71 824平方步。问其边长是多少？

□ 七孔石刀

图为出土的新石器时期的七孔石刀，孔距均匀，孔眼相当。这是今人研究早期先民对数学认识的重要资料之一。

□ 铜卡尺

此铜卡尺于1992年在扬州市一座东汉墓中出土，卡尺由固定尺和活动尺两部分构成。固定尺通长13.3厘米，固定卡爪长5.2厘米、宽0.9厘米、厚0.5厘米。使用时，左手握柄，右手牵动拉手，左右拉动，以测工件。用此量具既可测器物的直径，又可测其深度以及长、宽、厚，较直尺方便和精确。

答：边长为268步。

〔一五〕今有正方形面积 564 752$\frac{1}{4}$平方步。问其边长是多少?

答：边长为751$\frac{1}{2}$步。

〔一六〕今有正方形面积 3 972 150 625平方步。问其边长是多少?

答：边长为63 025步。

开平方的算法：用面积数作为被除数，假借一枚算筹放在下行，将它由末位向前跨越一"等"。试算初商，以所得之数与"借算"（所表之数）相乘1次作为除数，而相减。相减已毕，以除数之2倍作"定法"。再除（求次商）时，以下步骤折算除数。再取"借算"1枚如前一样移动定位，用试算所得之次商与"借算"（所表之数）相乘1次，所得之数另置，称做"副"，用它加"定法"，而相减。（相减已毕）用所得的"副"加入"定法"之内。如果有开不尽的数，用平方根取其近似值的方法处理。如果被开方数中有分数，用整部与分母相乘再加"分子"作"定实"，用它开方，算毕，又对分母开方，所得相除。如果分母不可开方，又用分母去乘"定实"，这才开方，算毕，令其用分母相除。

译解

〔一二〕边长 = $\sqrt{55\ 225\text{平方步}}$ = 235步。

〔一三〕边长 = $\sqrt{25\ 281\text{平方步}}$ = 159步。

〔一四〕边长 = $\sqrt{71\ 824\text{平方步}}$ = 268步。

〔一五〕边长 = $\sqrt{564\ 725\frac{1}{4}\text{平方步}}$ = 751$\frac{1}{2}$步。

〔一六〕边长 = $\sqrt{3\ 972\ 150\ 625\text{平方步}}$ = 63 025步。

术解

以卷第四题〔一二〕为例，将古"开方术"说明如下（本处注释引用了白尚恕先生的相关叙述，特此说明）：

〔1〕置积为实……而以除。

"实"为被开方数。古代演算要用算筹，"借一算"即借用一个算筹借以定位。"步之"指用所借的算筹一步步地移动，"一等"为数位的一位，"超一等"就是由个位直接移到百位，中间跳过了10位，这种方法犹如现代笔算开方中的分节。"议所得"指得初商。"一乘"就是乘一次，"而以除"中"除"为相减之意。

如55 225，"借一算步之，超一等"，共移两次到万位数为止，因万位数为5，22<25<32，故议得初商为2，由于借算在万位，应置初商2于百位。

以初商2乘所借算1次（借算在万位，故2×10 000）为20 000置于"实"下为"法"（即"以一乘所借一算为法"）。

以初商2乘"法"（20 000）得40 000。

由实减去得：55 225－40 000＝15 225（即是"而以除"），参见图4－1、图4－2、图4－3、图4－4：

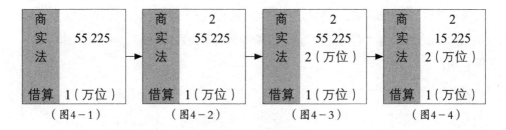

（图4－1）　　　（图4－2）　　　（图4－3）　　　（图4－4）

〔2〕除已，倍法为定法。其复除，折法而下。

由"实"减去40 000后，取法数2的两倍2×2＝4作"定法"，并向右移至千位以表示4 000，因要求平方根的十位数字，也需移借算于百位，参见图4－5：

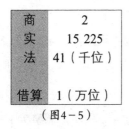

（图4－5）

〔3〕复置借算步之如初……以加定法，以除。

要想求得平方根的十位数字，须将借算放在百位上。因"实"的千位数字为15，且 $4 \times 3 < 15 < 4 \times 4$，故议得次商为3，置3于商的十位，以 $\frac{1}{2}$ 次商3乘借算（ 3×100 ）得300，与定法相加得 $4\,000 + 300 = 4\,300$，再乘以次商，得 $3 \times 4\,300 = 12\,900$，由"实"减去得： $15\,225 - 12\,900 = 2\,325$。参见图4-6：

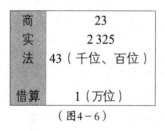

商	23
实	2 325
法	43（千位、百位）
借算	1（万位）

（图4-6）

〔4〕以所得副从定法，复除折下如前。

"以所得副从定法"为 $430 + 30 = 460$。欲求得平方根的个位数，故"复除折下如前"，也就是"议所得，以一乘所借一算为法，而以除"。

将借算移到个位上，因十位以上数字为232，且 $46 \times 5 < 232 < 46 \times 6$，于是议得三商于个位，以借算一乘，所得与定法相加，即 $460 + 5 = 465$，以三商5与之相乘，得 $465 \times 5 = 2\,325$，由"实"减之为0，故求得平方根为235，参见图4-7、图4-8、图4-9：

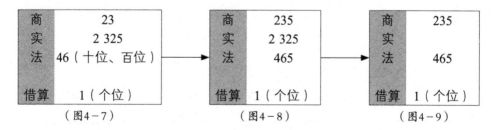

商	23
实	2 325
法	46（十位、百位）
借算	1（个位）

（图4-7）

商	235
实	2 325
法	465
借算	1（个位）

（图4-8）

商	235
实	
法	465
借算	1（个位）

（图4-9）

〔5〕若开之不尽者，为不可开，当一面命之。

若被开方数非完全平方数，则开方不尽而有余，称为不可开。"当以面命之"即"当以根数来命名它"。面：方面，古称正方形之一边为"面"，亦称数的平方根为面。

如 $\sqrt{a^2 + r} = a + \dfrac{r}{a}$，换成数字，如 $27 = 5^2 + 2$，$\sqrt{27} = 5 + \dfrac{2}{5} = 5.4$，而事实上 $\sqrt{27} = 5.196$。

可见，$\sqrt{27}=5.4$ 为近似值。

〔6〕如实有分者……令如母而一。

这段话讲了分数开平方的两种情况，一为分母可开者，如 $\sqrt{1\frac{5}{4}}=\sqrt{\frac{1\times4+5}{4}}$（"通分内子"即通分时加上分子，如 $1\times4+5$）$=\frac{\sqrt{9}}{\sqrt{4}}=\frac{3}{2}$。一为分母不可开者（以"母成定实，乃开之"，即用分母自乘，相应的分子也乘分母），$\sqrt{\frac{8}{5}}$，则 $\sqrt{\frac{8\times5}{5\times5}}=\frac{\sqrt{40}}{5}$，结果变成分母可开。

□ **巢车**

巢车是古时军中用来探察敌情的瞭望车。此车有八轮，车座上安滑轮，车竿上有辘轳，当滑轮和辘轳联合运作时便可随意升降瞭望台，从而探察敌情。

原文

〔一七〕今有积一千五百一十八步四分步之三。问为圆周几何？

答曰：一百三十五步。

〔一八〕今有积三百步。问为圆周几何？

答曰：六十步。

开圆术[1]曰：置积步数，以十二乘之，以开方除之，即得周。

注释

〔1〕开圆术：根据圆面积求周长。

译文

〔一七〕今有面积 $1\,518\frac{3}{4}$ 平方步，问作为圆形，其周长是多少？

答：周长为135步。

〔一八〕今有面积300平方步，问作为圆形，其周长是多少？

答：周长为60步。

根据圆面积开方求周长的算法：将圆面积乘以12，开平方求其方根，即得圆周之长。

译解

（卷第四题〔一七〕和〔一八〕"术解"与译解一致）

〔一七〕设圆形面积为S，R为半径，$S = \pi R^2$，$R^2 = \dfrac{S}{\pi}$，$R = \sqrt{\dfrac{S}{\pi}}$，周长$= 2\pi R$，如按$\pi = 3$取值，则周长为$2\pi\sqrt{\dfrac{S}{\pi}} = 2\sqrt{\pi S} = \sqrt{4\pi S} = \sqrt{4 \times 3 \times 1\,518\dfrac{3}{4}\,\text{平方步}} = 135$步。

〔一八〕周长$= \sqrt{4\pi S} = \sqrt{12 \times 300\,\text{平方步}} = 60$步。

原文

〔一九〕今有积一百八十六万八百六十七尺。问为立方几何？

答曰：一百二十三尺。

〔二○〕今有积一千九百五十三尺八分尺之一。问为立方几何？

答曰：一十二尺半。

〔二一〕今有积六万三千四百一尺五百一十二分尺之四百四十七。问为立方几何？

答曰：三十九尺八分尺之七。

〔二二〕又有积一百九十三万七千五百四十一尺二十七分尺之一十七。问为立方几何？

答曰：一百二十四尺太半尺。

开立方术曰：置积为实。借一算步之，超二等。议所得，以再乘所借一算为法，而除之。除已，三之为定法。复除，折而下。以三乘所得数置中行。复借一算置下行。步之，中超一，下超二位。复置议，以一乘中，再乘下，皆副以加定法。以定法除。除已，倍下、并中从定法。复除，折下如前。开之不尽者，亦为不可开。若积有分者，通分内子为定实。定实乃开之，讫，开其母以报除。若母不可开者，又以母再乘定实，乃开之。讫，令如母而一。

译文

〔一九〕今有立方体的体积为 1 860 867 立方尺，问作为立方体，其棱长是多少？

答：123尺。

〔二○〕今有立方体的体积为 1 953$\frac{1}{8}$立方尺，问作为立方体，其棱长是多少？

答：12$\frac{1}{2}$尺。

〔二一〕今有立方体的体积为 63 401$\frac{447}{512}$立方尺，问作为立方体，其棱长是多少？

答：39$\frac{7}{8}$尺。

□ **早期人类的测量方法**

在古代，人类对田地等就进行了丈量，最初是以人的手、足等作为长度的单位。但是这些方法必须在测量结果不需要很精确的情况下使用。因为人的手、足大小不一，在商品交换中就会遇到困难，于是便出现了用卡尺等工具进行更精确的测量。

〔二二〕今有立方体的体积为 1 937 541$\frac{17}{27}$立方尺，问作为立方体，其棱长是多少？

答：124$\frac{2}{3}$尺。

开立方的算法：取体积数为被开方数（"实"），借一枚算筹，从数的右方向左移动，由个位起向左移至千位，再移至百万位，每移一步应超两位。议得初商，用初商与"借算"（所表之数）相乘两次作为除数，而由"实"减去。相减完毕，将除数乘以3作"定法"，当再除求次商时，折算如下：用3去乘所得初商，放在中行，再借一枚算筹放于下行，将中行之数前移一"等"（所谓"等"是说千位数的立方根取"十"为等，百万位数的立方根取"百"为等），下行之数向前移二"等"，再设次商，用它乘中行数一次，用它乘下行数两次，都附加入"定法"中，用定法去除被开方数，相减完以后，两倍下行之数并于中行，再加入定法。当再相除时，如同前面一样折算下一"等"之数。如开方不尽，则此数也为不可开。若被开方数含有分数，以整数乘分母再加分子作为"定实"，"定实"再开立方，算毕，对分母开立方而所得相除。若分母不可开方，又用分母与"定实"相乘，再开立方，算完后，以分母除之。

译解

〔一九〕棱长为$\sqrt[3]{1\,860\,867}$立方尺$=123$尺。

〔二〇〕棱长为$\sqrt[3]{1\,953\dfrac{1}{8}}$立方尺$=12\dfrac{1}{2}$尺。

〔二一〕棱长为$\sqrt[3]{63\,401\dfrac{447}{512}}$立方尺$=39\dfrac{7}{8}$尺。

〔二二〕棱长为$\sqrt[3]{1\,937\,541\dfrac{17}{27}}$立方尺$=124\dfrac{2}{3}$尺。

术解

以卷第四题〔一九〕为例说明古人开立方的过程（本部分叙述采用了白尚恕先生的相关叙述，特此说明）：

〔1〕置积为实……而除之。

"置积为实"即将体积1 860 867作被开方数。

"借一算步之，超二等"，借一算筹放在"实"下，由个位起向左移动，每移一步超两位，与现今开立方分节相当。"议所得，以再乘所借一算为法，而除之"。因"实"的百万数字为1，议得初商为1，又因借算居于百万位，故置初商数字1于百位以初商1两次乘借算1 000 000，得1 000 000 × 1 × 1 = 1 000 000，称作"法"，以议得的初商1乘"法"，由"实"减去得：1 860 867 − 1 000 000 × 1 = 860 867，参见图4 − 10、4 − 11、4 − 12。

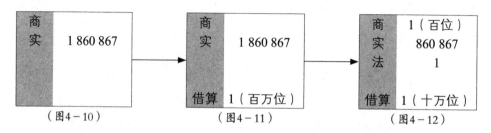

（图4 − 10）　　　（图4 − 11）　　　（图4 − 12）

〔2〕除已，三之为定法。

由"实"1 860 867减1 000 000得"860 867"，然后以3乘"法"
（1 000 000×1×1），退一位称为"定法"300 000。参见图4 – 13。

商	1（百位）
实	860 867
法	3（十万位）
借算	1（十万位）

（图4 – 13）

〔3〕复除，折而下，以三乘所得数置中行，复借一算置下行，步之，中超
一，下超二等。"超"作退位解，即中行之数退一位，下行之数退两位，参见图
4 – 14。

商	1（百位）
实	860 867
法	3（十万位）
中行	3（万位）
下行	1（千位）
借算	1（千位）

（图4 –14）

〔4〕复置议，以一乘中，再乘下，皆副以加定法，以定法除。

以"定法"300 000试除"实"860 867，议得次商数字为2；以次商数字2乘
中行得60 000，再乘下行得4 000，将二数与300 000相加，得：300 000 + 60 000 +
4 000 = 364 000。以次商2乘定法364 000得728 000，由实数860 867减去728 000得
132 867，所谓"以定法除"即指此而言，参见图4 – 15。

商	12（百十位）	
实	132 867	副置
法	364（十万位）	60 000
中行	3（万位）	
下行	1（千位）	4 000
借算	1（千位）	

（图4 –15）

〔5〕除已，倍下、并中从定法，复除。折下如前：860 867 – 728 000 = 132 867，

□ 宋真宗封禅玉册

　　数学是数与形的结合，简练与逻辑性是它的特点，人们将其思想运用到艺术、建筑等领域。就艺术而言，数学中的"形"最先被引入：各种线条、曲线、圆形、弧形、椭圆、方形等。图为宋真宗的封禅玉册，它采用对称式结构，运用各种长方形、正方形、梯形来组成精美的画面。

以2乘副置的下行数4 000，得8 000；与副置的中行数60 000及定法相加得：8 000 + 60 000 + 364 000 = 432 000。所谓"除已，倍下、并中从定法"即指此而言，参见图4－16。

商	12（百十位）
实	132 867
法	432（万千百位）
中行	
下行	
借算	1（个位）

（图4－16）

　　"复除，折下如前"即重复以前的计算步骤："以三乘所得数置中行，复借一算置下行。步之，中超一，下超二。"得相关数据，参见图4－17。

商	12（百十位）
实	132 867
法	432（万十位）
中行	36（千百位）
下行	1
借算	1（个位）

（图4－17）

　　再"副置议，以一乘中，再乘下，皆副以加定法"。

　　以132 867除以43 200议得末位商数为3。以3"乘中"（3×360）得1 080，"再乘下"得9。1 080、9与定法43 200相加得：1 080 + 9 + 43 200 = 44 289。以末位商数3乘以44 289为132 867，由实减之，为0。即知1 860 867之立方根为123。

　　〔6〕若积有分者……令如母而一：

　　若被开方数为分数，以整部乘分母再加分子作"定实"，对"定实"开立方，算毕，对分母开立方，所得相除。

　　如 $\sqrt[3]{m+\dfrac{a}{b^3}}=\dfrac{\sqrt[3]{mb^3+a}}{b}$。

若分母不可开方，则用分母自乘两次，相应的分子也要乘分母两次，这样就可以开方。算毕，分子与分母相除。

如 $\sqrt[3]{\dfrac{a}{b}} = \sqrt[3]{\dfrac{a \times b \times b}{b \times b \times b}} = \sqrt[3]{\dfrac{a \times b}{b^3}} = \dfrac{\sqrt[3]{ab^2}}{b}$。

原文

〔二三〕今有积四千五百尺。问为立圆径几何？

答曰：二十尺。

〔二四〕又有积一万六千四百四十八亿六千六百四十三万七千五百尺。问为立圆径几何？

答曰：一万四千三百尺。

开立圆术[1]曰：置积尺数，以十六乘之，九而一，所得开立方除之，即丸径。

注释

〔1〕开立圆术：根据球体积求直径。

译文

〔二三〕今有球的体积为4 500立方尺，问作为立方体的球体，其直径是多少？

答：直径为20尺。

〔二四〕今有球的体积为1 644 866 437 500立方尺，问作为立方体的球体，其直径是多少？

答：直径为14 300尺。

开立圆（已知球体积推算其直径）算法：将球体体积乘以16，再除以9，所得之数开立方，即为立体球的直径。

□ **贾宪三角**

贾宪三角是开方作法本源图的今称，由中国北宋数学家贾宪所创。西方的帕斯卡三角的提出，晚于贾宪三角600年。贾宪三角是一个指数为正整数的二项式定理系数表。杨辉在《详解九章算术》中曾记载"释锁算书，贾宪用此术"。从而可知贾宪是这三角形的发明人。元初，朱世杰把贾宪三角由七层推广到九层（八次幂），为高阶等差级数求和问题和高次招差法的发展，提供了一整套的数学工具，有力地推动了宋元数学的发展。

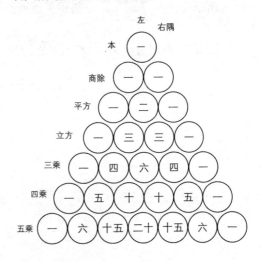

□ 九九表秦简

　　"乘法九九表"记载了从1到9每两个一位数相乘的乘积表，也是中国历史上最早的数学表。在春秋时代，此表就开始流行，但表的排列顺序是从"九九八十一"开始，与流传至今的不同。图为记录着乘法口诀表的秦简，但因年代久远已不完整。

译解

〔二三〕$V_球 = \dfrac{4}{3}\pi R^3$，公式中$R$为半径，设直径为$d$，$R = \dfrac{d}{2}$，

故$V_球 = \dfrac{4}{3}\pi\left(\dfrac{d}{2}\right)^3 = \dfrac{\pi}{6}d^3$。

$d = \sqrt[3]{\dfrac{V_球 \times 6}{\pi}} = \sqrt[3]{\dfrac{4\,500立方尺 \times 6}{3}} \approx 20尺（取\pi = 3）。$

〔二四〕$d = \sqrt[3]{\dfrac{V_球 \times 6}{\pi}} = \sqrt[3]{\dfrac{1\,644\,866\,437\,500立方尺 \times 6}{3}} \approx 14\,300尺（取\pi = 3）。$

术解

所求直径 $= \sqrt[3]{\dfrac{V_球 \times 16}{9}}$，将相关数据代入，得：

〔二三〕所求直径为：$\sqrt[3]{\dfrac{4\,500立方尺 \times 16}{9}} \approx 20尺。$

〔二四〕所求直径为：$\sqrt[3]{\dfrac{1\,644\,866\,437\,500立方尺 \times 16}{9}} \approx 14\,300尺。$

BOOK 5

今有堤下广二丈，上广八尺，高四尺，袤一十二丈七尺。问积几何？

答曰：七千一百一十二尺。

冬程人功四百四十四尺。问用徒几何？

答曰：一十六人一百一十一分人之二。

今有委粟平地，下周一十二丈，高二丈。问积及为粟几何？

答曰：积八千尺。为粟二千九百六十二斛二十七分斛之二十六。

今有委菽依垣，下周三丈，高七尺。问积及为菽各几何？

答曰：积三百五十尺。为菽一百四十四斛二百四十三分斛之八。

今有委米依垣内角，下周八尺，高五尺。问积及为米几何？

答曰：积三十五尺九分尺之五。为米二十一斛七百二十九分斛之六百九十一。

原文

〔一〕今有穿地积一万尺。问为坚、壤各几何？

答曰：为坚七千五百尺，为壤一万二千五百尺。

术曰：穿地[1]四，为壤[2]五，为坚[3]三，为墟[4]四。以穿地求壤，五之；求坚，三之，皆四而一。以壤求穿，四之；求坚，三之，皆五而一。以坚求穿，四之；求壤，五之，皆三而一。

注释

〔1〕穿地：挖地取土。

〔2〕为壤：折合成松软的土。为：折合；壤：松软的土。

〔3〕坚：坚实的土。

〔4〕墟：指挖坑。

译文

〔一〕今挖地积土10 000立方尺。问折合成坚土、松土各多少？

答：折合成坚土7 500立方尺，折合成松土12 500立方尺。

算法：各种土方量换算的比率规定为：挖地4，松土5，坚土3，挖坑4。以挖地折合松土，乘以5；折合坚土，乘以3；皆除以4。以松土折合挖地（坑），乘以4；折合坚土，乘以3；皆除以5。以坚土折合挖地（坑），乘以4；折合松土，乘以5；皆除以3。

□ 堤防

　　在《九章算术》中的堤，上、下两底平行，而图中是上、下两底不平行的堤坝。唐代数学家王孝通把它分解成一个堤与一个羡除，并算出堤与羡除的体积之和，从而得出上下两底不平行的堤防的体积。

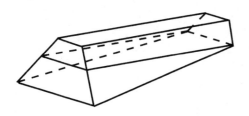

译解

　　算法中规定了各种土方量的换算比率，"术解"和译解一致。

　　挖地：松土：坚土：挖坑 = 4：5：3：4。

　　由于确定了换算比率，将挖地折合成松土或坚土时：

所求松土量为：$\dfrac{实际挖地量\times 5}{4}$，所求坚土量为：$\dfrac{实际挖地量\times 3}{4}$。

将松土折合成挖地或坚土时：

所求挖地（坑）量为：$\dfrac{实际松土量\times 4}{5}$，所求坚土量为：$\dfrac{实际松土量\times 3}{3}$。

将坚土折合成挖地或松土时：

所求挖地（坑）量为：$\dfrac{实际松土量\times 3}{4}$，所求松土量为：$\dfrac{实际坚土量\times 5}{3}$。

题〔一〕所问

折合坚土量为：$\dfrac{10\,000立方尺\times 3}{4}=7\,500立方尺$

折合松土量为：$\dfrac{10\,000立方尺\times 5}{4}=12\,500立方尺$

原文

城、垣、堤、沟、堑、渠，皆同术[1]。

术曰：并上下广而半之，以高若深乘之，又以袤[2]乘之，即积尺。

注释

〔1〕城、垣、堤、沟、堑、渠，皆同术：城、垣（yuán，短墙）、堤、沟、堑（qiàn，护城河）、渠的形状，皆为等腰梯形的直棱柱体。

计算其体积，古今算法一致，如图5−1，其算法如下：

设其上底（古谓"上广"）为a，下底"下广"为b，高为h，长为L，则所求体积：

$$V=\frac{(a+b)\times h}{2}\times L。$$

〔2〕袤（mào）：纵长。

译文

城、垣、堤、沟、堑、渠都用同一种算法。

算法：上下底长相加，再除以2，用高或深乘它，又用长相乘，便得体积

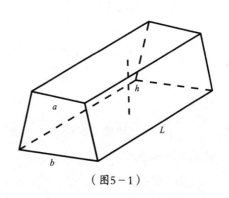

（图5−1）

□ **南缫车　元代**

　　鼓车是古代一种能计算行里的车辆。汉朝虽有鼓车制造者，但关于造车程序的记录过于简单；直到北宋年间，才有《宋史·舆服志》详细记述了此车的结构、尺寸等，并使这一技术传袭后世。

的立方尺。

原文

　　〔二〕今有城下广四丈，上广二丈，高五丈，袤一百二十六丈五尺。问积几何？

　　答曰：一百八十九万七千五百尺。

译文

　　〔二〕现有城，下底长4丈，上底长2丈，高5丈，纵长126丈5尺，问这段城的体积是多少？

　　答：体积为1 897 500立方尺。

译解（"术解"与译解一致）

　　根据图5-1，所求此段城的体积为：$V = \dfrac{(a+b) \times h}{2} \times L$，（由于用立方尺作答，故将丈化为尺代入公式）即：

$$\frac{(20+40) \times 50尺}{2} \times 1\,265尺 = 1\,897\,500立方尺。$$

原文

　　〔三〕今有垣下广三尺，上广二尺，高一丈二尺，袤二十二丈五尺八寸。问积几何？

　　答曰：六千七百七十四尺。

译文

　　〔三〕今有矮墙下底长3尺，上底长2尺，高1丈2尺，纵长22丈5尺8寸。问这段矮墙的体积是多少？

　　答：6 774立方尺。

译解（"术解"与译解一致）

所求矮墙的体积为：$\dfrac{(3+2)\text{尺}\times 12\text{尺}}{2}\times 225.8\text{尺}=6\,774$ 立方尺。

原文

〔四〕今有堤下广二丈，上广八尺，高四尺，袤一十二丈七尺。问积几何?

答曰：七千一百一十二尺。

冬程人功[1]四百四十四尺。问用徒[2]几何?

答曰：一十六人一百一十一分人之二。

术曰：以积尺为实，程功[3]尺数为法，实如法而一，即用徒人数。

注释

〔1〕冬程人功：冬季每人一日的工程量。程：规定；人功：每人一日的工程量。

〔2〕徒：劳动者。

〔3〕程功：指每个劳动者的工程定量。

译文

〔四〕今有堤坝，下底长2丈，上底长8尺，高4尺，纵长12丈7尺，问这段堤坝的体积是多少?

答：体积为7 112立方尺。

冬季规定每人一日工程量为444立方尺，问修这段堤坝需用多少人?

答：需用劳动者$16\dfrac{2}{111}$人。

算法：用体积的立方尺数作被除数，用所规定的每人一日工程量的立方尺作除数。用除数除被除数即为所用的劳动人数。

译解（"术解"与译解一致）

所求堤坝的体积为：$\dfrac{(20+8)\text{尺}\times 4\text{尺}}{2}\times 127\text{尺}=7\,112$ 立方尺，

所求的用工人数为：$\dfrac{7\,112\text{立方尺}}{444\text{立方尺/人}}=16\dfrac{2}{111}$人。

原文

〔五〕今有沟上广一丈五尺，下广一丈，深五尺，袤七丈。问积几何？

答曰：四千三百七十五尺。

春程人功[1]七百六十六尺，并出土功五分之一，定功[2]六百一十二尺五分尺之四。问用徒几何？

答曰：七人三千六十四分人之四百二十七。

术曰：置本人功[3]，去其五分之一，余为法。以沟积尺为实。实如法而一，得用徒人数。

注释

〔1〕春程人功：春季所规定的每人每日的工程量。

〔2〕定功：所能确定的工程量。由于每日每人的总工程量是766立方尺，而运泥土的工程量为总工程量的 $\frac{1}{5}$，那么挖泥土的工程量就可以确定，故称定功。本处所说"定功" $612\frac{4}{5}$ 是题设条件重复，实无必要。

〔2〕本人功：原来规定的每人一日的工程定量，未减去出土等工作量。本：本来，原来。

译文

〔五〕今有沟，上宽1丈5尺，下宽1丈，深5尺，纵7丈。问这段沟的容积是多少？

答：容积为4 375立方尺。

春季规定每人每日的工程量为766立方尺，加上运泥土的工程量按 $\frac{1}{5}$ 折算，其余 $612\frac{4}{5}$ 立方尺是挖土量，问挖土需要多少人？

答：需用劳力7人。

算法：将原定每人每日的工程量，减去 $\frac{1}{5}$，取余数为除数；以水沟容积的立方尺数为被除数。用除数去除被除数，即得所需人数。

译解（"术解"与译解相同）

所求沟的容积为：$\dfrac{(15+10)尺 \times 5尺}{2} \times 70尺 = 4\,375立方尺$（将丈化为尺计算）

所求挖土人数为：$\dfrac{4\,375立方尺}{\left(1-\dfrac{1}{5}\right) \times 766立方尺/人} = 7\dfrac{427}{3\,064}人$

原文

〔六〕今有堑上广一丈六尺三寸，下广一丈，深六尺三寸，袤一十三丈二尺一寸。问积几何？

答曰：一万九百四十三尺八寸。

夏程人功[1]八百七十一尺。并出土功五分之一，沙砾水石之功作太半，定功二百三十二尺一十五分尺之四[2]。问用徒几何？

答曰：四十七人三千四百八十四分人之四百九。

术曰：置本人功，去其出土功五分之一，又去沙砾水石之功太半，余为法。以堑积尺为实。实如法而一，即用徒人数。

注释

〔1〕夏程人功：夏季所规定的每人每日的工程量。

〔2〕定功二百三十二尺一十五分尺之四：这是题设条件。

译文

〔六〕今有护城河上宽1丈6尺3寸，下宽1丈，深6尺3寸，纵13丈2尺1寸。问这段护城河容积是多少？

答：容积是10 943立方尺800立方寸（原文中"八寸"即今800立方寸）

夏季所规定的每人日工程量为871立方尺，加上运泥土的工程量按日工程

□ **古人称矿图**

图为古人炼丹时，用秤称矿物料的情形。

量的$\frac{1}{5}$折算，沙砾水石的工程量按日工程量的$\frac{2}{3}$计，其余工程量$232\frac{4}{15}$立方尺是挖土量。问挖土需要多少人？

答：所需人数为$47\frac{427}{3\,064}$人。

算法：将原定每人每日的工程量减去出土的工程量$\frac{1}{5}$，再减去除去沙砾水石的工程量$\frac{2}{3}$，所余下的数作除数；此护城河容积的立方尺数作被除数。除数除被除数，即得挖土人数。

译解（"术解"与译解相同）

所求护城河的容积为：$\dfrac{(163+100)寸 \times 63寸}{2} \times 1\,321寸 = 10\,943\,824.5$立方寸 $= 10\,943$立方尺824.5立方寸$\approx 10\,943$立方尺800立方寸（824.5立方寸，为了简易，古人称800）。

所求挖土人数为：

$$\dfrac{10\,943\frac{4}{5}立方尺}{871\left(1-\frac{1}{5}\right)立方尺/人 - \frac{2}{3}\left[871\left(1-\frac{1}{5}\right)\right]立方尺/人}$$

$$=\dfrac{10\,943\frac{4}{5}立方尺}{232\frac{4}{15}立方尺/人} = 47\frac{427}{3\,064}人 。$$

原文

〔七〕今有穿渠上广一丈八尺，下广三尺六寸，深一丈八尺，袤五万一千八百二十四尺。问积几何？

答曰：一千七万四千五百八十五尺六寸。

秋程人功三百尺，问用徒几何？

答曰：三万三千五百八十二人功。功内少一十四尺四寸。

一千人先到，问当受袤几何？

答曰：一百五十四丈三尺二寸八十一分寸之八。

术曰：以一人功尺数，乘先到人数为实。并渠上下广而半之，以深乘之为法。实如法得尺。

译文

〔七〕今挖渠上宽1丈8尺，下宽3尺6寸，深1丈8尺，纵长51 824尺。问这段渠的容积是多少？

答：容积是10 074 585立方尺600立方寸。（原文曰"六寸"，古今表述有差异。）

秋季规定每人日工程量为300立方尺，问需要多少人？

答：需要33 582人，其中不足部分为14立方尺4立方寸。

若1 000人先开工，问能挖渠多长？

答：能挖渠154丈3尺2$\frac{8}{81}$寸。

算法：用1人工程量的立方尺数乘以先到人数作为被除数；渠道上、下宽度之和除以2，再乘以深度作为除数。除数除被除数，即得所挖渠道的长度。

□ 汉五铢金币

图为汉五铢金币，于1980年在陕西省咸阳市北塬出土。其形状为圆形方孔，正面穿孔上另有一横廓。币上有阳文篆书"五铢"二字，五字在右，铢字在左。金币重9克，经化验金的成色为95%，是目前发现的年代最早的金币。

译解（"术解"与译解相同）

第一问

所求挖渠的容积为：$\frac{(180+36)寸 \times 180寸}{2} \times 518\,240寸 = 10\,074\,585\,600$立方寸 $= 10\,074\,585$立方尺600立方寸。

第二问

若每人一日工程量为300立方尺，所需人数为：$\frac{10\,074\,585.6立方尺}{300立方尺/人} = 33\,581.952$人$\approx 33\,582$人。不足的部分为14立方尺4立方寸（即，300立方尺/人$\times$（1－0.952）人$=14.4$立方尺）。

第三问

若1 000人先开工，能挖渠道的长度为：

$$\frac{1\,000人 \times 3\,000\,000立方寸/人}{(180寸+36寸) \times 180寸/2} = 15\,432\frac{8}{81}寸 = 154丈3尺2\frac{8}{81}寸。$$

原文

〔八〕今有方堡壔[1]，方一丈六尺，高一丈五尺。问积几何？

答曰：三千八百四十尺。

术曰：方自乘，以高乘之，即积尺。

注释

〔1〕堡壔（dǎo）：土筑小城。

译文

〔八〕今有正四棱柱形土筑小城堡，底面边长为1丈6尺，高1丈5尺。问它的体积是多少？

答：体积为3 840立方尺。

算法：底面边长自乘，再乘以高，即为所求体积的立方尺寸。

译解（"术解"与译解相同）

方形土筑城堡的形状如图5－2。

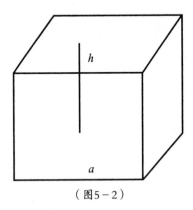

（图5－2）

设a为边长，h为高，则体积为：$a \times a \times h = 16$尺$\times 16$尺$\times 15$尺$= 3\ 840$立方尺。

原文

〔九〕今有圆堡壔，周四丈八尺，高一丈一尺。问积几何？

答曰：二千一百一十二尺。

术曰：周自相乘，以高乘之，十二而一。

□ **算盘 明代**

中国的算盘发明于西周，流行于宋、元，它是一种快速、方便的计算工具。现今发现有9档、11档、13档三种算盘。图为明代二五珠11档象牙算盘，其结构与今天通用的算盘完全相同。

译文

〔九〕今有圆柱体形土筑小城堡，底面周长为4丈8尺，高1丈1尺。问它的体积是多少？

答：体积为2 112立方尺。

算法：周长自乘，再乘以高，除以12。

译解（"术解"与译解相同）

圆形土筑城堡的形状如图5－3。

设圆柱体底面半径为R，高为h，周长为C，

因$C=2\pi R$，故$R=\dfrac{C}{2\pi}$，则所求体积为：

$$\pi R^2 h = \pi \times \frac{C^2}{4\pi^2} \times h = \frac{C^2 \times h}{4\pi} = \frac{(48尺)^2 \times 11尺}{12} = 2\,112立方尺（取\pi=3）$$

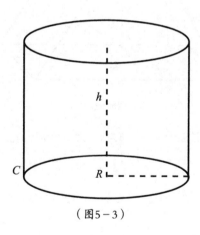

（图5－3）

原文

〔一〇〕今有方亭[1]，下方五丈，上方四丈，高五丈。问积几何？

答曰：一十万一千六百六十六尺太半尺。

术曰：上下方相乘，又各自乘，并之，以高乘之，三而一。

注释

〔1〕方亭：正四面形棱台体建筑物。

译文

〔一〇〕今有正四面形棱台体建筑物，下底边长为5丈，上底边长为4丈，高为5丈。问它的体积是多少？

答：体积为101 666$\frac{2}{3}$立方尺。

算法：上底边长乘下底边长加上底边长自乘，下底边长自乘之和再乘以高，除以3。

译解（"术解"与译解相同）

正四面棱台体建筑物的形状如图5－4。

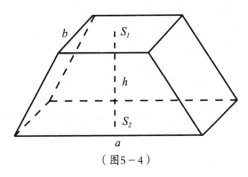

（图5－4）

设上底边长为b，下底边长为a，高为h，上底面积为S_1，下底面积为S_2，则所求体积为：$\frac{1}{3}h\left(S_1+S_2+\sqrt{S_1 S_2}\right)=\frac{1}{3}h\left(b^2+a^2+\sqrt{b^2 a^2}\right)=\frac{1}{3}h\left(b^2+a^2+ba\right)=\frac{1}{3}\times$ 5丈×（4丈×4丈＋5丈×5丈＋4丈×5丈）＝101.666$\frac{2}{3}$立方丈＝101 666$\frac{2}{3}$立方尺。

原文

〔一一〕今有圆亭[1]，下周三丈，上周二丈，高一丈。问积几何？

答曰：五百二十七尺九分尺之七。

术曰：上下周相乘，又各自乘，并之，以高乘之，三十六而一。

注释

〔1〕圆亭：正圆台体形建筑物。

译文

〔一一〕今有正圆台体建筑物，下底面周长为3丈，上底面周长为2丈，高1丈。问它的体积是多少？

答：体积是$527\frac{7}{9}$立方尺。

算法：上下底面周长相乘加上底面自乘、下底面自乘之和，再乘以高除以36。

译解（"术解"与译解相同）

正圆台体形建筑物的形状如图5－5。

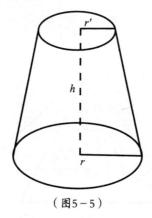

（图5－5）

设上底周长$C' = 2$丈，下底周长$C = 3$丈，高$h = 1$丈。

上底半径$r' = \dfrac{C'}{2\pi}$，下底半径$r = \dfrac{C}{2\pi}$丈，则所求体积为：

$$\frac{(C'^2 + C^2 + C'C) \times h}{36} = \frac{[(2丈)^2 + (3丈)^2 + 2丈 \times 3丈] \times 1丈}{36} = \frac{19}{36} 立方丈 = 527\frac{7}{9} 立方尺。$$

原文

〔一二〕今有方锥[1]，下方二丈七尺，高二丈九尺。问积几何？

答曰：七千四十七尺。

术曰：下方自乘，以高乘之，三而一。

注释

〔1〕方锥：指正四棱锥。

译文

〔一二〕今有正四棱锥，下底边长为2丈7尺，高为2丈9尺，问它的体积是多少？

答：体积是7 047立方尺。

算法：下底边长自乘，再乘以高，除以3。

译解（"术解"与译解相同）

正四面棱锥的形状如图5－6。

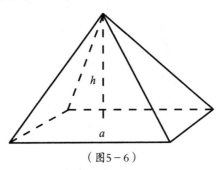

（图5－6）

设高$h=2$丈9尺，边长$a=2$丈7尺，底面积为S，则所求锥体体积为：

$$\frac{1}{3}h \times S = \frac{1}{3} \times h \times a^2 = \frac{a^2 \times h}{3} = \frac{(27尺)^2 \times 29尺}{3} = 7\,047立方尺。$$

原文

〔一三〕今有圆锥，下周三丈五尺，高五丈一尺。问积几何？

答曰：一千七百三十五尺一十二分尺之五。

术曰：下周自乘，以高乘之，三十六而一。

译文

〔一三〕今有圆锥，底面周长为3丈5尺，高5丈1尺。问它的体积是多少？

答：它的体积是 $1\,735\frac{5}{12}$ 立方尺。

算法：底面周长自乘，再乘以高，除以36。

译解（"术解"与译解相同）

圆锥的形状如图5-7。

设底面周长为 C，高为 h，则

所求体积为：$\dfrac{C^2 h}{36} = \dfrac{(35尺)^2 \times 51尺}{36} = \dfrac{1\,225平方尺 \times 51尺}{36} = \dfrac{62\,475立方尺}{36} = 1\,735\frac{5}{12}$ 立方尺

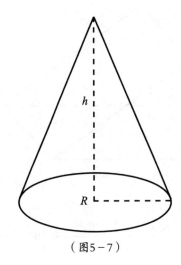

（图5-7）

原文

〔一四〕今有堑堵[1]下广二丈，袤一十八丈六尺，高二丈五尺。问积几何？

答曰：四万六千五百尺。

术曰：广袤相乘，以高乘之，二而一。

注释

〔1〕堑堵：底面为直角三角形的直棱柱。

译文

〔一四〕今有底面为直角三角形的直棱柱，底面的直角边长宽为2丈，长为18丈6尺，高为2丈5尺。问它的体积是多少?

答：46 500立方尺。

算法：两边长相乘，再乘以高，除以2。

译解（"术解"与译解相同）

底面为直角三角形的直棱柱的形状如图5-8。

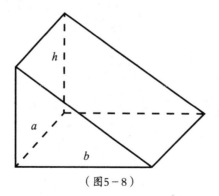

（图5-8）

设高为h，两边长为a，b，则

所求体积为：$\dfrac{abh}{2} = \dfrac{20尺 \times 186尺 \times 25尺}{2} = 46\,500立方尺$。

原文

〔一五〕今有阳马[1]，广五尺，袤七尺，高八尺。问积几何?

答曰：九十三尺少半尺。

术曰：广袤相乘，以高乘之，三而一。

注释

〔1〕阳马：指底面为矩形，一棱垂直于底面的四棱锥。

译文

〔一五〕今有底面为矩形，一棱垂直于底面的四棱锥，它的底面宽5尺，长7尺，高8尺，问它的体积是多少？

答：它的体积是$93\frac{1}{3}$立方尺。

算法：底面边长乘以宽，再乘以高，除以3。

译解（"术解"与译解相同）

所求物体的形状如图5－9。

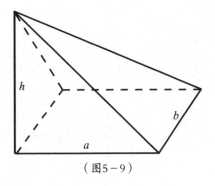

（图5－9）

□ **阿拉伯数字幻方铁板**

幻方铁板于西安东郊元代安西王府遗址发掘，铁板分36格，每格用阿拉伯数字标出，并排成一个方阵，方格从纵、横或对角线看，每组数字相加总和都是111。古人把它当做神秘之物，认为它具有驱邪镇灾的作用。

28	4	3	31	35	10
36	18	21	21	11	1
7	23	12	17	22	30
8	13	26	19	16	29
5	20	15	14	25	32
27	33	34	6	2	9

设宽为b，长为a，高为h，则所求体积为：$\frac{1}{3} \times$ 底面积 $\times$ 高 $= \frac{1}{3}abh = \frac{5尺 \times 7尺 \times 8尺}{3} = 93\frac{1}{3}$立方尺。

原文

〔一六〕今有鳖臑[1]，下广五尺，无袤，上袤四尺，无广，高七尺。问积几何？

答曰：二十三尺少半尺。

术曰：广袤相乘，以高乘之，六而一。

注释

〔1〕鳖臑（biē nào）：四面皆为直角三角形的棱锥。

译文

〔一六〕今有四面都是直角三角形的棱锥，底宽5尺而无长，上底长4尺而无宽，高7尺，问它的体积是多少？

答：体积为$23\frac{1}{3}$立方尺。

算法：长宽相乘，再乘以高，除以6。

译解（"术解"与译解相同）

四面都是直角三角形的棱锥形状如图5-10。

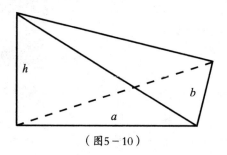

（图5-10）

则所求体积为：$\dfrac{a \times b \times h}{6} = \dfrac{5尺 \times 4尺 \times 7尺}{6} = \dfrac{140立方尺}{6} = 23\frac{1}{3}立方尺$。

原文

〔一七〕今有羡除[1]，下广六尺，上广一丈，深三尺，末广八尺，无深，袤七尺。问积几何？

答曰：八十四尺。

术曰：并三广，以深乘之，又以袤乘之，六而一。

注释

〔1〕羡除：墓道。此处是指三面为等腰梯形，其他两侧面为直角三角形的五面

体，墓道也是这个形状。

译文

〔一七〕今有三面皆为等腰梯形，其他两侧面为直角三角形的五面体，（前端）下宽6尺，上宽1丈，深3尺，末端宽8尺，无深，长7尺。问它的体积是多少？

答：体积为84立方尺。

算法：（上、下、末）三个宽度相加，乘以深，又用长相乘，除以6。

译解（"术解"与译解相同）

所求物体的形状如图5-11。

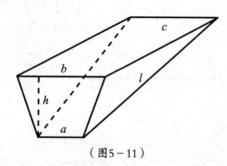

（图5-11）

所求体积为：$\dfrac{(a+b+c) \times h \times l}{6} = \dfrac{(6+10+8)尺 \times 3尺 \times 7尺}{6} = 84$立方尺。

原文

〔一八〕今有刍甍[1]，下广三丈，袤四丈，上袤二丈，无广，高一丈。问积几何？

答曰：五千尺。

术曰：倍下袤，上袤从之，以广乘之，又以高乘之，六而一。

注释

〔1〕刍甍：本义为盖上草的屋脊。刍：草；甍：屋脊。这里指地面为矩形的屋脊状的楔体。

译文

〔一八〕今有底面为矩形的屋脊状的楔体，下底面宽3丈，长4丈；上棱长2丈，无宽，高1丈。问它的体积是多少？

答：体积为5 000立方尺。

算法：下底长乘以2，再加上上棱长，它们之和用（下底）宽乘，再乘以高，除以6。

译解（"术解"与译解相同）

所求物体的形状如图5 – 12。

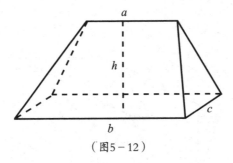

（图5 – 12）

设$a = 2$丈，$b = 4$丈，$c = 3$丈，$h = 1$丈，则所求体积为：

$$\frac{(2b+a) \times ch}{6} = \frac{(2 \times 4 + 2)丈 \times 3丈 \times 1丈}{6} =$$
$$5立方丈 = 5\ 000立方尺。$$

□ **牟合方盖**

刘徽在推证《九章算术》中的一些立体体积公式时，灵活地使用了极限方法与不可分量方法。利用这些方法，刘徽创造了一个被称为"牟合方盖"的新立体，并指出其体积与球体积之间的关系。刘徽虽然没能推求出牟合方盖的体积，但他所创用的不可分量方法，却成为后来祖冲之和其儿子在球体积计算问题上取得突破的先导。

原文

刍童[1]、曲池[2]、盘池[3]、冥谷[4]，皆同术。

术曰：倍上袤，下袤从之，亦倍下袤，上袤从之，各以其广乘之，并，以高若深乘之，皆六而一。其曲池者，并上中、外周而半之，以为上袤；亦并下中、外周而半之，以为下袤。

注释

　　〔1〕刍童：上下底面皆为长方形的草垛。
　　〔2〕曲池：上下底面皆为扇形的水池。
　　〔3〕盘池：上下底面皆为长方形的土坑。
　　〔4〕冥谷：上下底面皆为长方形的墓坑。

译文

　　上下底面皆为长方形的草垛，上下底面皆为扇形的水池，上下底面皆为长方形的土坑，上下底面皆为长方形的墓坑等，都用同一方法。

　　算法：上底长的2倍加下底长，同样下底长的2倍加上底长；各用它们对应的宽相乘，再次相加，再用高或深相乘，除以6。以公式表示，则所求体积为：

$$\frac{[(2倍上袤+下袤)\times 上广+(2倍下袤+上袤)\times 下广]\times 高}{6}$$

。对于"曲池"，将上底中外周长相加除以2，作上底长；也用下底中外周长相加除以2作下底长。

原文

　　〔一九〕今有刍童，下广二丈，袤三丈，上广三丈，袤四丈，高三丈。问积几何？答曰：二万六千五百尺。

译文

　　〔一九〕今有上下底面皆为长方形的草垛，下底宽2丈，长3丈；上宽3丈，长4丈；高3丈。问它的体积是多少？

　　答：体积为26 500立方尺。

译解（"术解"与译解相同）

　　所求物体的形状如图5－13。

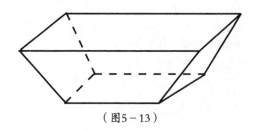

（图5－13）

计算这种形状的物体的体积，有一个公式（请参考卷第五题〔一九〕原文前的相关部分），将有关数据代入公式，则所求体积为：

$$\frac{[(2\times4+3)\text{丈}\times3\text{丈}+(2\times3+4)\text{丈}\times2\text{丈}]\times3\text{丈}}{6}=\frac{(20+33)\text{立方丈}}{2}=$$

26.5立方丈＝26 500立方尺。

原文

〔二〇〕今有曲池，上中周二丈，外周四丈，广一丈，下中周一丈四尺，外周二丈四尺，广五尺，深一丈。问积几何？

答曰：一千八百八十三尺三寸少半寸。

译文

〔二〇〕今有上下底面皆为扇形的水池，上底中周2丈，外周4丈，宽1丈；下底中周1丈4尺，外周长2丈4尺，宽5尺；深1丈。问它的容积是多少？

答：它的容积量为1 883立方尺$333\frac{1}{3}$立方寸。

译解（"术解"与译解相同）

所求物体的形状如图5－14。

□ **祖恒在开立圆术中设计的立体模型**

图为祖冲之的儿子祖恒"开立圆术"中设计的立体模型。祖恒提出了"祖氏原理"，他将牟合方盖的体积化成立方体与一个相当于四棱锥体的体积之差，从而求出牟合方盖的体积等于$\frac{2}{3}d^3$，并得到球的体积为$V=\frac{1}{6}\pi d^3$，这种算法比外国人早了一千多年。

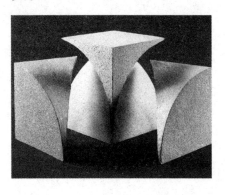

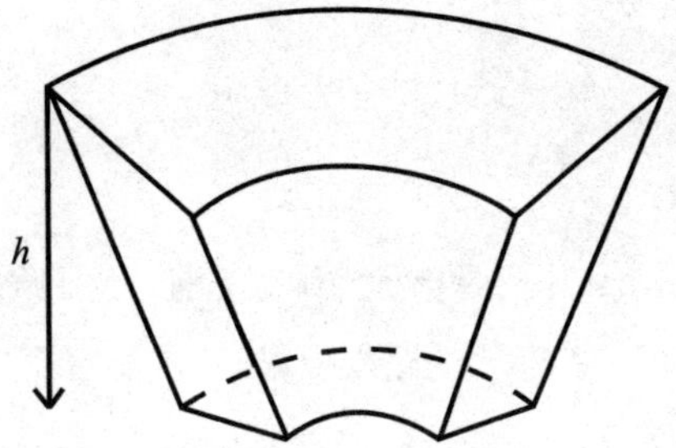

（图5－14）

根据题〔一九〕的计算公式，上底长 $=\frac{4+2}{2}$丈 $=3$丈 $=30$尺，

下底长 $=\frac{1\text{丈}4\text{尺}+2\text{丈}4\text{尺}}{2}=19$尺，

所求体积为：

$$\frac{[(2\times10\text{尺}+5\text{尺})\times30\text{尺}+(2\times5\text{尺}+10\text{尺})\times19\text{尺}]\times10\text{尺}}{6}=$$

$\frac{(750+380)\times5\text{立方尺}}{3}=\frac{5\,650\text{立方尺}}{3}=1\,883\frac{1}{3}$立方尺 $=1\,883$立方尺$333\frac{1}{3}$立方寸。

原文

〔二一〕今有盘池，上广六丈，袤八丈，下广四丈，袤六丈，深二丈。问积几何？

答曰：七万六百六十六尺太半尺。

负土[1]往来七十步，其二十步上下棚除[2]。棚除二当平道五，踟蹰[3]之间十加一，载输之间三十步，定一返[4]一百四十步。土笼[5]积一尺六寸，秋程人功行五十九里半。问人到[6]积尺、用徒各几何？

答曰：人到二百四尺。用徒三百四十六人一百五十三分人之六十二。

术曰：以一笼积尺乘程行步数为实。往来上下，棚除二当平道五。置定往来步数，十加一，及载输之间三十步以为法。除之，所得即一人所到尺。以所到约积尺，即用徒人数。

注释

〔1〕负土：指背筐运土。

〔2〕棚除：脚手架。

〔3〕跰蹰（chí chú）：本义是指犹豫徘徊不前，此比喻为负土艰难。

〔4〕一返：一个来回，指运土的路程距离。

〔5〕土笼：运土的筐子。

〔6〕人到：人均工作量。

译文

〔二一〕今有上下底皆为长方形土池，上底宽6丈，长8丈；下底宽4丈，长6丈，深2丈。问它的容积是多少？

答：容积是 $70\,666\frac{2}{3}$ 立方尺。

背筐运土往来70步，其中20步是上下脚手架，在脚手架上行走，每两步当平路5步计算；背筐运土，步履艰难，每10步当11步计算；现场装卸误时，按30步计算；故确定运土一次（一返）为140步。土筐容积为1.6立方尺，规定秋季每人行程为59里。问每人每天运土体积，需用劳动人数各是多少？

答：每人每天运土204立方尺。需用 $346\frac{62}{153}$ 人。

□ **新莽铜衡杆**

新莽铜衡杆于1926年在甘肃出土。衡杆长64.74厘米、宽1.6厘米、高3.3厘米、重2442克，为扁平长方体，悬纽已残。中部刻新莽铭文20行81字。图中，上为新莽铜衡杆，下为衡杆所刻铭文。

算法：以一筐容积数乘以所规定的行人程步数，作为被除数。往来上下脚手架每2步按平道5步计算，将规定的往返步数，加其后，再加装卸折合的30步作为除数。以除数去除被除数，所得即为一人运土量的立方尺数。以每人运土量去除总土方量，即为所需劳动人数。

译解（"术解"与译解相同）

1.上下底面皆为长方形的土池形状如图5－15。

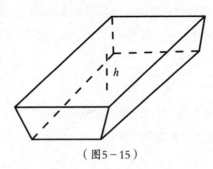

（图5－15）

按卷第五题〔一九〕前的公式，所求容积为：

$$\frac{[(2\times6+4)\times8+(2\times4+6)\times6]\times2}{6}立方丈$$

$$=\frac{128+84}{3}立方丈=\frac{212}{3}立方丈=70\frac{2}{3}立方丈=70\,666\frac{2}{3}立方尺。$$

2.按题设计条件，往返一次需走的步数为：$[(70-20+20\times5\div2)\times11\div10+30]$步=140步，$59\frac{1}{2}$里=$59\frac{1}{2}\times300$（每里为300步）步=17 850步，又据算法提示，所求每人运土量为：$\frac{1.6立方尺/人\times17\,850步}{140步}$=204立方尺/人，所求劳动人数为：

$$\frac{70\,666\frac{2}{3}立方尺}{204立方尺/人}=346\frac{62}{153}人。$$

原文

〔二二〕今有冥谷，上广二丈，袤七丈，下广八尺，袤四丈，深六丈五尺。问积几何？

答曰：五万二千尺。

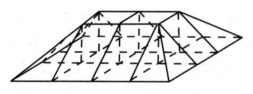

□ **冥谷**

　　冥谷在《九章算术》中是指上下底面皆为长方形的墓坑，线形状如图所示。

　　载土往来二百步，载输之间一里，程行五十八里，六人共车，车载三十四尺七寸。问人到积尺及用徒各几何？

　　答曰：人到二百一尺五十分尺之十三。用徒二百五十八人一万六千六十三分人之三千七百四十六。

　　术曰：以一车积尺乘程行步数为实。置今往来步数，加载输之间一里，以车六人乘之，为法。除之，所得即一人所到尺。以所到约积尺，即用徒人数。

译文

　　〔二二〕今有上下底面皆为长方形的墓坑，上底宽2丈，长7丈；下底宽8尺，长4丈，深6丈5尺。问它的容积量是多少？

　　答：容积为52 000立方尺。

　　推车运土往返200步，装卸算作1里行程，每人每天全程共58里，6人共推一辆车，每车可载土34.7立方尺。问每人每天运土体积以及需用多少人工？

　　答：每人每天运土$201\frac{13}{50}$立方尺，需用人工$258\frac{3\,746}{10\,063}$人。

　　算法：以车容量乘以行程步数，作为被除数。将往来步数，加装卸所算得作1里行程，乘以每车6人作为除数。除数除被除数，所得即为1人每天运土的立方尺数。以每人运土量去除总土方量，即得所需人数。

译解（"术解"与译解相同）

　　1.上下底面皆为长方形的墓坑形状如图5－16所示。根据卷第五题〔一九〕前的相关公式。所求容积为：

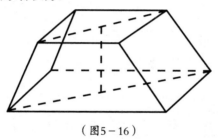

（图5－16）

$$\frac{[(2丈\times2+8尺)\times7丈+(8尺\times2+2丈)\times4丈]\times6丈5尺}{6}$$

$$\frac{(3\,360+1\,440)\times65}{6}立方尺=52\,000立方尺。$$

2.全程步数为：$58里\times300（每里为300步）=17\,400步。$

$200步+1里=（200+300）步=500步，$

按算法提示，每人每天的运土量为：$\dfrac{34.7立方尺\times17\,400立方尺}{500步\times6}=\dfrac{603\,780}{3\,000}立$

方尺$=201\dfrac{13}{50}立方尺，$所需人数为：$\dfrac{52\,000}{201\dfrac{13}{50}}人=258\dfrac{3\,746}{10\,063}人。$

原文

〔二三〕今有委粟平地[1]，下周一十二丈，高二丈。问积及为粟几何?

答曰：积八千尺。为粟二千九百六十二斛二十七分斛之二十六。

〔二四〕今有委菽依垣[2]，下周三丈，高七尺。问积及为菽各几何?

答曰：积三百五十尺。为菽一百四十四斛二百四十三分斛之八。

〔二五〕今有委米依垣内角[3]，下周八尺，高五尺。问积及为米几何?

答曰：积三十五尺九分尺之五。为米二十一斛七百二十九分斛之六百九十一。

委粟术曰：下周自乘，以高乘之，三十六而一。其依垣者，十八而一。其依垣内角者，九而一。

程粟一斛，积二尺七寸。其米一斛，积一尺六寸五分寸之一。其菽、荅、麻、麦一斛，皆二尺四寸十分寸之三。

注释

〔1〕委粟平地：在平地堆放粟。

〔2〕委菽依垣：靠墙壁堆放大豆。

〔3〕委米依垣内角：靠墙内角堆放米。

译文

〔二三〕今将粟放在平地，谷堆下周长12丈，高2丈。问这堆谷堆的体积及应有粟是多少?

答：谷堆体积是8 000立方尺，有粟2 962$\frac{26}{27}$斛。

〔二四〕今靠墙壁堆放大豆，大豆堆下周长是3丈，高为7尺。问这堆大豆的体积以及应有大豆是多少？

答：大豆体积为350立方尺。应有大豆144$\frac{8}{243}$斛。

〔二五〕今靠墙壁内角堆放大米，米堆下周长为8尺，高为5尺。问这堆米有体积以及应有大米多少？

答：这堆大米的体积为35$\frac{5}{9}$立方尺。应有大米21$\frac{691}{729}$斛。

堆粟的算法是：下周长自乘，再乘以高，除以36。当靠墙堆放时，除以18；当靠墙内角堆放时除以9。

规定：1斛粟 = 2.7立方尺；1斛米 = 1.62立方尺；一斛大豆、一斛小豆、一斛芝麻、一斛麦 = 2.43立方尺。

译解（"术解"与译解相同）

〔二三〕这堆谷为圆锥形，如图5 – 17。

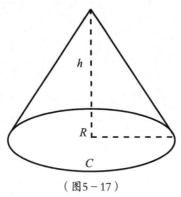

（图5 – 17）

设下周周长为$C = 12$丈，圆半径为$R = \frac{C}{2\pi}$，则所求体积为：

$$\frac{1}{3}\pi R^2 \times 高 = \frac{1}{3}\pi \frac{C^2}{4\pi^2} \times 高 = \frac{C^2 \times 高}{12\pi} = \frac{C^2 \times 高}{36} = \frac{（120尺）^2 \times 20尺}{36} = 8\ 000立方尺$$

（取$\pi = 3$）。

1斛粟 = 2.7立方尺，则所求粟数为：$\dfrac{8\ 000立方尺}{2.7立方尺/斛} = 2\ 962\frac{26}{27}斛$。

〔二四〕这堆大豆为半圆锥形，如图5－18。

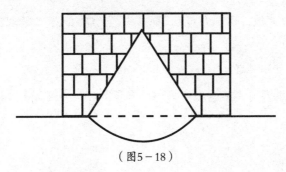

（图5－18）

本处下周长3丈实为半圆周长，先按一圆锥计算，参考卷第五题〔二三〕，这一圆锥形体积为：$\dfrac{(3\text{丈}\times2)^2\times\text{高}}{36}=\dfrac{(30\text{尺})^2\times2^2\times7\text{尺}}{36}$。

再将这一圆锥形体积除以2，则得这堆大豆的体积，即：$\dfrac{30^2\times2^2\times7}{36}$立方尺$\div2=\dfrac{30^2\times2^2\times7}{36}\times\dfrac{1}{2}$立方尺$=\dfrac{30^2\times2^2\times7}{2^2\times9\times2}$立方尺$=\dfrac{30^2\times7}{18}=350$立方尺，1斛大豆$=2.43$立方尺，则所求大豆数为：$350$立方尺$\div2.43$立方尺/斛$=144\dfrac{8}{243}$斛。

〔二五〕在墙内角堆放大米，所形成的是$\dfrac{1}{4}$圆锥体，如图5－19。

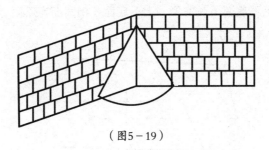

（图5－19）

本处下周长8尺，实为$\dfrac{1}{4}$圆周长，先按一圆锥形计算，参考卷第五题〔二三〕，这一圆锥体的体积为：$\dfrac{(8\times4)^2\times5}{36}=\dfrac{8^2\times4^2\times5}{36}=\dfrac{8^2\times4^2\times5}{4\times9}$。

再将这一个圆锥体体积除以4，则得这堆大米的体积，即：

$\dfrac{8^2\times4^2\times5}{4\times9}$立方尺$\times\dfrac{1}{4}=\dfrac{320}{9}$立方尺$=35\dfrac{5}{9}$立方尺。

又知1斛米$=1.62$立方尺，则所求米数为$35\dfrac{5}{9}$立方尺$\div1.62$立方尺/斛$=21\dfrac{691}{729}$斛。

原文

〔二六〕今有穿地，袤一丈六尺，深一丈，上广六尺，为垣积五百七十六尺。问穿地下广几何？

答曰：三尺五分尺之三。

术曰：置垣积尺，四之为实。以深、袤相乘，又三之，为法。所得倍之，减上广，余即下广。

译文

〔二六〕今挖坑，长1丈6尺，深1丈，上底宽为6尺，以所挖之土筑墙，体积为576立方尺。问所挖坑下底宽是多少？

答：下底宽为$3\frac{5}{3}$尺。

算法：将所挖之土筑墙所形成的体积数乘以4作被除数；以深长相乘，再除以3作除数，除数除被除数所得结果乘以2，减去上底宽，余数即为所求的下底宽。

译解（"术解"与译解相同）

所挖之坑的上下底面为长方形，上下底面长相同而宽不同，呈等腰梯形的直棱柱横放之形，如图5－20。

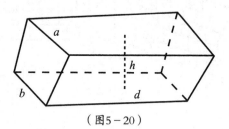

（图5－20）

所求体积为：$V=\dfrac{1}{2}$（上底宽＋下底宽）×长×深$=\dfrac{1}{2}(a+b)\times dh$，

所挖之土为"虚土"，筑墙之土为"坚土"。

$\dfrac{松土}{坚土}=\dfrac{3}{4}$，松土$=\dfrac{4\times 坚土}{3}$，

576立方尺为"坚土"，松土体积$V=\dfrac{4\times 576}{3}$，

$$下底宽 b = \frac{2 \times 4 \times 576 立方尺/3}{16尺 \times 10尺} - 6尺 = 3\frac{3}{5}尺。$$

原文

〔二七〕今有仓，广三丈，袤四丈五尺，容粟一万斛。问高几何？

答曰：二丈。

术曰：置粟一万斛积尺为实。广袤相乘为法。实如法而一，得高尺。

译文

〔二七〕今有粮仓，宽3丈，长4丈5尺，可装粟10 000斛。问该粮仓高是多少？

答：高是2丈。

算法：将粟米10 000斛所包含的体积作被除数，长宽相乘作除数。除数除被除数即得高的尺数。

译解（"术解"与译解相同）

该粮仓为一长方体形，由卷第五题〔二五〕知：

1斛粟 = 2.7立方尺，则10 000 × 2.7 = 30 × 45 × h，

$$h = \frac{27\,000 立方尺}{30尺 \times 45尺} = 20尺 = 2丈。$$

原文

〔二八〕今有圆囷，高一丈三尺三寸少半寸，容米二千斛。问周几何？

答曰：五丈四尺。

术曰：置米积尺，以十二乘之，令高而一，所得，开方除之，即周。

译文

〔二八〕今有圆柱形粮仓，高1丈3尺3$\frac{1}{3}$寸，容纳米2 000斛。问其周长是多少？

答：周长为5丈4尺。

算法：将米之体积的立方尺数乘以12，除以高，所得之数开平方，即为周长。

译解（"术解"与译解相同）

设周长为C，高为h，容积为V，圆柱半径为R，则$V=\pi R^2 h$，$C=2\pi R$，$R=\dfrac{C}{2\pi}$，

$V=\dfrac{C^2 h}{4\pi}$（取$\pi=3$），

$V=\dfrac{C^2 h}{12} \rightarrow C=\sqrt{\dfrac{12V}{h}}$。

由卷第五题〔二五〕知：1斛米 = 1.62立方尺 = 1 620立方寸。

$V=2\,000\times1\,620$立方寸 = $3\,240\,000$立方寸，$C=\sqrt{\dfrac{12\times3\,240\,000\text{立方寸}}{133\frac{1}{3}\text{寸}}}=$

540寸 = 5丈4尺。

中国古代长度单位名称及进位简表

朝　代	单位名称及进位							备　注
周以前	常16尺　丈10尺　寻8尺　仞4尺　尺10寸　8寸　寸0.1尺							幅=2.7尺 墨=5尺
汉	引10丈　丈10尺　尺10寸　寸10分　分10厘　厘10毫　毫10秒　秒10忽							端=20尺 两=40尺
汉以后	丈10尺　尺10寸　寸10分　分10厘　厘10毫　毫10秒　秒10忽							匹=40尺
宋	丈10尺　尺10寸　寸10分　分10厘　厘10毫　毫10秒　秒10忽							（以上单位均为周以前使用，后世不用）
清	里180丈　引10丈　丈10尺　尺10寸　寸10分　分10厘　厘10毫　毫10忽							

注："仞"还有等于七尺、八尺之说，此只作"四尺为仞"之说。

卷第六
均 输

BOOK 6

今有均赋粟，甲县二万五百二十户，粟一斛
二十钱，自输其县；乙县一万二千三百一十二户，粟
一斛一十钱，至输所二百里；丙县七千一百八十二
户，粟一斛一十二钱，至输所一百五十里；丁县
一万三千三百三十八户，粟一斛一十七钱，至输所
二百五十里；戊县五千一百三十户，粟一斛一十三
钱，至输所一百五十里。凡五县赋，输粟一万斛。一
车载二十五斛，与僦一里一钱。欲以县户输粟，令费
劳等。问县各粟几何？

答曰：甲县三千五百七十一斛二千八百七十三分
斛之五百一十七。

乙县二千三百八十斛二千八百七十三分斛之
二千二百六十。

丙县一千三百八十八斛二千八百七十三分斛之
二千二百七十六。

丁县一千七百一十九斛二千八百七十三分斛之
一千三百一十三。

戊县九百三十九斛二千八百七十三分斛之
二千二百五十三。

原文

〔一〕今有均输[1]粟：甲县一万户，行道八日；乙县九千五百户，行道十日；丙县一万二千三百五十户，行道十三日；丁县一万二千二百户，行道二十日，各到输所[2]。凡四县赋，当输二十五万斛，用车一万乘。欲以道里远近，户数多少，衰[3]出之。问粟、车各几何？

答曰：甲县粟八万三千一百斛，车三千三百二十四乘。

乙县粟六万三千一百七十五斛，车二千五百二十七乘。

丙县粟六万三千一百七十五斛，车二千五百二十七乘。

丁县粟四万五百五十斛，车一千六百二十二乘。

均输术曰：令县户数，各如其本行道日数而一，以为衰。甲衰一百二十五，乙、丙衰各九十五，丁衰六十一，副并为法。以赋粟、车数乘未并者，各自为实。实如法得一车。有分者，上下辈之[4]。以二十五斛乘车数，即粟数。

注释

□ 界尺

界尺是中国传统的作画工具，在界画绘制时用以作出平行线。图为界尺的实物图和实测构造图。从机械原理看，界尺实际上是一个平面连杆机构。

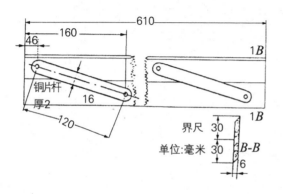

界尺 30
单位：毫米 30

〔1〕均输：分摊并运输。

〔2〕输所：收纳赋粟的场所。

〔3〕衰（cuī）：按照一定标准递减。

〔4〕有分者，上下辈之：刘徽注："辈，配也。车、牛、人之数，不可割裂，推少就多，均赋之宜。"意思是：有分数的情况，根据分子，分母的情况作类似现在的"四舍五入"处理。如 $3\,324\frac{22}{47}$，$22 < \frac{47}{2}$ 故结果仍为 3 324；又如 $2\,526\frac{28}{47}$，$28 > \frac{47}{2}$，故结果为 2 527。

译文

〔一〕今按户数征收公粮，摊派送粮车辆：甲县有10 000户，距离收粮站要走8日；乙县有9 500户，距离收粮站要走10日；丙县有12 350户，距离收粮站要走13日；丁县有12 200户，距离收粮站要走20日。四县应交公粮250 000斛，用车10 000辆。要按道路里程的远近，各县户数的多少，按比例分摊。问四县运粮、派车各是多少？

□ **铁砣　北朝**
图为北朝·魏时期的铁砣，分别重181克、207克、222克。

答：甲县运粟83 100斛，出车3 324辆；乙县运粟63 175斛，出车2 527辆；丙县运粮63 175斛，出车2 527辆；丁县运粟40 550斛，出车1 622辆。

算法：令每县户数，各除以其各自行路天数作为列衰数，甲县衰数为125，乙县、丙县衰数均为95，丁县衰数为61，将这些衰数相加作除数。用赋役应送粟的车数乘以各县衰数，各自作被除数。用除数除被除数得车数。有分数出现时，上下调配使各自为整数。以斛数25乘以出车数，即得运粟数。

译解（"术解"与译解相同）

各县平均日到收粮站的户数：

甲县：10 000 ÷ 8 = 1 250；乙县：9 500 ÷ 10 = 950；丙县：12 350 ÷ 13 = 950；丁县：12 200 ÷ 20 = 610；甲县：乙县：丙县：丁县 = 125 : 95 : 95 : 61。

各比数相加：125 + 95 + 95 + 61 = 376。

总用车10 000辆，则：

甲县出车数为：$10\ 000辆 \times \dfrac{125}{376} = 3\ 324\dfrac{22}{47} \approx 3\ 324辆$，

乙县出车数为：$10\ 000辆 \times \dfrac{95}{376} = 2\ 526\dfrac{28}{47} \approx 2\ 527辆$，

丙县出车数为：$10\ 000辆 \times \dfrac{95}{376} = 2\ 526\dfrac{28}{47} \approx 2\ 527辆$，

丁县出车数为：$10\ 000辆 \times \dfrac{61}{376} = 1\ 622\dfrac{16}{47} \approx 1\ 622辆$。

因250 000斛 ÷ 10 000车 = 25斛/车，故甲县运粟数 = 25斛/车 × 3 324车 =

83 100斛；乙县运粟数＝25斛/车×2 527车＝63 175斛；丙县运粟数＝25斛/车×2 527车
＝63 175斛；丁县运粟数＝25斛/车×1 622车＝40 550斛。

原文

〔二〕今有均输卒：甲县一千二百人，薄塞[1]；乙县一千五百五十人，行道
一日；丙县一千二百八十人，行道二日；丁县九百九十人，行道三日；戊县
一千七百五十人，行道五日。凡五县，赋输卒一月一千二百人。欲以远近、户
率，多少衰出之。问县各几何？

答曰：甲县二百二十九人。乙县二百八十六人。丙县二百二十八人。丁县
一百七十一人。戊县二百八十六人。

术曰：令县卒，各如其居所及行道日数而一，以为衰。甲衰四，乙衰五，丙
衰四，丁衰三，戊衰五，副并为法。以人数乘未并者各自为实。实如法而一。有
分者，上下辈之。

注释

〔1〕薄塞：边塞。

译文

〔二〕今分摊役卒：甲县有1 200人，该县临近边塞；乙县有1 550人，到边塞

图为第〔二〕题"输送役卒各是多少"的均输术算法推演。

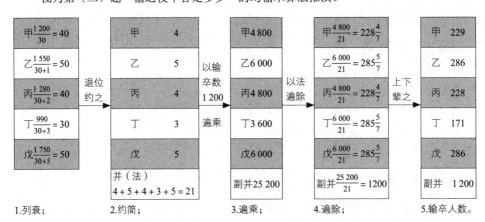

1.列衰；	2.约简；	3.遍乘；	4.遍除；	5.输卒人数。
甲 $\frac{1\,200}{30}=40$	甲　4	甲4 800	甲 $\frac{4\,800}{21}=228\frac{4}{7}$	甲　229
乙 $\frac{1\,550}{30+1}=50$	乙　5	乙6 000	乙 $\frac{6\,000}{21}=285\frac{5}{7}$	乙　286
丙 $\frac{1\,280}{30+2}=40$	丙　4	丙4 800	丙 $\frac{4\,800}{21}=228\frac{4}{7}$	丙　228
丁 $\frac{990}{30+3}=30$	丁　3	丁3 600	丁 $\frac{6\,000}{21}=285\frac{5}{7}$	丁　171
戊 $\frac{1\,750}{30+5}=50$	戊　5	戊6 000	戊 $\frac{6\,000}{21}=285\frac{5}{7}$	戊　286
	并（法）4＋5＋4＋3＋5＝21	副并25 200	副并 $\frac{25\,200}{21}=1200$	副并　1 200

退位约之　以输卒数1 200遍乘　以法遍除　上下辈之

要走1天路程；丙县有1 280人，到边塞要走2天路程；丁县990人，到边塞要走3天路程；戊县1 750人，到边塞要走5天路程。总计5县服役情况，要送1 200人去服役1个月。依路程远近、户口多少，按多少不等的比例摊派。问上述各县输送役卒数各是多少？

答：甲县输送役卒229人；乙县输送役卒286人；丙县输送役卒228人，丁县输送役卒171人；戊县输送役卒286人。

算法：令各县役卒数，除以滞留及行程天数之和，作为分摊的比数。甲县衰数为4，乙县衰数为5，丙县衰数为4，丁县衰数为3，戊县衰数为5。另将这些衰数相加作除数。以输送役卒总数乘以各衰数各自作为被除数。用除数除被除数。答案有分数时，上下调整使之成为整数。

译解（"术解"与译解相同）

各县平均日派人数（包括行程日数）按每月30日计。

甲县：1200 ÷ 30 = 40；乙县：1550 ÷（30 + 1）= 50；

丙县：1280 ÷（30 + 2）= 40；丁县：990 ÷（30 + 3）= 30；

戊县：1750 ÷（30 + 5）= 50。

甲县：乙县：丙县：丁县：戊县 = 4 : 5 : 4 : 3 : 5。

各比数相加：4 + 5 + 4 + 3 + 5 = 21。

总派人数为1 200人，则

甲县输送役卒数 = 1 200人 × $\frac{4}{21}$ = $228\frac{4}{7}$人 ≈ 229人，

乙县输送役卒数 = 1 200人 × $\frac{5}{21}$ = $285\frac{5}{7}$人 ≈ 286人，

丙县输送役卒数 = 1 200人 × $\frac{4}{21}$ = = $228\frac{4}{7}$人 ≈ 229人（古人取228人），

丁县输送役卒数 = 1 200人 × $\frac{3}{21}$ = $171\frac{3}{7}$人 ≈ 171人，

戊县输送役卒数 = 1 200人 = $\frac{5}{21}$ = $285\frac{5}{7}$人 ≈ 286人。

说明：为什么甲、丙两县余分都是$\frac{4}{7}$，本题答案却不按"有分者，上下辈之"的原则取丙县为229人，却取丙县为228人呢？如果均取229人，则总役卒人数为1 201人，较之1 200多了1人，为了解决这1人的分配问题，考虑到甲离边塞近，丙离边塞远，按从近的原则调配（刘徽注解意）甲为229人，丙为228人。

原文

〔三〕今有均赋粟[1]，甲县二万五百二十户，粟一斛二十钱，自输其县；乙县一万二千三百一十二户，粟一斛一十钱，至输所二百里；丙县七千一百八十二户，粟一斛一十二钱，至输所一百五十里；丁县一万三千三百三十八户，粟一斛一十七钱，至输所二百五十里；戊县五千一百三十户，粟一斛一十三钱，至输所一百五十里。凡五县赋，输粟一万斛。一车载二十五斛，与僦[2]一里一钱。欲以县户输粟，令费劳等[3]。问县各粟几何？

答曰：甲县三千五百七十一斛二千八百七十三分斛之五百一十七。

乙县二千三百八十斛二千八百七十三分斛之二千二百六十。

丙县一千三百八十八斛二千八百七十三分斛之二千二百七十六。

丁县一千七百一十九斛二千八百七十三分斛之一千三百一十三。

戊县九百三十九斛二千八百七十三分斛之二千二百五十三。

术曰：以一里僦价，乘至输所里，以一车二十五斛除之，加一斛粟价，则致一斛之费。各以约其户数，为衰。甲衰一千二十六，乙衰六百八十四，丙衰三百九十九，丁衰四百九十四，戊衰二百七十，副并为法。所赋粟乘未并者，各自为实。实如法而一。

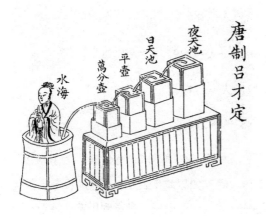

□ 吕才制造的四柜式漏刻图　唐代

唐宋两朝都设有专司监、管漏刻和报时的官吏，还设有钟楼楼按时敲钟以报时辰。唐朝吕才制造的四柜式漏刻，将漏刻的数量从晋代出现的三个增加到四个，进一步提高了计时的精确度。

注释

〔1〕均赋粟：分摊作为军赋的粟。

〔2〕与僦（jiù）：与：给；僦：运输费。

〔3〕令费劳等：使每户担负的费用均等。

译文

〔三〕今摊派作为军赋的粟：甲县20 520户，每一斛粟价20钱，自行输送到本县；乙县12 312户，每一斛粟价10钱，至输送地200里；丙县7 182户，每一斛粟价12钱，至输送地150里；丁县13 338户，每一斛粟价17钱，至输送地250里；戊县5 130户，每一斛粟价13钱，至输送地150里。总计五县军赋，要输粟10 000斛。每一车装载25斛粟，付给运费每一里1钱。要按各县户数输送作为军赋的粟，使耗费均等。问各县应输送多少粟？

□ 矩形建筑铜构件　春秋时期

《史记》记：大禹治水"左准绳、右规矩"。其是说大禹用"规"画圆、"矩"测量角度，"准绳"测长。从而可知，规（测圆）、矩（测方）、准绳（测长）是早期的测量工具。图中构件是早期用于测量墙柱的工具。

答：甲县应输送粟$3\,571\dfrac{517}{2\,873}$斛；乙县应输送粟$2\,380\dfrac{2\,260}{2\,873}$斛；丙县应输送粟$1\,388\dfrac{2\,276}{2\,873}$斛；丁县应输送粟$1\,719\dfrac{1\,313}{2\,873}$斛；戊县应输送粟$939\dfrac{2\,253}{2\,873}$斛。

算法：以一里的运价乘以输送地的里数，除以1车所载25斛，再加1斛粟的价钱，则得到送1斛粟所需的费用。以其去除各自的户数，作为分摊的比数。

甲县衰数为1 026，乙县衰数为684，丙县衰数为399，丁县衰数为494，戊县衰数为270。另将这些衰数相加作除数，以作为军赋的总粟数乘以未相加的各县衰数，各自作为被除数。用除数除被除数即得结果。

译解（"术解"与译解相同）

各县粟送到输送地每斛粟所需的费用：

甲县：20钱，乙县：1×（200÷25）钱+10钱=18钱，

丙县：1×（150÷25）钱+12钱=18钱，丁县：1×（250÷25）钱+17钱=27钱，

戊县：1×（150÷25）钱+13钱=19钱。

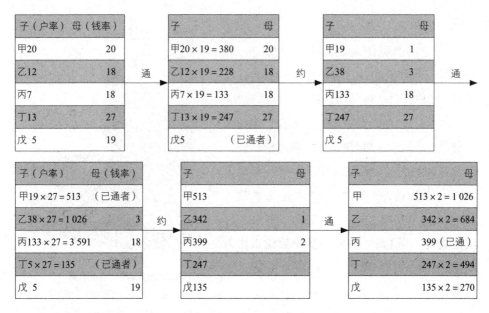

第〔三〕题甲、乙、丙、丁、戊五县列衰数（分配比数）推演过程。

每户分摊钱的比数为：

甲县：20 520 ÷ 20 = 1 026，乙县：12 312 ÷ 18 = 684，

丙县：7 182 ÷ 18 = 399，丁县：13 338 ÷ 27 = 494，戊县：5 130 ÷ 19 = 270。

比数相加：1 026 + 684 + 399 + 494 + 270 = 2 873。

总计作为军赋的粟10 000斛，

甲县要输送的粟为：$10\,000$斛$\times \dfrac{1\,026}{2\,873} = 3\,571\dfrac{517}{2\,873}$斛，

乙县要输送的粟为：$10\,000$斛$\times \dfrac{684}{2\,873} = 2\,380\dfrac{2\,260}{2\,873}$斛，

丙县要输送的粟为：$10\,000$斛$\times \dfrac{399}{2\,873} = 1\,388\dfrac{2\,276}{2\,873}$斛，

丁县要输送的粟为：$10\,000$斛$\times \dfrac{494}{2\,873} = 1\,719\dfrac{1\,313}{2\,873}$斛，

戊县要输送的粟为：$10\,000$斛$\times \dfrac{270}{2\,873} = 939\dfrac{2\,253}{2\,873}$斛。

原文

〔四〕今有均赋粟，甲县四万二千算[1]，粟一斛二十，自输其县；乙县

三万四千二百七十二算，粟一斛一十八，佣价[2]一日一十钱，到输所七十里；丙县一万九千三百二十八算，粟一斛一十六，佣价一日五钱，到输所一百四十里；丁县一万七千七百算，粟一斛一十四，佣价一日五钱，到输所一百七十五里；戊县二万三千四十算，粟一斛一十二，佣价一日五钱，到输所二百一十里；己县一万九千一百三十六算，粟一斛一十，佣价一日五钱，到输所二百八十里。凡六县赋粟六万斛，皆输甲县。六人共车，车载二十五斛，重车日行五十里，空车日行七十里，载输[3]之间各一日。粟有贵贱，佣各别价，以算出钱，令费劳等。问县各粟几何？

答曰：甲县一万八千九百四十七斛一百三十三分斛之四十九。

乙县一万八百二十七斛一百三十三分斛之九。

丙县七千二百一十八斛一百三十三分斛之六。

丁县六千七百六十六斛一百三十三分斛之一百二十二。

戊县九千二十二斛一百三十三分斛之七十四。

己县七千二百一十八斛一百三十三分斛之六。

术曰：以车程行空、重相乘为法，并空、重以乘道里，各自为实，实如法得一日。加载输各一日，而以六人乘之，又以佣价乘之，以二十五斛除之，加一斛粟价，即致一斛之费。各以约其算数为衰，副并为法，以所赋粟乘未并者，各自为实。实如法得一斛。

注释

〔1〕算：算赋，即人头税。

〔2〕佣价：雇用搬运人员的工价。

〔3〕载输：装载、送达、卸载。

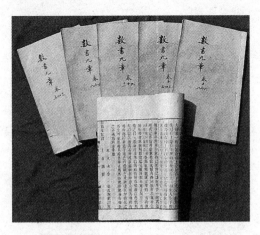

□《数书九章》书影　秦九韶　南宋

　《数书九章》又名《数学大略》，于1247年由秦九韶所撰，此书形式受《九章算术》等算经的影响，但内容却超过古代许多经典算书。全书共18卷，81个实际应用题按性质分为大衍、天时、田域等9大类，其中论述最深入的是大衍总数术和正负开方术。

译文

〔四〕今分摊赋粟，甲县42 000算，粟价1斛值20钱，自行送到本县；乙县34 272算，粟价1斛值18钱，雇佣搬运人员1日10钱，到输送地70里；丙县19 328算，粟1斛值16钱，雇佣搬运人员1日5钱，到输送地140里；丁县17 700算，粟1斛值14钱，雇佣搬运人员1日5钱，到输送地175里；戊县23 040算，粟1斛值12钱，雇佣搬运人员1日5钱，到输送的210里；己县19 136算，粟1斛值10钱，雇佣搬运人员1日5钱，到输送地280里。总计6县赋粟为60 000斛，都送到甲县。每6人共拉1车，每1车载粟25斛，重车每日行50里，空车每日行70里，装卸各用1天。粟价有贵有贱，雇搬运人员价格也有不同，按算赋出钱，使其耗费相等，问每个县应各输送粟多少？

答：甲县应输送粟18 947$\frac{49}{133}$斛；乙县应输送粟10 827$\frac{9}{133}$斛；丙县应输送粟7 218$\frac{6}{133}$斛；丁县应输送粟6 766$\frac{122}{133}$斛；戊县应输送粟9 022$\frac{74}{133}$斛；己县应输送粟7 218$\frac{6}{133}$斛。

算法：以空车每日行程与重车每日行程相乘作除数，以空车每日行程与重车每日行程之和乘以输送地的里数各自作被除数，除数除被除数即得日数。加上装卸各用1天的日数，而以6人乘之，又用雇佣搬运人员工价数乘之，再用车载斛数25除之，加上每1斛粟价，便得输送每1斛粟所用的费用。各以所得去和各自的算数相约，作分配比数（衰）。另将各衰数相加，作除数，以所要分摊的赋粟数乘以未相加的各衰数，各自作被除数。除数除被除数得所求斛数。

□ **铜砝码 清代**

左砝码刻铭"叁拾两，三泉镇钱行公定"，重1 102克。右砝码刻铭"叁拾两"和"嘉庆丙子年置，嵩山会议平，京货行"，重1 110克。

译解

各县至甲县往返一里所需的天数为：

$$\left(\frac{1}{70}+\frac{1}{50}\right)天=\frac{6}{175}天。$$

各县运输（含装卸）所用的天数：

乙县：$\left(70\times\dfrac{6}{175}+2\right)$天$=4\dfrac{2}{5}$天；

丙县：$\left(140\times\dfrac{6}{175}+2\right)$天$=6\dfrac{4}{5}$天；

丁县：$\left(175\times\dfrac{6}{175}+2\right)$天$=8$天；

戊县：$\left(210\times\dfrac{6}{175}+2\right)$天$=9\dfrac{1}{5}$天；

己县：$\left(280\times\dfrac{6}{175}+2\right)$天$=11\dfrac{3}{5}$天。

各县每斛粟送缴所花费用（含运费）为：

甲县：20钱；

乙县：$\left(4\dfrac{2}{5}\times6\times10\div25+18\right)$钱

$=28\dfrac{14}{25}$钱；

丙县：$\left(6\dfrac{4}{5}\times6\times5\div25+16\right)$钱$=24\dfrac{4}{25}$钱；

丁县：$\left(8\times6\times5\div25+14\right)$钱$=23\dfrac{3}{5}$钱；

戊县：$\left(9\dfrac{1}{5}\times6\times5\div25+12\right)$钱$=23\dfrac{1}{25}$钱；

己县：$\left(11\dfrac{3}{5}\times6\times5\div25+10\right)$钱$=23\dfrac{23}{25}$钱。

各县钱均"算"率为：

甲县：$42\,000\div20=2\,100$；乙县：$34\,272\div28\dfrac{14}{25}=1\,200$；

丙县：$19\,328\div24\dfrac{4}{25}=800$；丁县：$17\,700\div23\dfrac{3}{5}=750$；

戊县：$23\,040\div23\dfrac{1}{25}=1\,000$；己县：$19\,136\div23\dfrac{23}{25}=800$；

各县钱均"算"率之和为：$2\,100+1\,200+800+750+1\,000+800=6\,650$

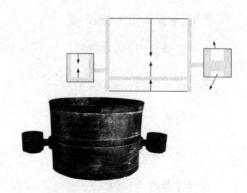

☐ **新莽铜嘉量及结构示意图**

嘉量是公元九年制造的一件五量合一的铜质标准量器。该器器的主体部分是一个大圆柱体，近下端有挡隔，挡隔上方是斛量，下方是斗量；左侧是一个小圆柱体，为升量；右侧也是一个小圆柱体，挡隔在中端，上为合量，下为龠量，因此斛、生、合三量口朝上，斗、龠二量口朝下。图为铜嘉量的结构示意图和铜嘉量实物。

因6县赋粟为60 000斛，故

甲县赋粟数为：$60\ 000斛 \times \dfrac{2\ 100}{6\ 650} = 18\ 947\dfrac{49}{133}斛$；

乙县赋粟数为：$60\ 000斛 \times \dfrac{1\ 200}{6\ 650} = 10\ 827\dfrac{9}{133}斛$；

同理可得

丙县赋粟数为：$7\ 218\dfrac{6}{133}斛$；丁县赋粟数为：$6\ 766\dfrac{122}{133}斛$；

戊县赋粟数为：$9\ 022\dfrac{74}{133}斛$；己县赋粟数为：$7\ 218\dfrac{6}{133}斛$。

术解（与"译解"相似，因运算步骤多，为加深理解，将术解过程作出说明）

〔1〕行车日数为$\dfrac{(70+50)\ 各自到输送地的里数}{70 \times 50}$：

甲县：0日；乙县：$\dfrac{(70+50) \times 70}{70 \times 50}日 = \dfrac{12}{5}日$；

丙县：$\dfrac{(70+50) \times 140}{70 \times 50}日 = \dfrac{24}{5}日$；丁县：$\dfrac{(70+50) \times 175}{70 \times 50}日 = 6日$；

戊县：$\dfrac{(70+50) \times 210}{70 \times 50}日 = \dfrac{36}{5}日$；己县：$\dfrac{(70+50) \times 280}{70 \times 50}日 = \dfrac{48}{5}日$。

〔2〕送缴每1斛粟的费用：（行车日数＋装卸各1日）×6×雇价÷25＋每1斛粟价

甲县：20钱；

乙县：$\left[\dfrac{\left(\dfrac{12}{5} + 2 \right) \times 6 \times 10}{25} + 18 \right]钱 = 28\dfrac{14}{25}钱$；

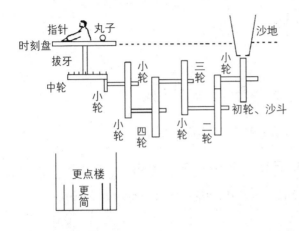

□ **五轮沙漏推测图**

　　五轮沙漏是一种计时仪器。周述学在《神道大编历宗通议》卷十八中对其有详细介绍，提出的五套轮系的速比分别为：2592、1 973、2 401和3 125。他采用扩大流沙孔的办法，使初轮转速增高，又设法加大轮系的速比，使仪器运转符合实际。图为白尚恕、李迪所绘制的周述学五轮沙漏推测图。

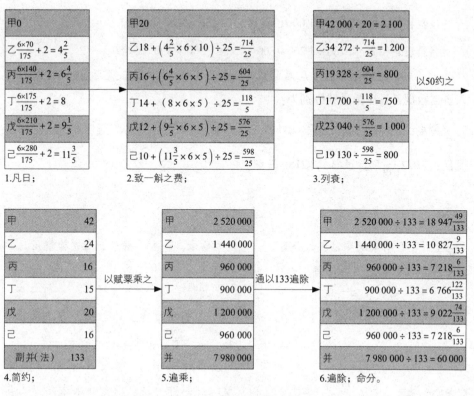

1.凡日；　　　　　2.致一斛之费；　　　　　3.列衰；

4.简约；　　　　　5.遍乘；　　　　　6.遍除；命分。

第〔四〕题"各县输送粟各是多少"推演过程。

$$丙县：\left[\frac{\left(\frac{24}{5}+2\right)\times 6\times 5}{25}+16\right]钱=24\frac{4}{25}钱；$$

$$丁县：\left[\frac{(6+2)\times 6\times 5}{25}+14\right]钱=23\frac{3}{5}钱；$$

$$戊县：\left[\frac{\left(\frac{36}{5}+2\right)\times 6\times 5}{25}+12\right]钱=23\frac{1}{25}钱；$$

$$己县：\left[\frac{\left(\frac{48}{5}+2\right)\times 6\times 5}{25}+10\right]钱=23\frac{23}{25}钱。$$

〔3〕各县之衰＝各县之算÷送缴1斛粟的费用

甲县：$42\,000÷20=2\,100$；乙县：$34\,272÷28\frac{14}{25}=1\,200$；

丙县：$19\,328÷24\frac{4}{25}=800$；丁县：$17\,700÷23\frac{3}{5}=750$；

戊县：$23\,040 \div 23\frac{1}{25} = 1\,000$；己县：$19\,136 \div 23\frac{23}{25} = 800$；

各县衰之和为：$2\,100 + 1\,200 + 800 + 750 + 1\,000 + 800 = 6\,650$。

〔4〕各县应缴赋粟为：总赋粟数×各自衰÷衰之和6县总赋粟为60 000斛，代入各自数据各县应缴赋粟分别为：

甲县：$18\,947\frac{49}{133}$斛；乙县：$10\,827\frac{9}{133}$斛；丙县：$7\,218\frac{6}{133}$斛；丁县：$6\,766\frac{122}{133}$斛；

戊县：$9\,022\frac{74}{133}$斛；己县：$7\,218\frac{6}{133}$斛。

原文

〔五〕今有粟七斗，三人分舂之，一人为粝米，一人为粺米，一人为糳米，令米数等。问取粟为米各几何？

答曰：粝米取粟二斗一百二十一分斗之一十。

粺米取粟二斗一百二十一分斗之三十八 。糳米取粟二斗一百二十一分斗之七十三 。为米各一斗六百五分斗之一百五十一。

术曰：列置粝米三十，粺米二十七，糳米二十四，而反衰之，副并为法。以七斗乘未并者，各自为取粟实。实如法得一斗。若求米等者，以本率各乘定所取粟为实，以粟率五十为法，实如法得一斗。

□ **银贝币　战国**

战国时期中山国货币出土于1974年，共5枚，完整仅4枚，贝为磨背式，背面中空，正面有齿槽。体形较大，每枚重约14克。图为中山国的货币，银质，仿海贝，流通范围很小。

译文

〔五〕今有粟7斗，三人分而舂之，一人舂成粝米，一人舂成粺米，一人舂成糳米，要使加工出来的米数相等，问应取粟多少，加工后相等的米数是多少？

答：加工各种米所取粟量分别是：舂成粝米用粟$2\frac{10}{121}$斗，舂成粺米用粟$2\frac{38}{121}$斗，舂成糳米用粟$2\frac{73}{121}$斗。加工后得米各为$1\frac{151}{605}$斗。

算法：将粝米比数30、粺米比数27、糳米比数24排成一列，而用反比数计算。另将各反比数相加作除数。用今有粟7斗乘以未曾相加的诸反比数，各自作所求粟的被除数。除数除被除数，便得所求粟的斗数。若求加工后相等的米数，用原来比数各自乘以已算好的取粟数作被除数，以粟的比数50为除数，除数除被除数即得米之斗数。

译解（"术解"与译解相同）

由〔卷第二〕知：粟：粝米 = 50 : 30，粟：粺米 = 50 : 27，粟：糳米 = 50 : 24；

粝米率为30，粺米率为27，糳米率为24。

约简后分别为10、9、8，反比数为 $\frac{1}{10} : \frac{1}{9} : \frac{1}{8}$；

反比相加为 $\frac{1}{10} + \frac{1}{9} + \frac{1}{8} = \frac{121}{360}$（作除数）。

加工成粝米应取粟：$\left(7 \times \frac{1}{10}\right) \div \frac{121}{360} = \frac{7}{10} \times \frac{360}{121} = 2\frac{10}{121}$；

加工成粺米应取粟：$\left(7 \times \frac{1}{9}\right) \div \frac{121}{360} = 2\frac{38}{121}$；

加工成糳米应取粟：$\left(7 \times \frac{1}{8}\right) \div \frac{121}{360} = 2\frac{73}{121}$。

加工后相等的米数，以加工成粝米为例说明计算过程（等米数 = 本率×各米用粟÷粟率）。

等米数为：$30 \times 2\frac{10}{121} \div 50 = \frac{756}{605} = 1\frac{151}{605}$。

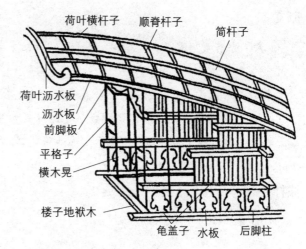

荷叶横杆子　顺脊杆子　筒杆子
荷叶沥水板
沥水板
前脚板
平格子
横木晃
楼子地栿木
龟盖子　水板　后脚柱

□ **五明坐车子结构图**

五明有两层意思：一是取佛经的五明说，即大五明（声明、工巧明、医方明、因明、内明）、小五明（修辞、辞藻、韵律、戏剧、星象）。此五明，又名五明处，指的是佛教传教中要求教徒需要掌握的各种学问，这说明五明坐车子是有一定身份地位或有学问的人才能乘坐的。二是因为五明坐车子的车厢两侧各绘饰有五朵如意云纹，故称五明。

原文

〔六〕今有人当禀[1]粟二斛。仓无粟,欲与米一、菽二,以当所禀粟。问各几何?

答曰:米五斗一升七分升之三。菽一斛二升七分升之六。

术曰:置米一、菽二求为粟之数。并之得三九分之八,以为法。亦置米一、菽二,而以粟二斛乘之,各自为实。实如法得一斛。

注释:

〔1〕禀(lǐn):领取。

译文

〔六〕今有人当领粟2斛。仓库里无粟,想发给粝米1份,大豆2份,以充当所领粟,问应发粝米、大豆各多少?

答:发给粝米5斗1$\frac{3}{7}$升,发给大豆1斛2$\frac{6}{7}$升。

算法:将粝米1份、大豆2份都换算成粟之数,二者相加得3$\frac{8}{9}$,作为除数。又将粝米1份,大豆2份各以粟2斛相乘,所得各自作为被除数。除数除被除数即得所求的斛数。

译解(“术解”与译解相同)

由卷第二知:粟:粝米 = 50:30;粟:菽 = 50:45。

将1份粝米、2份大豆换算成粟之数:$1 \times \frac{50}{30} = \frac{5}{3}$; $2 \times \frac{50}{45} = \frac{20}{9}$。

二者相加:$\frac{5}{3} + \frac{20}{9} = 3\frac{8}{9}$,则

应发粝米数为:$2斛 \times 1 \div 3\frac{8}{9} = 5斗1\frac{3}{7}升$;应发大豆数为:$2斛 \times 2 \div 3\frac{8}{9} = 1斛2\frac{6}{7}升$。

原文

〔七〕今有取佣负盐二斛,行一百里,与钱四十。今负盐一斛七斗三升少半升,行八十里。问与钱几何?

答曰：二十七钱十五分钱之十一。

术曰：置盐二斛升数，以一百里乘之为法。以四十钱乘今负盐升数，又以八十里乘之，为实。实如法得一钱。

译文

〔七〕雇人背盐2斛，走100里路，给钱40。今背盐1斛7斗$3\frac{1}{3}$升，走80里路。问当给多少钱？

答：当给钱$27\frac{11}{15}$钱。

算法：将盐2斛化为升数乘以100里作除数，以40钱乘背盐升数，再乘以80里作被除数。除数除被除数得结果的钱数。

□ 腰机 明代

原始织布机——腰机，产生于新石器时代早期，这种织机主要依靠腰部、臀部力量的配合作麻、葛及棉织品。图为明代织工用腰机织布的场景。

译解（"术解"与译解相同）

所得钱数为：

$$\frac{40钱 \times 今背盐升数 \times 80里}{盐2斛（折成升）\times 100里} = \frac{40钱 \times 1斛7斗3\frac{1}{3}升（折成升）\times 80里}{2斛（折成升）\times 100里} =$$

$$\frac{40 \times 173\frac{1}{3} \times 80}{200 \times 100}钱 = 27\frac{11}{15}钱。$$

原文

〔八〕今有负笼重一石一十七斤，行七十六步，五十返[1]。今负笼重一石，行百步，问返几何？

答曰：四十三返六十分返之二十三。

术曰：以今所行步数乘今笼重斤数为法，故笼重斤数乘故步，又以返数乘之，为实。实如法得一返。

□ 大小尺

为恢复生产和繁荣经济，隋朝下令统一货币和度量衡。当时的度量衡分大小制。尺度日常用大尺，长约29.5厘米；天文律则用小尺，长24.2厘米。该度量衡制度被唐、宋、元、明历代沿袭。

注释

〔1〕返：指往返的趟数。

译文

〔八〕若背笼重1石17斤，走76步，往还50趟；今背笼重1石，走100步。问往返趟数是多少？

答：往返趟数为：$43\frac{23}{60}$趟。

算法：用今背笼重所走的步数乘以今笼重作除数。以"故笼重"之斤数乘"故步"（即1石17斤×76步）。又用趟数（即50）相乘作被除数。除数除被除数，即得所求的趟数。

译解（"术解"与译解相同）

1石 = 120斤。

所求趟数为：$\dfrac{1石17斤 \times 76步 \times 50趟}{1石 \times 100步} = \dfrac{137斤 \times 76步 \times 50趟}{120斤 \times 100步} = 43\frac{23}{60}趟$。

原文

〔九〕今有程传委输[1]，空车日行七十里，重车日行五十里。今载太仓粟输上林，五日三返。问太仓去上林几何？

答曰：四十八里十八分里之十一。

术曰：并空、重里数，以三返乘之，为法。令空、重相乘，又以五日乘之，为实。实如法得一里。

注释

〔1〕程传委输：驿站受托运粮。程传：驿站。委：托付。

译文

〔九〕今有驿站受托运粮，空车日行70里，重车日行50里。现将太仓之粟运到上林苑，5天往返3趟。问太仓到上林苑的距离是多少？

答：相距 $48\frac{11}{18}$ 里。

算法：空车每日所行里数与重车每日所行里数相加，用3趟相乘作除数，以空车每日所行里数与重车每日所行里数相乘，再乘以5日作被除数。除数除被除数得所求的里数。

译解（"术解"与译解相同）

每一趟所用日数为：$\frac{1}{70}+\frac{1}{50}$，

所求距离为：$\left[5\div\left(\frac{1}{70}+\frac{1}{50}\right)\right]\div3=\dfrac{70里\times50里\times5}{(70+50)里\times3}=48\frac{11}{18}里$。

原文

〔一〇〕今有络丝[1]一斤为练丝[2]一十二两，练丝一斤为青丝[3]一斤十二铢。今有青丝一斤，问本络丝几何？

答曰：一斤四两一十六铢三十三分铢之十六。

术曰：以练丝十二两乘青丝一斤一十二铢为法。以青丝一斤铢数乘练丝一斤两数，又以络丝一斤乘之，为实。实如法得一斤。

注释

〔1〕络丝：生丝。

□ **王莽方斗　新莽时期**

王莽方斗铸造于王莽始建国元年（公元9年），为正方形，有短柄，容积1 940毫升。斗口上横刻铭文，外壁漆画黍、麦、豆、禾和麻纹。从铭文可知，此斗以16.2立方寸为一升，这与秦商鞅方升16.2立方寸为一升相合，说明自秦统一中国后，在一段时间内度量衡制处于稳定状态。

〔2〕练丝：熟丝。

〔3〕青丝：黑丝。

译文

〔一〇〕若络丝1斤可做成练丝12两，练丝1斤可做成青丝1斤12铢。今有青丝1斤，问原本的络丝是多少？

答：1斤4两16$\frac{16}{33}$铢。

算法：用练丝12两乘青丝1斤12铢作除数；用练丝1斤所包含的铢数乘络丝1斤所含的两数，再乘以青丝1斤作被除数。除数除被除数得结果的斤数。

译解（"术解"与译解相同）

1斤=16两，1两=24铢。

$$\frac{络丝}{练丝}=\frac{1斤}{12两}；\frac{练丝}{青丝}=\frac{1斤}{1斤12铢}；$$

所求原本的络丝为：

$$\frac{1斤（络丝）\times1斤（练丝）\times1斤（青丝）}{12两（练丝）\times1斤12铢（青丝）}=\frac{16\times24铢\times16两\times1斤}{12两\times1斤12铢}=1斤4两16\frac{16}{33}铢。$$

原文

〔一一〕今有恶粟[1]二十斗，舂之，得粝米九斗。今欲求粺米十斗，问恶粟几何？

答曰：二十四斗六升八十一分升之七十四。

术曰：置粝米九斗，以九乘之，为法。亦置粺米十斗，以十乘之，又以恶粟二十斗乘之，为实。实如法得一斗。

注释

〔1〕恶粟：劣等粟。

译文

〔一一〕若有劣等粟20斗，春捣加工，得粝米9斗。今求粺米10斗，问要多少劣等粟？

答：要劣等粟24斗6$\frac{74}{81}$升。

算法：将粝米9斗乘以9，作除数；另将粺米10斗乘以10，再乘以劣等粟20斗作被除数。除数除被除数得结果的斗数。

译解（"术解"与译解相同）

粺米：粝米 = 30：27 = 10：9（参见卷第二相关部分），

加工1斗粝米用粟量为：$\frac{20}{9}$；

所求劣等粟数为：$\frac{10斗 \times 10 \times 20斗数}{9斗 \times 9} = 24斗6\frac{74}{81}$升。

原文

〔一二〕今有善行者行一百步，不善行者行六十步。今不善行者先行一百步，善行者追之，问几何步及之？

答曰：二百五十步。

术曰：置善行者一百步，减不善行者六十步，余四十步，以为法。以善行者之一百步，乘不善行者先行一百步，为实。实如法得一步。

译文

〔一二〕若善行者走100步，不善行者只走60步。今不善行者先走100步，善行者追赶。问要走多少步才能追到？

答：走250步才能追到。

算法：将善行者100步减去不善行者60步，余数40步作除数。以善行者的100步乘不善行者先走的100步作被除数。除数除被除数得所求的步数。

译解（"术解"与译解相同）

设善行者要走 x 步才能追上不善行者，

则 $100:(100-60)=x:100$，$x=\dfrac{100步\times100步}{(100-60)步}=250步$。

原文

〔一三〕今有不善行者先行一十里，善行者追之一百里，先至不善行者二十里。问善行者几何里及之？

答曰：三十三里少半里。

术曰：置不善行者先行一十里，以善行者先至二十里增之，以为法。以不善行者先行一十里，乘善行者一百里，为实。实如法得一里。

译文

〔一三〕今有不善行者先走10里，善行者追之，走100里时，超过了不善行者20里。问善行者走多少里时就赶上了不善行者？

答：走了 $33\dfrac{1}{3}$ 里。

算法：将不善行者先走的10里加上善行者超过的20里作为除数；用不善行者先走的10里乘以善行者所行的100里，作被除数；除数除被除数得所求的里数。

译解（"术解"与译解相同）

设善行者走 x 里时就追上了不善行者里，

则 $\dfrac{10+20}{100}=\dfrac{10}{x}$，$x=\dfrac{10里\times100里}{(10+20)里}=33\dfrac{1}{3}里$。

原文

〔一四〕今有兔先走一百步，犬追之二百五十步，不及三十步而止。问犬不止，复行几何步及之？

答曰：一百七步七分步之一。

术曰：置兔先走一百步，以犬走不及三十步减之，余为法。以不及三十步乘犬追步数为实，实如法得一步。

译文

〔一四〕今有兔先跑100步，狗追到250步时，差30步停下了。问狗不停下来，再走几步能追上兔？

答：再走$107\frac{1}{7}$步。

算法：将兔先跑的100步减去狗所差的30步，余数作除数。用所差的30步乘以狗追的步数作被除数，除数除被除数得所求步数。

译解（"术解"与译解相同）

设狗再走 x 步就追上了兔，则$\frac{x}{30} = \frac{250}{100-30}$，$x = \frac{30步 \times 250步}{(100-30)步} = 107\frac{1}{7}$步。

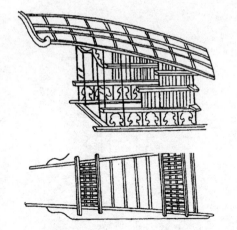

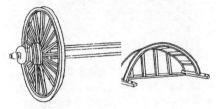

□ **五明坐车子局部结构图**

从五明坐车子的形制特征看，它可能源于辽时北方常见的奚车，奚车传为北方奚人造的大车，誉称"奚车"。元时，奚车也叫驼车，曾是官吏的专用车。五明坐车子、驼车、奚车的形制大同小异。

原文

〔一五〕今有人持金十二斤出关。关税之，十分而取一。今关取金二斤，偿钱五千。问金一斤值钱几何？

答曰：六千二百五十钱。

术曰：以一十乘二斤，以十二斤减之，余为法。以一十乘五千为实。实如法得一钱。

译文

〔一五〕今有人持金12斤出关，关卡收税，取其$\frac{1}{10}$。现关收税金2斤，偿还5 000钱。问金1斤值多少钱？

答：值6 250钱。

算法：用10乘以2斤减去12斤，余数作除数。以10乘以5 000作被除数。除数

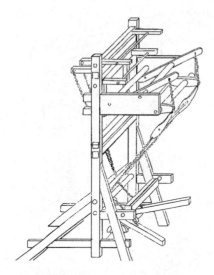

□ **立机子的复原图**

立机子的形象在甘肃敦煌莫高窟的五代时期壁画《华严经变》中就已经出现。此后，山西高平开化寺北宋壁画，南京博物馆藏明代仇英的《蚕宫图》中也有立机图，但最详尽的记载和描绘则出于《梓人遗制》，书中提及立机子构件约29种。

除被除数得所值钱数。

译解（"术解"与译解相同）

设金1斤值 x 钱，则（$20x - 12x$）÷ 10 = 5000，$x = \dfrac{5\,000 \times 10}{[(10 \times 2) - 12]}$ 钱 = 6 250钱。

原文

〔一六〕今有客马日行三百里。客去忘持衣，日已三分之一，主人乃觉。持衣追及与之而还，至家视日四分之三。问主人马不休，日行几何？

答曰：七百八十里。

术曰：置四分日之三，除[1]三分日之一，半其余以为法。副置法，增三分日之一，以三百里乘之，为实。实如法，得主人马一日行。

注释

〔1〕除：此为"减去"之意。

译文

〔一六〕今有客人骑马日行300里。客人离去时忘了拿衣服，时日已过 $\dfrac{1}{3}$ 时，主人才发觉。拿上衣服追上给客人而后回家，回家看时日已 $\dfrac{3}{4}$ 。问主人马不停蹄，一日能走多少里路？

答：780里。

算法：将日数 $\dfrac{3}{4}$ ，减去日数 $\dfrac{1}{3}$ ，余数除以2作除数；另将除数加 $\dfrac{1}{3}$ 日，乘以里数300，作为被除数。除数除被除数得所求的里数。

译解（"术解"与译解相同）

设主人马一日能行 x 里，则主人马单程所用时间为：$\left(\dfrac{3}{4}-\dfrac{1}{3}\right)\div 2$，客人马单程所用时间为：$\dfrac{1}{3}+\left[\left(\dfrac{3}{4}-\dfrac{1}{3}\right)\div 2\right]$；

$$x : 300 = \left\{\dfrac{1}{3}+\left[\left(\dfrac{3}{4}-\dfrac{1}{3}\right)\div 2\right]\right\} : \left[\left(\dfrac{3}{4}-\dfrac{1}{3}\right)\div 2\right],$$

$$x = \dfrac{300\times\left[\left(\dfrac{3}{4}-\dfrac{1}{3}\div 2\right)\right]}{\left(\dfrac{3}{4}-\dfrac{1}{3}\right)\div 2}\ 里 = 780\ 里。$$

原文

〔一七〕今有金箠[1]，长五尺。斩本[2]一尺，重四斤。斩末一尺，重二斤。问次一尺各重几何？

答曰：末一尺，重二斤。

次一尺，重二斤八两。

次一尺，重三斤。

次一尺，重三斤八两。

次一尺，重四斤。

术曰：令末重减本重，余即差率也。又置本重，以四间[3]乘之，为下第一衰。副置，以差率减之，每尺各自为衰。副置下第一衰以为法，以本重四斤遍乘列衰，各自为实。实如法得一斤。

注释

〔1〕箠：杖、棍。

〔2〕本：本意为树根，此指类似树根较重的一端。

〔3〕四间：四个间段处，将一杖截成五段，中间有四个间段处。

译文

〔一七〕今有金杖长5尺；截本端一尺，重4斤；截末端一尺，重2斤。问依次每一尺各重多少？

答：从末至本，依次每尺重为：2斤、2斤8两、3斤、3斤8两、4斤。

算法：使"末重"（2斤）去减"本重"（4斤）余数即为"差率"。又取"本重"用"间数"4相乘，作为下方的第一个比数。又将此比数，以差率去减，每减一次所得尺数各自作为比数。另将下方第一个比数作为除数；用"本重"4斤遍乘各比数，各自作被除数。用除数去除被除数，即得所求的斤数。

译解

设等差数列$a_1 = 2$，$a_5 = 4$，$n = 5$，公差为d。

由$a_5 = a_1 + (5-1)d$，得$d = \frac{1}{2}$斤，又1斤=16两，故$a_2 = 2$斤$+ \frac{1}{2}$斤$= 2\frac{1}{2}$斤$=$2斤8两，$a_3 = 2\frac{1}{2}$斤$+ \frac{1}{2}$斤$= 3$斤，$a_4 = 3$斤$+ \frac{1}{2}$斤$= 3\frac{1}{2}$斤$= 3$斤8两。

术解

"术曰"所显示的解法与译解不同，根据"术曰"解题步骤如下：

差率：本重 − 末重 = 4 − 2 = 2，

下第一衰：本重 × 四间 = 4 × 4 = 16，以差率减之，每尺各自为衰：16 − 2 = 14（下第二衰），14 − 2 = 12（下第三衰），12 − 2 = 10（下第四衰），10 − 2 = 8（末衰），副置下第一衰以为法……实如法得一斤：

末重：8 × 4斤 ÷ 16 = 2斤，次重：10 × 4斤 ÷ 16 = 2斤8两，

次重：12 × 4斤 ÷ 16 = 3斤，次重：14 × 4斤 ÷ 16 = 3斤8两，

本重：16 × 4斤 ÷ 16 = 4斤。

原文

〔一八〕今有五人分五钱，令上二人所得与下三人等。问各得几何？

答曰：甲得一钱六分钱之二，乙得一钱六分钱之一，丙得一钱，丁得六分钱之五，戊得六分钱之四。

术曰：置钱锥行衰[1]，并上二人为九，并下三人为六。六少于九，三。以三均加焉，副并为法。以所分钱乘未并者各自为实。实如法得一钱。

注释

〔1〕锥行衰：即"锥形衰"。李籍《九章算术音义》："下多上少，如立锥之形也"即是以5，4，3，2，1为列衰；衰：按一定标准递减。

译文

〔一八〕今有5人分5钱，要使上面2人所得与下面3人所得相等，问各得多少钱？

答：甲得$1\frac{2}{6}$钱；乙得$1\frac{1}{6}$钱；丙得1钱；丁得$\frac{5}{6}$钱；戊得$\frac{4}{6}$钱。

算法：将钱数的比率取为"锥行衰"，将上面2人的衰数相加得9，将下面3人衰数相加得6，6小于9，其差数为3。用3相加于各衰数，将所得相加作除数。用所分的钱数5乘以未相加的数，各自作被除数。除数除被除数得所求的钱数。

□ 鲁班

鲁班是春秋时期鲁国人，又称公输子。他是中国民间工匠传说的重要人物，也是土木工匠的始祖。他大约与先秦思想家、设计家墨子生活在同一时代，在《墨子》一书的《鲁问》《公输》篇章中多有鲁班的记载。

译解

按等差数列解题，设自上至下的5人所得分别为a_1、a_2、a_3、a_4、a_5，公差为d。

$$\begin{cases} a_1 + a_2 = a_3 + a_4 + a_5 \\ a_1 + a_2 + a_3 + a_4 + a_5 = 5 \end{cases} \Rightarrow \begin{cases} 2a_1 - d = 3a_1 - 9d \\ 5a_1 - 10d = 5 \end{cases}$$

解得$a_1 = 1\frac{2}{6}$，$d = \frac{1}{6}$。

于是甲（a_1）得$1\frac{2}{6}$钱，乙（a_2）得$1\frac{1}{6}$钱，丙（a_3）得1钱，丁（a_4）得$\frac{5}{6}$钱，戊（a_5）得$\frac{4}{6}$钱。

术解（解题方法与"译解"有所不同）

〔1〕由等差数列5、4、3、2、1知$5 + 4 = 9$，$3 + 2 + 1 = 6$，$9 - 6 = 3$。

〔2〕以3均加焉：$5 + 3 = 8$，$4 + 3 = 7$，$3 + 3 = 6$，$2 + 3 = 5$，$1 + 3 = 4$；副并为法：$8 + 7 + 6 + 5 + 4 = 30$作除数。

□《四元玉鉴》书影　朱世杰　元代

《四元玉鉴》由元代数学家朱世杰所著。全书3卷，分24门，共288题，用天元术或四元术解答。书中讨论了高次方程组的解法、高阶等差级数求和、高次内插法等重要问题。

各分得钱数为：所分5钱 × 各自末并者（8、7、6、5、4）÷ 30；

甲得 $\frac{5钱 \times 8}{30} = 1\frac{2}{6}$钱，乙得 $\frac{5钱 \times 7}{30} = 1\frac{1}{6}$钱，丙得 $\frac{5钱 \times 6}{30} = 1$钱，丁得 $\frac{5钱 \times 5}{30} = \frac{5}{6}$钱，戊得 $\frac{5钱 \times 4}{30} = \frac{4}{6}$钱。

原文

〔一九〕今有竹九节，下三节容量四升，上四节容量三升。问中间二节欲均容[1]各多少？

答曰：下初一升六十六分升之二十九，次一升六十六分升之二十二，次一升六十六分升之一十五，次一升六十六分升之八，次一升六十六分升之一，次六十六分升之六十，次六十六分升之五十三，次六十六分升之四十六，次六十六分升之三十九。

术曰：以下三节分四升为下率，以上四节分三升为上率。上下率以少减多，余为实。置四节、三节，各半之，以减九节，余为法。实如法得一升，即衰相去[2]也。下率，一升少半升者，下第二节容也。

注释

〔1〕欲均容：使容量变化均匀，即由下往上均匀变细。

〔2〕衰相去：即列衰的公差。

译文

〔一九〕今有竹9节，下3节容量4升，上4节容量3升。问使中间两节也均匀变化，每节容量是多少？

答：从下部算起的各节容量为：

第1节为$1\frac{29}{66}$升，次1节为$1\frac{22}{66}$升，次1节为$1\frac{15}{66}$升，次1节为$1\frac{8}{66}$升，次1节为$1\frac{1}{66}$升，次1节为$\frac{60}{66}$升，次1节为$\frac{53}{66}$升，次1节为$\frac{46}{66}$升，次1节为$\frac{39}{66}$升。

算法：以下3节分摊4升即$\frac{3}{4}$为下率，以上4节分摊3升即$\frac{4}{3}$为上率，用上下率的少者去减多者，余数作被除数。将节数4、节数3各用2除，（所得之和）减去节数9，余数作除数，除数除被除数所得结果，即为列衰的公差。下率$1\frac{1}{3}$升，为下部第2节容量。

译解

按等差数列解题，设最下节的容量为a_1，公差为d。

$$\begin{cases} a_1 + a_2 + a_3 = 4 \\ a_9 + a_8 + a_7 + a_6 = 3 \end{cases} \Longrightarrow \begin{cases} 3a_1 - 3d = 4 \\ 4a_1 - 26d = 3 \end{cases},$$

解得$d = \frac{22}{66}$升，$a_1 = 1\frac{29}{66}$升，$a_2 = 1\frac{22}{66}$升，$a_3 = 1\frac{15}{66}$升，$a_4 = 1\frac{8}{66}$升，$a_5 = 1\frac{1}{66}$升，$a_6 = \frac{60}{66}$升，$a_7 = \frac{53}{66}$升，$a_8 = \frac{46}{66}$升，$a_9 = \frac{39}{66}$升。

术解（运算过程与"译解"不同）

〔1〕下率$= \frac{4}{3}$，上率$= \frac{4}{3}$，上下率以少减多，余为实：$\frac{4}{3} - \frac{3}{4} = \frac{7}{12}$作被除数。

〔2〕置4节……余为法：$9 - \left(\frac{4}{2} + \frac{3}{2}\right) = 5\frac{1}{2}$作除数。

〔3〕实如法得一升，即衰相去也：$\frac{7}{12} \div 5\frac{1}{2} = \frac{7}{66}$，为公差。

〔4〕下率，……下第二节容也：

下率$1\frac{1}{3}$升为从下面数起第2节的容量。既知公差，又知第2节容量，则其余各节容量易知。不赘述结果。

原文

〔二〇〕今有凫[1]起南海，七日至北海；雁起北海，九日至南海。今凫雁俱起。问何日相逢？

□ **五子花卉木尺 宋代**

经研究证实，宋之前的尺度多在30.8～31.7厘米之间。北宋尺的实物，长短虽不齐，却也多在31～32厘米之间。今考定为31.4厘米。南宋官尺沿用北宋，只有一些特殊的地方用尺出现长短不一的现象。

答曰：三日十六分日之十五。

术曰：并日数为法，日数相乘为实，实如法得一日。

注释

〔1〕凫（fú）：野鸭子。

译文

〔二〇〕今有野鸭从南海起飞，7日到北海；大雁从北海起飞，9日到南海。现野鸭大雁同时起飞。问经过多少日相逢？

答：$3\frac{15}{16}$日相逢。

算法：将日数相加作除数，日数相乘作被除数。除数除被除数得结果的日数。

译解（"术解"与译解相同）

$$\left[1\div\left(\frac{1}{7}+\frac{1}{9}\right)\right]\text{日}=\left[1\div\left(\frac{7+9}{7\times9}\right)\right]\text{日}=\frac{7\times9}{7+9}\text{日}=3\frac{15}{16}\text{日}。$$

原文

〔二一〕今有甲发长安，五日至齐；乙发齐，七日至长安。今乙发已先二日，甲乃发长安。问几何日相逢？

答曰：二日十二分日之一。

术曰：并五日、七日以为法。以乙先发二日减七日，余，以乘甲日数为实。实如法得一日。

译文

〔二一〕今有甲从长安出发，5日到齐国；乙从齐国出发，7日到长安。现乙先出发2日，甲才从长安出发。问甲乙经过多少日相逢？

答：经$2\frac{1}{12}$日相逢。

算法：将5日、7日相加作除数。用乙先出发日数2去减日数7，余数乘以甲之日数（5日）作被除数。除数除被除数即得所求的日数。

译解（"术解"与译解相同）

乙先走2日，所余路程为：$1-2\times\frac{1}{7}=\frac{7-2}{7}$；

$$\frac{7-2}{7}\div\left(\frac{1}{5}+\frac{1}{7}\right)日=\frac{7-2}{7}\times\frac{5\times7}{7+5}日=\frac{(7-2)\times5}{7+5}日=2\frac{1}{12}日。$$

原文

〔二二〕今有一人一日为牡瓦[1]三十八枚，一人一日为牝瓦[2]七十六枚。今令一人一日作瓦，牝、牡相半，问成瓦几何？

答曰：二十五枚少半枚。

术曰：并牝、牡为法，牝牡相乘为实，实如法得一枚。

注释

〔1〕牡（mǔ）瓦：公瓦或阳瓦，背面朝上而覆盖于牝瓦之上者。

〔2〕牝（pìn）瓦：母瓦或阴瓦，仰面向上放置于下者，牡瓦、牝瓦常相配放置。

译文

〔二二〕今有1人1日制牡瓦38枚，1人1日制牝瓦76枚。现让1人1日制瓦，牡瓦、牝瓦各占一半，问制成牡瓦、牝瓦各多少？

答：制牝瓦、牡瓦各为$25\frac{1}{3}$枚。

算法：将牝瓦、牡瓦之数相加作除数；牝瓦和牡瓦之数相乘作被除数。除数除被除数即得结果瓦的枚数。

译解（"术解"与译解相同）

$$1 \div \left(\frac{1}{38} + \frac{1}{76} \right) 枚 = 1 \div \frac{38+76}{38 \times 76} 枚 = \frac{38 \times 76}{38+76} 枚 = 25\frac{1}{3} 枚。$$

原文

〔二三〕今有一人一日矫矢[1]五十，一人一日羽矢[2]三十，一人一日筈矢[3]十五。今令一人一日自矫、羽、筈，问成矢几何？

答曰：八矢少半矢。

术曰：矫矢五十，用徒一人。羽矢五十，用徒一人太半人。筈矢五十，用徒三人少半人。并之，得六人，以为法。以五十矢为实。实如法得一矢。

□ **长安城**

"长安"的意为长治久安。汉高帝五年（公元前202年）置县，七年定都于此。此后，西汉、东汉（献帝初）、西晋（愍帝）、前赵、前秦、后秦、西魏、北周、隋、唐皆定都于长安，隋唐时这里更是政治、经济、文化交流的中心。图中连沿街叫卖的小贩因频繁的商品交易都能快速地进行价格计算。

注释

〔1〕矫矢：矫正箭竿。

〔2〕羽矢：安装箭羽。

〔3〕筈（kuò）矢：安装箭筈。筈：箭的末端，射时搭在弓弦上的部分。

译文

〔二三〕今有1人1日矫正箭竿50支，插箭羽30支，安装箭筈15支。现令1人1日自矫、自插、自安装，可制成几支箭？

答：$8\frac{1}{3}$支。

算法：矫正箭竿50支，用劳工1人；插箭羽50支，用劳工$1\frac{2}{3}$人；安装箭筈50支，用劳工$3\frac{1}{3}$人；将劳工人数相加，得人数6，作为除数。以矢数50作被除数。除数除被除数得制成的箭数。

译解

$$1 \div \left(\frac{1}{50} + \frac{1}{30} + \frac{1}{15} \right) 支 = 8\frac{1}{3}支。$$

术解

根据题设条件，若一日矫正箭竿50支，需用$\frac{50}{50}$人=1人；一日插箭羽30支，需用$\frac{50}{30}$人=$1\frac{2}{3}$人；一日安装箭筈50，需用$\frac{50}{15}$人=$3\frac{1}{3}$人。

故成矢50，共需（$1+1\frac{2}{3}+3\frac{1}{3}$）人=6人做1日工。亦可看作是1人1日做$\frac{50}{6}$支，即$8\frac{1}{3}$支。

原文

〔二四〕今有假田[1]，初假之岁三亩一钱，明年四亩一钱，后年五亩一钱。凡三岁得一百，问田几何？

答曰：一顷二十七亩四十七分亩之三十一。

术曰：置亩数及钱数，令亩数互乘钱数，并以为法。亩数相乘，又以百钱乘之，为实。实如法得一亩。

□ 连机碓

连机碓是以水为动力的一种谷物加工工具。元代王祯在《农书·农器图谱·机碓》中形容它说："今人造作水轮，轮轴长可数尺，列贯横木，相交如枪之制作。水激轮转，则轴间横木，间打所排碓梢，一起一落舂之，即连机碓也。"这是说连机碓在工作时，以一个大型的立式水轮带动装在轮轴上的一排互相错开的拨板，拨板拨动碓杆，从而使几个碓头间断地相继舂米。

注释

〔1〕假田：租赁的田亩。

译文

〔二四〕今有租赁田亩，出租头一年，3亩收地租1钱；第2年，4亩收地租1钱；第3年，5亩收地租1钱。3年收得地租100钱。问有多少租赁田亩？

答：有1顷27$\frac{31}{47}$亩。

算法：列置田亩数及钱数，使田亩数与钱数交互相乘，所得之数相加作除数；亩数相乘又用100钱去乘，作被除数。除数除被除数得租货田的亩数。

译解（"术解"与译解相同）

$$100 \div \left(\frac{1}{3} + \frac{1}{4} + \frac{1}{5}\right)亩 = 100 \div \frac{4 \times 5 + 3 \times 5 + 3 \times 4}{3 \times 4 \times 5}亩 = \frac{100 \times 3 \times 4 \times 5}{4 \times 5 + 3 \times 5 + 3 \times 4}亩 =$$

$$127\frac{31}{47}亩 = 1顷27\frac{31}{47}亩。$$

原文

〔二五〕今有程耕，一人一日发[1]七亩，一人一日耕三亩，一人一日耰种[2]五亩。今令一人一日自发、耕、耰种之，问治田几何？

答曰：一亩一百一十四步七十一分步之六十六。

术曰：置发、耕、耰亩数，令互乘人数，并以为法。亩数相乘为实。实如法得一亩。

注释

〔1〕发：即发地翻地。

〔2〕耰（yǒu）种：原意是用农具平土，掩盖种子，此处指平地。耰：一种形如榔头的农具，主要用于击碎土块，平整土地。

译文

〔二五〕今按规章耕种：一人一日可翻地7亩，一人一日可耕地3亩；一人一日平地5亩。现令一人一日独自完成翻、耕、平地三项劳动。问可整治多少田亩？

答：可整治田1亩$114\frac{66}{71}$平方步。

算法：列置翻地、耕地、平地亩数，使与人数互乘，将所得之数相加作除数；将亩数相乘作被除数。除数除被除数得整治田的亩数。

译解（"术解"与译解相同）

$$1 \div \left(\frac{1}{7} + \frac{1}{3} + \frac{1}{5}\right)亩 = 1 \div \frac{3 \times 5 + 7 \times 5 + 7 \times 3}{7 \times 3 \times 5}亩 = \frac{7 \times 3 \times 5}{3 \times 5 + 7 \times 5 + 7 \times 3}亩 = 1亩114\frac{66}{71}平$$

方步。

原文

〔二六〕今有池，五渠注之。其一渠开之，少半日一满；次，一日一满；次，二日半一满；次，三日一满；次，五日一满。今皆决之，问几何日满池？

答曰：七十四分日之十五。

术曰：各置渠一日满池之数，并以为法。以一日为实。实如法得一日。其一术，列置日数及满数，令日互相乘满，并以为法，日数相乘为实，实如法得一日。

译文

〔二六〕今有一水池，有5条水渠流入池中。单渠注水，第一条渠 $\frac{1}{3}$ 日注满水池；第二条渠，1天注满水池；第三条渠，$2\frac{1}{2}$ 日注满水池；第四条渠，3日注满水池；第五条渠，5天注满水池。现5条渠全都开渠注水，问多少日注满水池？

答：需要 $\frac{15}{74}$ 日。

算法：将各渠1日注满水池之数，相加作除数；以1日作被除数；除数除被除数的结果得注满日数。

另算一法：列出日数及满数，使日数与满数交互相乘，所得结果相加作除数；日数相乘作被除数；除数除被除数得结果的日数。

译解

$$1 \div \left(3 + 1 + \frac{2}{5} + \frac{1}{3} + \frac{1}{5} \right) 日 = \frac{15}{74}日。$$

术解（两种算法）：

算法一：

一日满池之数为：$\dfrac{1}{\frac{1}{3}}$，$\dfrac{1}{1}$，$\dfrac{1}{\frac{5}{2}}$，$\dfrac{1}{3}$，$\dfrac{1}{5}$；

五渠全开注水日数为：$1 \div \left(\dfrac{1}{\frac{1}{3}} + 1 + \dfrac{1}{\frac{5}{2}} + \dfrac{1}{3} + \dfrac{1}{5} \right) = \dfrac{15}{74}日。$

算法二：

列出日数及满数。

日数：1，1，5，3，5；

满数：3，1，2，1，1。

（说明：第1渠日满池3次；第2渠为1日满池1次；第3渠5日满2次；第4渠3日满1次，第5渠是5日满1次。）

日数相乘为实：$1 \times 1 \times 5 \times 3 \times 5 = 75$日作被除数。

令日互相乘满，并以为法：若5渠分别开放注水，则75日每渠各为75×3满，75×1满，$75 \times \frac{2}{5}$满，$75 \times \frac{1}{3}$满，$75 \times \frac{1}{5}$满（请参考括号中的说明文字），也即75日共$75 \times 3 + 75 \times 1 + 75 \times \frac{2}{5} + 75 \times \frac{1}{3} + 75 \times \frac{1}{5} = 225 + 75 + 30 + 25 + 15 = 370$满。结果得$\frac{75}{370}$日，即$\frac{15}{74}$日。

原文

〔二七〕今有人持米出三关，外关三而取一，中关五而取一，内关七而取一，余米五斗。问本持米几何？

答曰：十斗九升八分升之三。

术曰：置米五斗。以所税者三之，五之，七之，为实。以余不税者二、四、六相乘为法[1]。实如法得一斗。

注释

〔1〕税者，不税者：当收税之数称"税者"，所税之余，称"不税者"，如本题"三而取一"，余为$3 - 1 = 2$；"五而取一"，余为$5 - 1 = 4$；"七而取一"，余为$7 - 1 = 6$。其中3、5、7称"税者"，2、4、6称

□ 华机子分件

图为华机子分件图释。

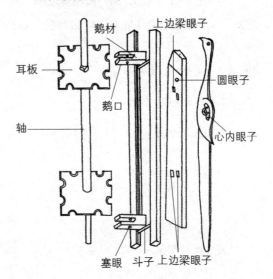

鹅材
上边梁眼子
耳板
圆眼子
鹅口
轴
心内眼子
塞眼 斗子 上边梁眼子

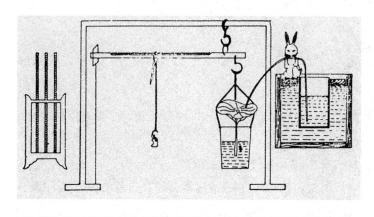

□ **秤漏**

秤漏是南北朝时期发明的一种特殊类型的漏刻。它通过漏水的重量和体积来计算时间，即"漏水一升，秤重一斤，时经一刻"，（一斤水对应一"古刻"，相当于今天的14.4分钟）计时的精度还可以随着秤的精度而提高。图为北魏道士李兰发明的秤漏。

"不税者"。

译文

〔二七〕今有人持米出三关，外关收税米，中关收税米 $\frac{1}{5}$，内关收税米 $\frac{1}{7}$。出三关后剩余之米为5斗。问原本持米多少？

答：10斗 $9\frac{3}{8}$ 升。

算法：将米斗数5，用"所税者之率"3，5，7连乘作被除数，用所余"不税者之率"2，4，6相乘作除数。除数除被除数即得结果的斗数。

译解（"术解"与译解相同）

由余米5斗知：

入内关前有米：$5 \div \left(1 - \frac{1}{7}\right)$ 斗 $= 5 \times \frac{7}{6}$ 斗。

入中关前有米：$\dfrac{5 \times \dfrac{7}{6}}{1 - \dfrac{1}{5}}$ 斗 $= 5 \times \dfrac{7}{6} \times \dfrac{5}{4}$ 斗。

入外关前有米：$\dfrac{5 \times \dfrac{7}{6} \times \dfrac{5}{4}}{1 - \dfrac{1}{3}} = 5 \times \dfrac{7}{6} \times \dfrac{5}{4} \times \dfrac{3}{2} = \dfrac{5 \times 7 \times 5 \times 3}{6 \times 4 \times 2} = 10$ 斗 $9\dfrac{3}{8}$ 升。

原文

〔二八〕今有人持金出五关，前关二而税一，次关三而税一，次关四而税一，次关五而税一，次关六而税一。并五关所税，适重一斤。问本持金几何。

答曰：一斤三两四铢五分铢之四。

术曰：置一斤，通所税者[1]以乘之为实。亦通其不税者[2]以减所通，余为法。实如法得一斤。

注释

〔1〕通所税者：谓将2、3、4、5、6相乘。

〔2〕通其不税者：谓将1、2、3、4、5相乘。

译文

〔二八〕今有人持金出五关，第1关收税金$\frac{1}{2}$，第2关收税金$\frac{1}{3}$，第3关收税金$\frac{1}{4}$，第4关收税金$\frac{1}{5}$，第5关收税金$\frac{1}{6}$。5关所收税金之和，恰好重1斤。问原本持金多少？

答：原本持金1斤3两$4\frac{4}{5}$铢。

算法：将斤数1乘以通其"所税者"之率作被除数；以通其"不税者"之率去减通其"所税者"之率的余数作除数。除数除被除数得结果的斤数。

译解

设这人原本持金重为x，各关所收税金：

第1关：$\frac{1}{2}x$；第2关：$\frac{1}{3}\times\left(1-\frac{1}{2}\right)x=\frac{1}{6}x$；第3关：$\frac{1}{4}\left(1-\frac{1}{2}-\frac{1}{6}\right)x=\frac{1}{12}x$；

第4关：$\frac{1}{5}\left(1-\frac{1}{2}-\frac{1}{6}-\frac{1}{12}\right)x=\frac{1}{20}x$；第5关：$\frac{1}{6}\left(1-\frac{1}{2}-\frac{1}{6}-\frac{1}{12}-\frac{1}{20}\right)x=\frac{1}{30}x$；

共收税金：$\left(\frac{1}{2}+\frac{1}{6}+\frac{1}{12}+\frac{1}{20}+\frac{1}{30}\right)x=1$，$x=\frac{6}{5}$斤$=1$斤3两$4\frac{4}{5}$铢。

术解

所税者：2，3，4，5，6；

不税者：$2-1$、$3-1$、$4-1$、$5-1$、$6-1$，即为1，2，3，4，5。

"置一斤，通所税者以乘之为实"：$1 \times 2 \times 3 \times 4 \times 5 \times 6 = 720$作被除数。

"亦通其不税者以减所通，余为法"：$1 \times 2 \times 3 \times 4 \times 5 = 120$作除数。

"实如法"得所求结果为$\dfrac{720}{120}$斤$= \dfrac{6}{5}$斤$= 1$斤3两$4\dfrac{4}{5}$铢。

按本题所设，此五关税率如下表：

税率＼关别	前关	次关	第三关	第四关	第五关
所税者之率	2	3	4	5	6
税者之率	1	1	1	1	1
不税者之率	1	2	3	4	5

按"持金出五关"题设之意，前关的"余金"，即为次关的"本金"。前关"不税者"即为次关的"所税者"，由此，"持金出五关"之问化归连锁比问题：

前关所税者：前关不税者（次关所税者）$= 2 : 1$；

次关所税者：次关不税者（三关所税者）$= 3 : 2$；

三关所税者：三关不税者（四关所税者）$= 4 : 3$；

四关所税者：四关不税者（五关所税者）$= 5 : 4$；

五关所税者：五关不税者（即余者）$= 6 : 5$。

图表为五关的税率。以前关为例，"2"为"所税者"之率，它代表所税者之本金；此数"1"为"税者"之率，它代表缴纳之税金；两者相减之余数$2-1 = 1$，称为"不税者"之率，它代表缴纳后之余金。

税率＼关别	前关	次关	第三关	第四关	第五关
所税者之率	$2 \times 3 \times 4 \times 5 \times 6$	$3 \times 1 \times 4 \times 5 \times 6$	$4 \times 2 \times 1 \times 5 \times 6$	$5 \times 3 \times 2 \times 1 \times 6$	$6 \times 4 \times 3 \times 2 \times 1$
不税者之率	$1 \times 3 \times 4 \times 5 \times 6$	$2 \times 1 \times 4 \times 5 \times 6$	$3 \times 2 \times 1 \times 5 \times 6$	$4 \times 3 \times 2 \times 1 \times 6$	$5 \times 4 \times 3 \times 2 \times 1$

按今有术，得

$$余金 = \frac{本持金 \times 无关"不税者"之率}{前关"所税者"之率} = 本持金 \times \frac{1 \times 2 \times 3 \times 4 \times 5}{2 \times 3 \times 4 \times 5 \times 6} = \frac{1}{6} \times 本持金。$$

卷第七
盈不足

BOOK 7

今有共买金，人出四百，盈三千四百；人出三百，盈一百。问人数、金价各几何？

答曰：三十三人。金价九千八百。

今有共买羊，人出五，不足四十五；人出七，不足三。问人数、羊价各几何？

答曰：二十一人，羊价一百五十。

两盈、两不足术曰：置所出率，盈、不足各居其下。令维乘所出率，以少减多，余为实。两盈、两不足以少减多，余为法。实如法而一。有分者通之。两盈、两不足相与同其买物者，置所出率，以少减多，余，以约法实，实为物价，法为人数。

其一术曰：置所出率，以少减多，余为法。两盈、两不足，以少减多，余为实。实如法而一得人数。以所出率乘之，减盈、增不足，即物价。

原文

〔一〕今有共买物，人出八，盈三；人出七，不足四。问人数、物价各几何？

答曰：七人，物价五十三。

〔二〕今有共买鸡，人出九，盈十一；人出六，不足十六。问人数、鸡价各几何？

答曰：九人，鸡价七十。

〔三〕今有共买琎[1]，人出半，盈四；人出少半，不足三。问人数、琎价各几何？

答曰：四十二人，琎价十七。

〔四〕今有共买牛，七家共出一百九十，不足三百三十；九家共出二百七十，盈三十。问家数、牛价各几何？

答曰：一百二十六家，牛价三千七百五十。

盈不足[2]术曰：置所出率，盈、不足各居其下。令维乘[3]所出率，并以为实。并盈、不足为法。实如法而一。有分者，通之。盈不足相与同其买物[4]者，置所出率，以少减多，余，以约法、实。实为物价，法为人数。

其一术曰：并盈不足为实。以所出率以少减多，余为法。实如法得一人。以所出率乘之，减盈、增不足即物价。

注释

〔1〕琎（jīn）：像玉的石头。

〔2〕盈不足：李籍《九章算术音义》说："盈者，满也。不足者，虚也。满虚相推，以求其适，故曰盈不足。"本章意为用假设的方法求解数学难题。

〔3〕维乘：对角线相乘。

〔4〕相与同其买物：与"共买物"相关。

译文

〔一〕今有人合伙购物，每人出8钱，会多3钱；每人出7钱，又差4钱。问人数、物价各多少？

答：7人，物价是53钱。

〔二〕今有人合伙买鸡，每人出9钱，会多出11钱；每人出6钱，又差16钱。问人数、鸡价各是多少？

答：9人，鸡价是70钱。

〔三〕今有人合伙买珷石，每人出$\frac{1}{2}$钱，会多出4钱；每人出$\frac{1}{3}$钱，又差了3钱。问人数、珷价各是多少？

答：42人，珷价17钱。

〔四〕今有人合伙买牛，每7家共出190钱，会差330钱；每9家合伙出270钱，又多了30钱。问家数、牛价各是多少？

答：126家，牛价3 750钱。

盈不足的算法是：列出所出率，盈、不足之数各在其下方。

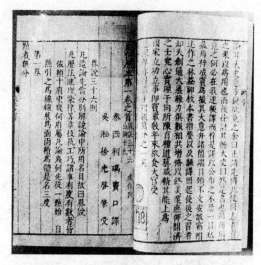

□ 《几何原本》译本书影　徐光启、利玛窦译　明朝

　　此书是徐光启在数学上的主要贡献，它也是中国现存的第一部数学译著。其译文简练、准确，书中全部数学译名皆为首创，其中如直线、钝角、外切等仍沿用至今。但徐光启、利玛窦只译了前6卷。250年后，即1857年，英国人伟烈亚力和清数学家李善兰才联手译出后7卷。图为所译《几何原本》卷首。

令盈、不足数与所出率交叉相乘，所得之数相加作被除数。将盈、不足之数相加作除数。除数除被除数得一结果。若有分数，要通分。盈、不足若与"同买物"相关，列出所出率，以少减多，用所得余数去约除数、被除数。被除数约后为物价，除数约后为人数。

另一种算法是：将盈、不足相加作被除数；用所出之率以少减多，余数为除数。除数除被除数得结果人数，用所出之率乘结果人数，减盈数或加不足数，即得物价。

译解

〔一〕设人数为x，物价为y。

由 $\begin{cases} y = 8x - 3 \\ y = 7x + 4 \end{cases}$，　　得 $\begin{cases} x = 7 \\ y = 53 \end{cases}$。

□ 徐光启

徐光启（公元1562—公元1633年），明末科学家，字子先，上海徐家汇人。万历三十二年（1604 年）中进士，入翰林院。在此期间，他常与意大利传教士利玛窦研讨西方科学技术，并与他合作译出欧几里得的《原本》前六卷，译名为《几何原本》。

〔二〕设人数为 x，鸡价为 y。

由 $\begin{cases} y = 9x - 11 \\ y = 6x + 16 \end{cases}$，　　得 $\begin{cases} x = 9 \\ y = 70 \end{cases}$。

〔三〕设人数为 x，琎价为 y。

由 $\begin{cases} y = \dfrac{1}{2}x - 4 \\ y = \dfrac{1}{3}x + 3 \end{cases}$，　　得 $\begin{cases} x = 42 \\ y = 17 \end{cases}$。

〔四〕设家数为 x，牛价为 y。

由 $\begin{cases} y = \dfrac{x}{7} \times 190 + 330 \\ y = \dfrac{x}{9} \times 270 - 30 \end{cases}$，　　得 $\begin{cases} x = 126 \\ y = 3\,750 \end{cases}$。

术解（有两种算法，结合"盈不足术"以卷第七题〔一〕为例说明之）

古算法1说明：

〔1〕置所出率……实如法而一。

所出率　　　8　　　　　　7

盈、不足　　3　　　　　　4

令维乘所出率（对角线数相乘），并以为实：$4 \times 8 = 32$；$3 \times 7 = 21$；$32 + 21 = 53$ 作被除数；并盈、不足为法：$3 + 4 = 7$ 作除数；实如法而一：$53 \div 7 = 7\dfrac{4}{7}$ 为每人应出钱数。

〔2〕有分者，通之……法为人数：$7\dfrac{4}{7}$ 通分为 $\dfrac{53}{7}$。

置所出率，以少减多：$8 - 7 = 1$，"1"为余数。

余，以约法、实。实为物价，法为人数：53（实）$\div 1 = 53$，为物价；7（法）$\div 1 = 7$，为人数。

算法2说明：

〔1〕并盈、不足为实：$3 + 4 = 7$ 作被除数。

〔2〕以所出率以少减多，余为法：$8 - 7 = 1$ 作除数。

〔3〕实如法得一人：除数除以被除数 $7 \div 1 = 7$ 得所求结果的人数。

〔4〕以所出率乘之，减盈、增不足即物价：$7 \times 8 - 3 = 53$ 或 $7 \times 7 + 4 = 53$。

原文

〔五〕今有共买金，人出四百，盈三千四百；人出三百，盈一百。问人数、金价各几何？

答曰：三十三人，金价九千八百。

〔六〕今有共买羊，人出五，不足四十五；人出七，不足三。问人数、羊价各几何？

答曰：二十一人，羊价一百五十。

两盈、两不足术曰：置所出率，盈、不足各居其下。令维乘所出率，以少减多，余为实。两盈、两不足以少减多，余为法。实如法而一。有分者通之。两盈、两不足相与同其买物者，置所出率，以少减多，余，以约法实，实为物价，法为人数。

其一术曰：置所出率，以少减多，余为法。两盈、两不足，以少减多，余为实。实如法而一得人数。以所出率乘之，减盈、增不足，即物价。

译文

〔五〕今有人合伙买金，每人出钱400，会多出3 400钱；每人出钱300，会多出100钱，问合伙人数、金价各是多少？

答：合伙人数为33，金价为9 800钱。

〔六〕今有人合伙买羊，每人出5钱，会差45钱；每人出7钱，会差3钱。问合伙人数、羊价各是多少？

答：合伙人数为21；羊价为150钱。

两盈、两不足算法是：列出所出之率，盈或不足各自排列在下方。令盈或不足交叉相乘所出之率，所得之数以少减多，余数作被除数。两盈、两不足数以少减多，余数为除数。除数除被除数而得一结果。有分数应通分。两盈或两不足若与"同买物"相关，列出所出之率，以少减多，用所余数去约除数、被除数。与被除数相约所得为物价数，与除数相约，所得为人数。

另一算法：列出所出之率，余数作除数。两盈或两不足，以少减多，余数作被除数。除数除被除数得结果人数。用所出之率乘以结果人数减盈数或增不足数，即得物价数。

译解

〔五〕 设合伙人数为x，金价为y。

由 $\begin{cases} y = 400x - 3\,400 \\ y = 300x - 100 \end{cases}$，　　　　得 $\begin{cases} x = 33 \\ y = 9\,800 \end{cases}$。

〔六〕 设合伙人数为x，羊价为y。

由 $\begin{cases} y = 5x + 45 \\ y = 7x + 3 \end{cases}$，　　　　得 $\begin{cases} x = 21 \\ y = 150 \end{cases}$。

术解（有两种算法，结合"两盈、两不足术"，以卷第七题〔六〕为例说明）

古算法1说明：

〔1〕置所出率，盈、不足各居其下：

所出率　　5　　　　7，

不足　　　45　　　3。

〔2〕令维乘……余为实……余为法：$7 \times 45 - 3 \times 5 = 300$ 作被除数；$45 - 3 = 42$作除数。

实如法而一：$300 \div 42 = 7\frac{1}{7}$为每人应出钱数。

〔3〕有分者通之：$7\frac{1}{7} = \frac{50}{7}$。

〔4〕两盈、两不足相与同其买物者，置所出率，以少减多，余以约法实。实为物价，法为人数：

$7 - 5 = 2$，以"2"（余数）约法、实。

300（实）$\div 2 = 150$ 为物价。42（法）$\div 2 = 21$为人数。

算法2说明：

〔1〕置所出率……余为法：$7 - 5 = 2$为除数。

〔2〕两盈……余为实：$45 - 3 = 42$为被除数。

〔3〕实如法而一得人数：$42 \div 2 = 21$人。

〔4〕以所出率乘之……即物价：$21 \times 5 + 45 = 150$钱或$21 \times 7 + 3 = 150$钱。

原文

〔七〕今有共买豕[1]，人出一百，盈一百；人出九十，适足[2]。问人数、豕价各几何？

答曰：一十人，豕价九百。

〔八〕今有共买犬，人出五，不足九十；人出五十，适足。问人数、犬价各几何？

答曰：二人，犬价一百。

盈、适足，不足、适足术曰：以盈及不足之数为实。置所出率，以少减多，余为法。实如法得一人。其求物价者，以适足乘人数得物价。

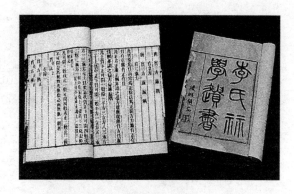

□《衡斋算学》书影　汪莱　清代

《衡斋算学》共七册，以著者之号为书名。第一册论球面三角形，第二册论勾股，第三册论通弦，第四册论球面三角形只有一个解的条件，第五册讨论方程的正根，第六册论已知一弧的通弦求其三分之一弧的通弦，第七册阐明若高次方程可分解为几个一次方程，则这些一次方程的正根即为该高次方程的正根。

注释

〔1〕豕（shǐ）：猪。

〔2〕适足：刚合适，不多不少。

译文

〔七〕今有人合伙买猪，每人出100钱，则会多出100钱；每人出90钱，恰好合适。问合伙人数、猪价各是多少？

答：合伙人数10人，猪价为900钱。

〔八〕今有人合伙买狗，每人出5钱，会差90钱；每人出50钱，则合适。问合伙人数，狗价是多少钱？

答：合伙人数2人，狗价是100钱。

盈、适足或不足，适足算法：以盈或不足之数为被除数。列置所出率，以少数减多数，余数为除数。除数除被除数得所求人数。求物价，用适足数乘以人数即可。

译解（"术解"与译解过程一致）

〔七〕设人数为x，猪价为y。

由 $\begin{cases} y = 100x - 100 \\ y = 90x \end{cases}$， 得 $\begin{cases} x = \dfrac{100}{100-90} = 10 \\ y = 90 \times 10 = 900 \end{cases}$ 。

〔八〕设合伙人数为x，狗价为y。

由 $\begin{cases} y = 5x + 90 \\ y = 50x \end{cases}$， 得 $\begin{cases} x = \dfrac{90}{50-5} = 2 \\ y = 50 \times 2 = 100 \end{cases}$ 。

原文

〔九〕今有米在十斗桶中，不知其数。满中添粟而舂之，得米七斗。问故米几何？

答曰：二斗五升。

术曰：以盈不足术求之，假令故米二斗，不足二升。令之三斗，有余二升。

译文

〔九〕今有粝米装在容量为10斗的桶中，不知粝米的斗数。添粟装满桶而又舂捣加工，得粝米7斗。问原有粝米多少？

答：2斗5升。

算法：用盈不足算法求解。假使原有粝米2斗，则差2升；假使原有粝米3斗，则多余2升。

译解

设原有粝米为x斗；粝米：粟 $= 30 : 50$，（$10 - x$）$\times 3 \div 5 = 7 - x$，得 $x = 2\dfrac{1}{2}$斗 $= 2$斗5升。

术解

术算是将问题归入"盈不足术"（参见卷第七题〔四〕后"盈不足术"）来处

理，依"术曰"条件：原粝米数为：

$\dfrac{20 \times 2 + 30 \times 2}{2 + 2}$升 = 2斗5升。

原文

〔一○〕 今有垣高九尺。瓜生其上，蔓日长七寸，瓠[1]生其下，蔓日长一尺。问几何日相逢，瓜、瓠各长几何？

答曰：五日十七分日之五。瓜长三尺七寸十七分寸之一，瓠长五尺二寸十七分寸之十六。

术曰：假令五日，不足五寸。令之六日，有余一尺二寸。

□《畴人传》书影　阮元　清代

《畴人传》为历代天文学家、数学家传记集。清阮元主持编辑。共46卷，约33万余字。它辑录了从上古传说时代至清代乾隆末年的天文学家、数学家270余人，另附有西方天文学家、数学家37人。传主皆先叙简历，后列其在天文学、数学上的贡献，内容涉及历法推算、古代宇宙学说、天文仪器结构和数学成就等。

注释

〔1〕瓠：俗称葫芦。

译文

〔一○〕 今有墙高9尺。瓜生在墙之上方，瓜蔓每日（向下）长7寸，葫芦生在墙下，葫芦蔓每日（向上）长1尺。问需多少日两蔓相遇，瓜蔓、葫芦蔓各长多少？

答：$5\dfrac{5}{17}$日两蔓相遇。相遇时瓜蔓长：3尺$7\dfrac{1}{17}$寸，葫芦蔓长：$5尺2\dfrac{16}{17}$寸。

算法：假令为5日两蔓相遇，则差5寸；假令6日两蔓相遇，则多长了1尺2寸。

译解

设两蔓x日相遇，则$7x + 10x = 90$，$x = \dfrac{90}{7+10}$日 $= \dfrac{90}{17}$日 $= 5\dfrac{5}{17}$日，

瓜蔓长：$5\dfrac{5}{17} \times 7$寸 = 3尺$7\dfrac{1}{17}$寸；

葫芦蔓长：$5\frac{5}{17} \times 10$寸$= 5$尺$2\frac{16}{17}$寸。

术解

术算是将问题归入"盈不足术"来处理，依"术曰"条件：

二蔓相遇日为：$\dfrac{12 \times 5 + 6 \times 5}{12 + 5}$日$= 5\dfrac{5}{17}$日。

原文

〔一一〕今有蒲[1]生一日，长三尺。莞[2]生一日，长一尺。蒲生日自半。莞生日自倍。问几何日而长等？

答曰：二日十三分日之六。各长四尺八寸十三分寸之六。

术曰：假令二日，不足一尺五寸。令之三日，有余一尺七寸半。

注释

〔1〕蒲：水生植物名。

〔2〕莞（guān）：植物名，俗称水葱、席子草。

译文

〔一一〕今有蒲生长1日，长为3尺；莞生长1日，长为1尺。蒲的生长逐日减半，莞的生长逐日增加1倍。问几日蒲、莞长度相等。

□ **西汉尺**

竹、骨两支汉尺出土于江苏邗江姚庄101号夫妇合葬墓中。其中竹尺（上）正反刻度完全相同，分为十寸。骨尺（下）刻度形式与一般尺子不同，分别刻在尺面两侧，左右相间刻出一寸或十分的分度线纹；中间部位刻有云气纹，有神禽神兽飞奔其间；尺的头端刻夔龙一条，并有穿孔，可系挂。

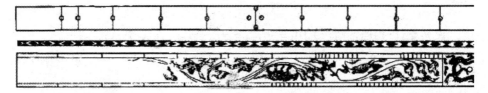

答：经过$2\frac{6}{13}$日蒲、莞长度相等，皆长4尺$8\frac{6}{13}$寸。

算法：假令为2日，则差1尺5寸；假令为3日，则又多余1尺$7\frac{1}{2}$寸。

译解

设x日蒲、莞的长度相等，由于蒲、莞是分别按累减、累加速度连续地生长，故蒲、莞日增长均成等比数列$S_n = \dfrac{a_1\left(1-q^n\right)}{1-q}$。蒲$x$日增长的长度为：由$a_1=3$，$q=\dfrac{1}{2}$，$n=x$，得：$S_n = 3\left[1-\left(\dfrac{1}{2}\right)^x\right]\div\left(1-\dfrac{1}{2}\right) = 6-6\times\left(\dfrac{1}{2}\right)^x$。莞$x$日增长的长度为：由$a_1=1$，$q=2$，$n=x$，得：$S_n{}' = \left(1-2^x\right)\div\left(1-2\right) = 2^x-1$，由$S_n = S_n{}'$，知$6-6\times\left(\dfrac{1}{2}\right)^x = 2^x-1$。

由上式得：$2^x + 6.2^{-x} - 7 = 0$，

因$2^x \neq 0$，同乘2^x得：$2^{2x} - 7.2^x + 6 = 0$，

解得：$2^x = 6$，$x = \log_2 6 = \dfrac{\ln 6}{\ln 2} \approx 2.585$日，

代入：$S_n = S_n{}' = 2^x - 1 = 5$尺。

术解

古算是将问题归入"盈不足术"来处理，依"术曰"条件：蒲、莞等长日为：$\dfrac{2\times 1.75 + 3\times 1.5}{1.75 + 1.5}$日$= 2\frac{6}{13}$日。

原文

〔一二〕今有垣厚五尺，两鼠对穿。大鼠日一尺，小鼠亦日一尺。大鼠日自倍，小鼠日自半。问几何日相逢，各穿几何？

答曰：二日十七分日之二。大鼠穿三尺四寸十七分寸之十二，小鼠穿一尺五寸十七分寸之五。

术曰：假令二日，不足五寸。令之三日，有余三尺七寸半。

□ 墨子

墨子（约公元前480—公元前390年），名翟，是春秋战国时期的思想家、政治家，也是墨家的创始人。他对中国数学的贡献杰出，其与弟子及后学所作的《墨经》一书记载了他重要的数学思想，其中，对当时几何学的讨论尤为突出。

译文

〔一二〕今有墙厚5尺，两鼠相对穿墙。大鼠1日打1尺，小鼠1日也打1尺。大鼠穿墙逐日增加1倍，小鼠逐日减其1半。问大小鼠几日相遇？各穿墙多少？

答：经$2\frac{2}{17}$日相遇；大鼠穿墙3尺$4\frac{12}{17}$寸，小鼠穿墙1尺$5\frac{5}{17}$寸。

算法：假使是2日，则差5寸；假使是3日，又会多穿墙3尺7寸半。

译解

设x日大、小鼠相遇。大、小鼠穿墙分别是按逐日递增、递减速度穿墙，故大、小鼠穿墙日增长均成等比数列：$S_1=\dfrac{a_1(1-q^n)}{1-q}$；

大鼠x日穿墙长度由$a_1=1$，$q=2$，$n=x$，得：$S_n=(1-2^x)\div(1-2)=2^x-1$（Ⅰ）；

小鼠x日穿墙长度由$a_1=1$，$q=\dfrac{1}{2}$，$n=x$，得：$S'_n=\left[1-\left(\dfrac{1}{2}\right)^x\right]\div\left(1-\dfrac{1}{2}\right)=2-2\left(\dfrac{1}{2}\right)^x$（Ⅱ）。

因：$S_n+S_n'=5$，故：$(2^x-1)+\left[2-2\left(\dfrac{1}{2}\right)^x\right]=5$，

变换上式得：$2^x-4.2^x-2=0$，

解得：$2^x=2+\sqrt{6}$，$x=\log_2(2+\sqrt{6})=\dfrac{\ln(2+\sqrt{6})}{\ln 2}\approx 2.154$日，

将x分别代入（Ⅰ）、（Ⅱ）中，得大鼠穿墙长度为：$S_n=3$尺$4\frac{1}{2}$寸，小鼠穿墙长度为$S_n'=1$尺$5\frac{1}{2}$寸。

术解

术解是将问题归入"盈不足术"来处理，依"术曰"条件：

大小鼠相遇日为 $\dfrac{2 \times 37.5 + 3 \times 5}{5 + 37.5}$ 日 $= 2\dfrac{2}{17}$ 日。

原文

〔一三〕今有醇酒[1]一斗，直钱五十；行酒[2]一斗，直钱一十。今将钱三十，得酒二斗。问醇、行酒各得几何？

答曰：醇酒二升半，行酒一斗七升半。

术曰：假令醇酒五升，行酒一斗五升，有余一十。令之醇酒二升，行酒一斗八升，不足二。

注释

〔1〕醇酒：优质酒。

〔2〕行（háng）酒：劣质酒。

译文

〔一三〕今有醇酒1斗，价值50钱；行酒1斗，价值10钱。现用30钱，买得2斗酒。问醇酒、行酒各能买得多少？

答：醇酒 $2\dfrac{1}{2}$ 升；行酒1斗 $7\dfrac{1}{2}$ 升。

算法：假令醇酒为5升，行酒即为1斗5升，则多了10钱；假令醇酒为2升，行酒即为1斗8升，则差2钱。

译解

设醇酒为 x 斗，行酒为 y 斗。

由 $\begin{cases} 50x + 10y = 30 \\ x + y = 2 \end{cases}$，得 $\begin{cases} x = \dfrac{1}{4}\text{斗} = 2\dfrac{1}{2}\text{升} \\ y = \dfrac{7}{4}\text{斗} = 1\text{斗}7\dfrac{1}{2}\text{升}。 \end{cases}$

术解

术算是将问题归入"盈不足术"来处理，依"术曰"条件：

醇酒量为：$\dfrac{5\times2+2\times10}{2+10}$升$=2\dfrac{1}{2}$升，行酒量为：$\dfrac{15\times2+18\times10}{2+10}$升$=1$斗$7\dfrac{1}{2}$升。

原文

〔一四〕今有大器五、小器一容三斛；大器一、小器五容二斛。问大、小器各容几何？

答曰：大器容二十四分斛之十三，小器容二十四分斛之七。

术曰：假令大器五斗，小器亦五斗，盈一十斗。令之大器五斗五升，小器二斗五升，不足二斗。

译文

〔一四〕今有大容器5个，小容器1个，总容量为3斛；大容器1个，小容器5个，总容量为2斛。问大容器、小容器的容积各是多少？

答：大容器的容积是$\dfrac{13}{24}$斛，小容器的容积$\dfrac{7}{24}$斛。

算法：假令大器容积为5斗，小器容积也为5斗，则多10斗。假令大器容积为5斗5升，小器容积为2斗5升，则不足2斗。

译解

设大器容积为x，小器容积为y。

由 $\begin{cases} 5x+y=3 \\ x+5y=2 \end{cases}$， 得 $\begin{cases} x=\dfrac{13}{24}斛 \\ y=\dfrac{7}{24}斛 \end{cases}$。

术解

古算将问题归入"盈不足术"处理，依"术曰"条件，

大器容积$=\dfrac{5\times2+10\times5.5}{10+2}=\dfrac{13}{24}$斛，小器容积$=\dfrac{5\times2+2.5\times10}{10+2}=\dfrac{7}{24}$斛。

原文

〔一五〕今有漆三得油四，油四和漆五。今有漆三斗，欲令分以易油，还自和余漆。问出漆、得油、和漆各几何？

答曰：出漆一斗一升四分升之一，得油一斗五升，和漆一斗八升四分升之三。

术曰：假令出漆九升，不足六升。令之出漆一斗二升，有余二升。

□ **画像砖上的相风鸟 汉代**

西汉时期，人们使用相风鸟作风向仪。史书中记载"铸铜凤，高五尺，饰黄金，栖屋上，下有转枢，风向若翔。"铜凤凰下部有转枢，插在一个圆槽内即可随风转动，使凤凰头部总是指着风吹来的方向。"下有转枢"说明转枢必与下层的转动机件相连，应该装有一个记风速的器件，是风速计的先驱。

译文

〔一五〕若有3份漆可换得4份油，用4份油可调5份漆。今有漆3斗，要分出一部分来换油，换回油后用以调所余之漆。问拿出换油的漆、换得的油、留下用于调和用的漆各是多少？

答：拿出换油的漆为1斗$1\frac{1}{4}$升；换得的油为1斗5升；留下用于调和的漆为1斗$8\frac{3}{4}$升。

算法：假令出漆为9升，则不足6升；假令出漆1斗2升则多余2升。

译解

设x为分出换油的漆，y为换得的油，$3-x$为剩余之漆。

由 $\begin{cases} \dfrac{x}{y} = \dfrac{3}{4} \\ \dfrac{y}{3-x} = \dfrac{4}{5} \end{cases}$ ， 得 $\begin{cases} x = \dfrac{9}{8}斗 = 1斗1\frac{1}{4}升 \\ y = \dfrac{3}{2}斗 = 1斗5升 \end{cases}$ 。

余漆为3斗 $- 1斗1\frac{1}{4}升 = 1斗8\frac{3}{4}升$；

术解

术算将问题归入"盈不足术"来处理，依"术曰"条件：

分出换油的漆为：$\dfrac{9\times2+12\times6}{6+2}$升$=\dfrac{45}{4}$升$=1$斗$1\dfrac{1}{4}$升；

漆：油$=3$：4，得油为$\dfrac{45}{3}$升$=1$斗5升；

油：和漆$=4$：5，得和漆$\dfrac{75}{4}$升$=1$斗$8\dfrac{3}{4}$升。

原文

〔一六〕今有玉方一寸，重七两；石方一寸，重六两。今有石立方三寸[1]，中有玉，并重十一斤。问玉、石重各几何？

答曰：玉一十四寸，重六斤二两。石一十三寸，重四斤十四两。

术曰：假令皆玉，多十三两。令之皆石，不足十四两。不足为玉，多为石。各以一寸之重乘之，得玉石之积重。

注释

〔1〕立方三寸：指棱长为三寸的正方体。

译文

〔一六〕今有玉1立方寸，重7两；石1立方寸，重6两。今有石为棱长3寸的正方体（体积为27立方寸），其中含有玉，总重11斤。问玉、石各重多少？

答：有玉14立方寸，重6斤2两；有石13立方寸，重4斤14两。

算法：假令（27立方寸）都是玉，则多13两。假令（27立方寸）都是石，又差欠14两。差欠之数即为玉的体积数，多余之数即为石之体积数。各用1立方寸的重量相乘，即得玉石各自的重量。

译解

设x为含玉重，y为含石重。1斤=16两，11斤=176两。

由 $\begin{cases} x+y=176 \\ \dfrac{x}{7}+\dfrac{y}{6}=3^3 \end{cases}$，　　得 $\begin{cases} x=98两=6斤2两 \\ y=78两=4斤14两 \end{cases}$。

文化伟人代表作图释书系

玉的体积为：98÷7立方寸＝14立方寸，石的体积为：78÷6立方寸＝13立方寸

术解

〔1〕假令皆玉，多十三两：令之皆石，不足十四两；玉1立方寸重7两，现正方体为27立方寸，如全为玉，则其重为27×7两＝189两，减去总重11斤。

189两－11斤（176两）＝13两（余数），

石1立方寸重6两，如全为石，则其重为（27×6）两＝162两，减去总重11斤，即162两－11斤（176两）＝－14两（不足）。

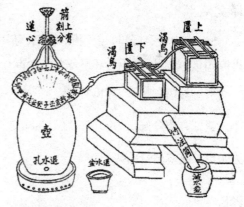

□ **燕肃莲花漏示意图**

1030年，北宋科学家燕肃制作了著名的燕肃莲花漏，它是当时精密的计时仪器，由上匮、下匮两个供水壶组成。向箭壶供水的下匮旁边有一溢水口，依次连接着铜制的节水小筒、竹注筒和减水盎。使用时，上匮流到下匮的水流量略多于下匮流入箭壶的水流量，使下匮的水位有不断增加的趋势，当水位漫到溢水口，多余的水就会从溢水口顺着节水小筒、竹注筒流到减水盎中。下匮中水所处的状态叫作漫流状态，它能够有效地保证下匮水位保持稳定，从而大大地提高了计时的精度。这种稳定水位的方式是一次重大的革新。

〔2〕不足为玉，多为石：由于玉重而石轻，多余之两数13是由于把石当成了玉，故两数13为石的体积数。不足之两数14是由于把玉当成石了，故两数14为玉的体积数。

〔3〕各以1寸之重乘之，得玉、石积重：玉重（14×7）两＝98两＝6斤2两，石重（13×6）两＝78两＝4斤14两。

原文

〔一七〕今有善田一亩，价三百；恶田七亩，价五百。今并买一顷，价钱一万。问善、恶田各几何？

答曰：善田一十二亩半，恶田八十七亩半。

术曰：假令善田二十亩，恶田八十亩，多一千七百一十四钱七分钱之二。令之善田一十亩，恶田九十亩，不足五百七十一钱七分钱之三。

译文

〔一七〕今有好田1亩价值300钱；坏田7亩价值500钱。今合买好、坏田1顷，价值10 000钱。问好田、坏田各有多少亩？

答：好田$12\frac{1}{2}$亩，坏田$87\frac{1}{2}$亩。

算法：假令好田为20亩，恶田为80亩，则多$1714\frac{2}{7}$钱；假令好田为10亩，恶田为90亩，则差欠$571\frac{3}{7}$钱。

译解

设好田为x亩，坏田为y亩。

由 $\begin{cases} x + y = 100 \\ 300x + \dfrac{500}{7}y = 10\ 000 \end{cases}$，   得 $\begin{cases} x = 12\frac{1}{2}\text{亩} \\ y = 87\frac{1}{2}\text{亩} \end{cases}$ 。

术解

术算是按"盈不足术"来处理的，依"术曰"条件：

好田数为：

$$\left[\left(20 \times 5 + 71\frac{3}{7} + 10 \times 1714\frac{2}{7}\right) \div \left(1\ 714\frac{2}{7} + 571\frac{3}{7}\right)\right]\text{亩} = 12\frac{1}{2}\text{亩}；$$

坏田数为：$1\text{公顷} - 12\frac{1}{2}\text{亩} = 100\text{亩} - 12\frac{1}{2}\text{亩} = 87\frac{1}{2}\text{亩}$。

原文

〔一八〕今有黄金九枚，白银一十一枚，称之重适等。交易其一，金轻十三两。问金、银一枚各重几何？

答曰：金重二斤三两一十八铢，银重一斤十三两六铢。

术曰：假令黄金三斤，白银二斤二十一分斤之五，不足四十九[1]，于右行。令之黄金二斤，白银一斤一十一分斤之七，多一十五，于左行[2]。以分母各乘其行内之数，以盈不足维乘所出率，并以为实。并盈不足为法。实如法，得黄金重。分母乘法以除，得银重。约之得分也。

注释

〔1〕假令黄金3斤，白银 $2\frac{5}{11}$ 斤，不足49：按题中条件，假令每枚黄金重3斤，则每枚白银重为 3×9（枚）$\div 11$（枚）$= 2\frac{5}{11}$ 斤 $\left(\frac{27}{11}$ 斤 $\right)$。金方比银方轻：$\left(27 + 3 - 2\frac{5}{11}\right)$ 斤 $-\left(27 - 3 + 2\frac{5}{11}\right)$ 斤 $= 1\frac{1}{11}$ 斤，即 $17\frac{5}{11}$ 两，与题中"金轻"数比较，$\left(13 - 17\frac{5}{11}\right)$ 两 $= -4\frac{5}{11}$ 两 $\left(\right.$ 即 $-\frac{49}{11}$ 两 $\left.\right)$，不足 $\frac{49}{11}$ 两，题中言"不足四十九"是仅就分子而言，省略了分母。

〔2〕令之黄金2斤，白银 $1\frac{7}{11}$ 斤，多15：按题中条件，若每枚黄金为2斤，每枚白银重为：（$2 \times 9 \div 11$）斤 $= 1\frac{7}{11}$ 斤，金方比银方轻：$\left(18 + 2 - 1\frac{7}{11}\right)$ 斤 $-\left(18 - 2 + 1\frac{7}{11}\right)$ 斤 $= \frac{8}{11}$ 斤，即 $11\frac{7}{11}$ 两。与题中"金轻"之数相比，$\left(13 - 11\frac{7}{11}\right)$ 两 $= 1\frac{4}{11}$ 两 $\left(\frac{15}{11}\right.$ 两 $\left.\right)$，故多 $\frac{15}{11}$ 两，题中言"多一十五"是仅就分子言，省略了分母。

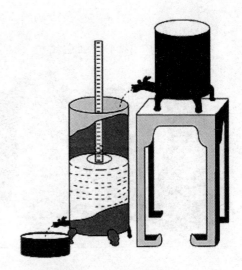

□ 浮箭漏示意图

　　浮箭漏出现于汉武帝时期。它由供水壶和箭壶组成，两只漏壶分别用来供水和接水，箭壶内装有箭尺。水均匀地从供水壶流到箭壶，箭壶中的水位逐渐上升，小舟上的木尺也逐渐上浮，可指示当时的时间。

译文

〔一八〕今有黄金9枚，白银11枚，称重量恰好相等；互相交换1枚，黄金部分减轻了13两。问金、银一枚各重多少？

答：每枚金重2斤3两18铢，每枚银重1斤13两6铢。

算法：假令黄金为3斤，白银即为 $2\frac{5}{11}$ 斤，不足49置于右行。假令黄金为2斤，白银即为 $1\frac{7}{11}$ 斤，多出了15，放在左行。用分母各自去乘本行中的各数，以盈、不足之数与所出率交叉相乘，将所得之数相加作被除数。盈与不足相加作除数。除

□ **兽形秤砣　清代**

图为一组铸有羊、猴等动物图形的秤砣。

数除被除数即得黄金重量。用分母乘除数然后相除，得白银重量。约简而得分数。

译解

设 x 为每枚黄金重量，y 为每枚白银重量。

由 $\begin{cases} 9x = 11y \\ (10y + x) - (8x + y) = 13 \end{cases}$，　得 $\begin{cases} x = 35.75\text{两} = 2\text{斤}3\text{两}18\text{铢} \\ y = 29.25\text{两} = 1\text{斤}13\text{两}6\text{铢} \end{cases}$。

术解

术解是将问题归入"盈不足术"来处理，依据"术曰"及题设条件：

	左 行	右 行
假令黄金	2	3
假令白银	$1\frac{7}{11}\left(\frac{18}{11}\right)$	$2\frac{5}{11}\left(\frac{27}{11}\right)$
	盈 $\frac{15}{11}$	不足 $\frac{49}{11}$，

金一枚重量为：$\left(2 \times \frac{49}{11} + 3 \times \frac{15}{11}\right) \div \left(\frac{15}{11} + \frac{49}{11}\right) = \dfrac{\frac{143}{11}}{\frac{64}{11}}$（约去分母）$= \frac{143}{64}$斤 $=$

$2\dfrac{15}{64}$斤，即2斤3两18铢；

银一枚重量为：$\left(\dfrac{15}{11}\times\dfrac{27}{11}+\dfrac{18}{11}\times\dfrac{49}{11}\right)\div\left(\dfrac{49}{11}+\dfrac{15}{11}\right)$（约去分母）$=1\dfrac{53}{64}$斤，即1斤

13两6铢。

原文

〔一九〕今有良马与驽马发长安至齐。齐去长安三千里。良马初日行一百九十三里，日增十三里。驽马初日行九十七里，日减半里。良马先至齐，复还迎驽马。问几何日相逢及各行几何？

答曰：一十五日一百九十一分日之一百三十五而相逢。良马行四千五百三十四里一百九十一分里之四十六。驽马行一千四百六十五里一百九十一分里之一百四十五。

术曰：假令十五日，不足三百三十七里半。令之十六日，多一百四十里。以盈、不足维乘假令之数，并而为实。并盈不足为法。实如法而一，得日数。不尽者，以等数除之而命分。

译文

〔一九〕今有良马和驽马从长安出发到齐国。齐与长安相距3 000里。良马第一天走193里，以后逐日增加13里。驽马第一日走97里，以后逐日减少$\dfrac{1}{2}$里。良马先到齐国，再返回迎接驽马。问良马、驽马经多少日相逢，各自走了多少路？

答：经$15\dfrac{135}{191}$日相逢。

良马走$4\,534\dfrac{46}{191}$里，驽马走$1\,465\dfrac{145}{191}$里。

算法：假令经15日相逢，则会差

□ "王"铜衡杆示意图

战国时期的铜衡杆，其形式既不同于天平衡杆，也异于秤杆，很可能是界于天平和杆秤之间的衡器。衡杆正中有拱肩提纽和穿线孔，一面刻有贯通上、下的十等分线。图为"王"铜衡杆的使用示意图。用该衡杆称物，可以把被称物与权放在提纽两边不同位置的刻线上，即把衡杆的某一臂加长，这样，用同一个砝码就可以称出大于它一倍或几倍重量的物体。

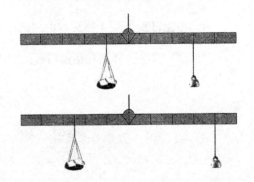

欠$337\frac{1}{2}$里。假令经16日相逢，又多出了140里。用盈（指多出的里数）、不足（差欠之数）与假令之日数对角线相乘，将所得之数相加作被除数。将盈、不足数相加作除数，除数除被除数得所求相逢日数。除之不尽者，用最大公约数约简而后确定分数。

译解

设良马、驽马经x日相遇。二马行程成等差数列。

$S_n = na_1 + [n(n-1)d \div 2]$，良马$a_1 = 193$，$d = 13$，$n = x$。

良马x日所走路程为：$193x + [13(x^2-x) \div 2]$（Ⅰ）。

驽马$a_1' = 97$，$d' = -\frac{1}{2}$，$n = x$，

驽马x日所走的路程为：$97x + \left[-\frac{1}{2}(x^2-x) \div 2 \right]$（Ⅱ）。

由：$193x + [13(x^2-x) \div 2] + 97x - [(x^2-x) \div 4] = 3\,000 \times 2$，

得：$x \approx 15\frac{71}{100}$日，将$x$值代入（Ⅰ）、（Ⅱ）中得：

良马$15\frac{71}{100}$日所走路程为：$4\,533\frac{19}{20}$里，驽马$15\frac{71}{100}$日所走路程为：$1\,466\frac{1}{20}$里。

术解

术算是将问题归入"盈不足"来处理，依"术曰"提供的条件：

所出　　　　15　　　16，

盈、不足　$337\frac{1}{2}$　　140。

两马相逢日数为：$\left[\left(15 \times 140 + 16 \times 337\frac{1}{2} \right) \div \left(337\frac{1}{2} + 140 \right) \right]$日 $= 15\frac{135}{191}$日。

"术曰"只有计算两马相逢日数的方法，缺少计算其行程的步骤。

原文

〔二〇〕今有人持钱之蜀贾[1]，利十三[2]。初返[3]归[4]一万四千，次返归一万三千，次返归一万二千，次返归一万一千，后返归一万。凡五返归钱，本利

俱尽。问本持钱及利各几何？

答曰：本三万四百六十八钱三十七万一千二百九十三分钱之八万四千八百七十六。利二万九千五百三十一钱三十七万一千二百九十三分钱之二十八万六千四百一十七。

术曰：假令本钱三万，不足一千七百三十八钱半。令之四万，多三万五千三百九十钱八分。

注释

〔1〕之蜀贾：到蜀地经商。

〔2〕利十三：利润为十分取三，即$\frac{3}{10}$。

〔3〕初返：初次往返。

〔4〕归：送回、带回。

□ **瓷砣**

　图为隋朝的青釉兔纽瓷砣，重873克。

译文

〔二〇〕今有人持钱到蜀地经商，利润为$\frac{3}{10}$。第一次带回14 000钱，第二次带回13 000钱，第三次带回12 000钱，第四次带回11 000钱，最后一次带回10 000钱。总共5次带回钱，把本利全部带回。问该商人本钱及利钱各是多少？

答：本钱为$30\ 468\frac{84\ 876}{371\ 293}$钱；利钱为$29\ 531\frac{286\ 417}{371\ 293}$钱。

译解

设该商人本钱为x钱，利钱为y钱。

$x+y=14\ 000+13\ 000+12\ 000+11\ 000+10\ 000$，

$$\left\{\left\{\left\{\left[x\left(1+\frac{3}{10}\right)-14\ 000\right]\times\left(1+\frac{3}{10}\right)-13\ 000\right\}\times\left(1+\frac{3}{10}\right)-12\ 000\right\}\times\left(1+\frac{3}{10}\right)-11\ 000\right\}\times\left(1+\frac{3}{10}\right)-10\ 000=0。$$

由　$3.71\ 293x=113\ 126.4$，　　　　　得　$\begin{cases}x=30\ 468\dfrac{84\ 876}{371\ 293}钱\\[2mm]y=29\ 531\dfrac{286\ 417}{371\ 293}钱\end{cases}$。

术解

术算是将问题归入"盈不足"来处理，根据"术曰"及题设条件：

所求本钱为：

$$\left(35\,390\frac{8}{10}\times30\,000+1\,738\frac{1}{2}\times40\,000\right)\div\left(35\,390\frac{8}{10}+1\,738\frac{1}{2}\right)钱=30\,468\frac{84\,876}{371\,293}$$

钱。

所求利钱为：

$$(\,14\,000+13\,000+12\,000+11\,000+10\,000\,)钱-30\,468\frac{84\,876}{371\,293}钱=29\,531\frac{286\,417}{371\,293}$$

钱。

方　程

BOOK 8

今有上禾二秉，中禾三秉，下禾四秉，实皆不满斗。上取中，中取下，下取上，各一秉而实满斗。问上、中、下禾实一秉各几何？

答曰：上禾一秉实二十五分斗之九，中禾一秉实二十五分斗之七，下禾一秉实二十五分斗之四。

今有牛五、羊二，直金十两。牛二、羊五，直金八两。问牛羊各直金几何？

答曰：牛一，直金一两二十一分两之一十三，羊一，直金二十一分两之二十。

原文

〔一〕今有上禾[1]三秉[2]，中禾二秉，下禾一秉，实三十九斗；上禾二秉，中禾三秉，下禾一秉，实三十四斗；上禾一秉，中禾二秉，下禾三秉，实二十六斗。问上、中、下禾实一秉各几何？

答曰：上禾一秉，九斗四分斗之一，中禾一秉，四斗四分斗之一，下禾一秉，二斗四分斗之三。

方程术[3]曰：置上禾三秉，中禾二秉，下禾一秉，实三十九斗，于右方。中、左禾列如右方。以右行上禾遍乘中行，而以直除。又乘其次，亦以直除。然以中行中禾不尽者遍乘左行，而以直除。左方下禾不尽者，上为法，下为实。实即下禾之实。求中禾，以法乘中行下实，而除下禾之实。余如中禾秉数而一，即中禾之实。求上禾亦以法乘右行下实，而除下禾、中禾之实。余如上禾秉数而一，即上禾之实。实皆如法，各得一斗。

注释

〔1〕禾：粮食作物的总称。

〔2〕秉：束。

〔3〕方程术：中国古代数学的"方程"相当于现今的增广矩阵，用于解决线性方程组问题。"方"指数据左右并排，其形方正。"程"指考察相关数据构成的比率关系。

□ 五十两砝码　清代

此砝码于宣统元年（1909年）由国际权衡局制造。砝码为圆柱体，外壁可置于左侧铜罐内。

译文

〔一〕今有上禾3束、中禾2束、下禾1束，得实39斗；上禾2束，中禾3束，下禾1束，得实34斗；上禾1束，中禾2束，下禾3束，得实26斗。问上、中、下禾每一束得实各是多少？

答：上禾1束得实$9\frac{1}{4}$斗，中禾1束得实$4\frac{1}{4}$斗，下禾1束得实$2\frac{3}{4}$斗。

方程算法：将上禾3束，中禾2束，下禾1束，实39斗列在右方。中行、左行像右方那样列置数字。用右行上禾数遍乘中行各数，由所得中行新数减去右行适当倍数，以消去头位数为止。再同样遍乘下一行而用同样的方法，减去右行适当倍数以消去头位。后用中行中禾未减尽之数遍乘左行之数而以左行所得新数减去中行适当倍数以消去左行中禾之数。左行下禾未尽之数，上面的数作除数，下面的数作被除数，这个被除数即为下禾所得之实。求中禾，用左行下禾之数（即"法"）去乘中行下"实"之数而减去左行下禾之"实"数，余数除以中禾之束数，所得即中禾之实。求上禾也用下禾之数（即"法"）去乘右行下"实"之数而减去下禾、中禾之"实"数。余数除以上禾束数即得上禾之"实"，所得之"实"皆除以"法"，各得所求斗数。

译解

设上禾、中禾、下禾每一束得实各为x、y、z斗，则依据题设条件列方程：

$$\begin{cases} 3x + 2y + z = 39 \\ 2x + 3y + z = 34 \\ x + 2y + 3z = 26 \end{cases}$$

得

$$\begin{cases} x = 9\dfrac{1}{4}\text{斗} \\ y = 4\dfrac{1}{4}\text{斗} \\ z = 2\dfrac{3}{4}\text{斗} \end{cases}。$$

术解

术算过程：

〔1〕"置上禾三秉，中禾二秉，下禾一秉。实三十九斗，于右方。中、左禾列如右方"：

		左	中	右
		行	行	行
头位	上禾	1	2	3
中位	中禾	2	3	2
下位	下禾	3	1	1
	实	26	34	39

〔2〕"以右行上禾遍乘中行"：即以右行上方的3，遍乘中行各项。

	左	中	右
	行	行	行
上禾	1	6	3
中禾	2	9	2
下禾	3	3	1
实	26	102	39

〔3〕"而以直除"：即由中行连续减去右行各对应项的若干倍数，直到中行头位数为0。

	左	中	右
	行	行	行
上禾	1	0	3
中禾	2	5	2
下禾	3	1	1
实	26	24	39

"直除"即连续相减，"直除法"即相减消元法，为我国解方程组最早的方法。

〔4〕"又乘其次，亦以直除"：中行头位消除后，以右行上禾"3"遍乘左行各项，连续减去右行各对应项，消去右行头位。

"又乘其次"：

	左	中	右
	行	行	行
上禾	3	0	3
中禾	6	5	2
下禾	9	1	1
实	78	24	39

"亦以直除"：

	左	中	右
	行	行	行
上禾	0	0	3
中禾	4	5	2
下禾	8	1	1
实	39	24	39

〔5〕"然以中行中禾不尽者遍乘左行，而以直除……实即下禾之实"：当消去中行、左行头位后，再以中行中禾数遍乘左行而以直除，消除左行中位，以求"下禾之实"。

以中行中禾数"5"遍乘左行各数：

	左	中	右
	行	行	行
上禾	0	0	3
中禾	20	5	2
下禾	40	1	1
实	195	24	39

	左	中	右
	行	行	行
上禾	0	0	3
中禾	0	5	2
下禾	36	1	1
实	99	24	39

"实即下禾之实"意为：99为下禾36乘之实。

〔6〕"求中禾，以法乘中行下实，而除下禾之实，余如中禾乘数而一，即中禾之实"：

"法"为36，中行下实为24，中禾乘数为5，中禾之实为$\dfrac{36 \times 24 \times 99}{5} = 153$。

〔7〕"求上禾……即上禾之实"，"求上禾亦以法乘右行下实，而除下禾、

中禾之实"：$39 \times 36 - 2 \times 153 - 99 = 999$；

"余如上禾秉数而一，即上禾之实"：余数为999，右行上禾秉数是3，按术"上禾之实"$\frac{999}{3} = 333$。

〔8〕"实皆如法，各得一斗"：下禾、中禾、上禾一束之实各为：99，153，333，皆以法36除之。$\frac{99}{36}$斗$= 2\frac{3}{4}$斗，$\frac{153}{36}$斗$= 4\frac{1}{4}$斗，$\frac{333}{36}$斗$= 9\frac{1}{4}$斗。

原文

〔二〕今有上禾七秉，损实一斗，益之下禾二秉，而实一十斗。下禾八秉，益实一斗与上禾二秉，而实一十斗。问上、下禾实一秉各几何？

答曰：上禾一秉实一斗五十二分斗之一十八，下禾一秉实五十二分斗之四十一。

术曰：如方程。损之曰益，益之曰损。损实一斗者，其实过一十斗也。益实一斗者，其实不满一十斗也。

译文

□ 木升

木升在古代多用来盛装粮食作物，是农家必备的用具。在一些地方，盛装粮食后的木升也用于祭祀。图为一升制木升。

〔二〕今有上禾7束，减去其中之"实"1斗，加下禾2束，则得实10斗。下禾8束，加"实"1斗和上禾2束，则得实10斗，问上禾、下禾1束得实多少？

答：上禾1束得实$1\frac{18}{52}$斗，下禾1束得实$\frac{41}{52}$斗。

算法：依"方程术"推算，在列方程折算下实时，凡题设中"损"之数，在下实中当"益"，凡言"益"，在下实中当"换"。"损"实1斗，则它的实超过了10斗。"益"实1斗，则它的实少于10斗。

译解

设上禾1束得实为x斗，下禾1束得实为y斗，则依据题设条件列方程：

$$\begin{cases} (7x-1)+2y=10 \\ (8y+1)+2x=10, \end{cases} \quad 得 \begin{cases} x=1\dfrac{18}{52}斗=1\dfrac{9}{26}斗 \\ y=\dfrac{41}{52}斗 \end{cases}。$$

术解

术算是按"方程术"推算，在列方程筹式时涉及到一个"移项法则"，即移正得负，移负得正，如：

	左	右
	行	行
上禾	2	7
下禾	8	2
实	10 - 1	10+1

$$或 \begin{cases} (7x-1)+2y=10 \\ (8y+1)+2x=10, \end{cases} \quad 移项得 \begin{cases} 7x+2y=10+1（移损得益） \\ 8y+2x=10-1（移益得损）。 \end{cases}$$

原文

〔三〕今有上禾二秉，中禾三秉，下禾四秉，实皆不满斗。上取中，中取下，下取上，各一秉而实满斗。问上、中、下禾实一秉各几何？

答曰：上禾一秉实二十五分斗之九，中禾一秉实二十五分斗之七，下禾一秉实二十五分斗之四。

术曰：如方程，各置所取，以正负术入之。

正负术曰：同名相除，异名相益，正无入负之，负无入正之。[1]其异名相除，同名相益，正无入正之，负无入负之。[2]

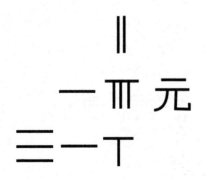

□ 天元表示式

　　《测圆海镜》中的天元术是其最重要贡献之一。天元术就是设"天元一"为未知数，根据问题的已知条件，列出两个相等的多项式，经相减后得出一个高次方程（天元开方式）。其表示方法为：在一次项系数旁边记一"元"字，"元"以上的系数表示各正次幂，"元"以下的系数表示常数和各负次幂。图为方程$2x^2 + 18x + 316 = 0$的天元表示式。

注释

　　〔1〕同名相除……负无入正之：这是正负数减法法则，所谓"同名"即同为正数或同为负数，"异名"即两数一正一负。"相除"即相减，"相益"即相加。"负无入"，即用负数去减零，"正无入"即用正数去减零。以下用数字表达式来解释文中之意，设$a > b > 0$，则

　　　同名相除：$\pm a - (\pm b) = \pm(a - b)$；

　　　异名相益：$\pm a + (\mp b) = \pm(a - b)$；

　　　正无入负之：$0 - (+a) = -a$；

　　　负无入正之：$0 - (-a) = +a$。

　　〔2〕其异名相除……负无入负之：是正负数加法法则，用数字表达式来解释文中之意。设$a > b > 0$，则

　　　异名相除：$\pm a + (\mp b) = \pm(a - b)$（"相除"意为相减，由于是一正一负之数相减，故也可以看成是加）；

　　　同名相益：$\pm a + (\pm b) = \pm(a + b)$；

　　　负无入负之：$0 + (+a) = +a$；

　　　正无入正之：$0 + (-a) = -a$。

译文

　　〔三〕今有上禾2束，中禾3束，下禾4束，它们各自之实都不满1斗；若于上禾中添中禾1束，中禾中添下禾1束，下禾中添上禾1束，则它们分别可得实1斗。问上、中、下禾1束之实各为多少？

　　答：上禾1束之实为$\frac{9}{25}$斗，中禾1束之实为$\frac{7}{25}$斗，下禾1束之实为$\frac{4}{25}$斗。

　　算法：依照"方程术"算法，各列置所取禾实之数，用正负算法来运算：（在两行相减时）同号之数则相减，异号之数则相加。正数去减零则变正为负作余数，负数去减零则变负为正作余数。或者（当两项相加时），异号之数相减，同号

之数则相加，正数去加零则得此正数，负数去加零则得此负数。

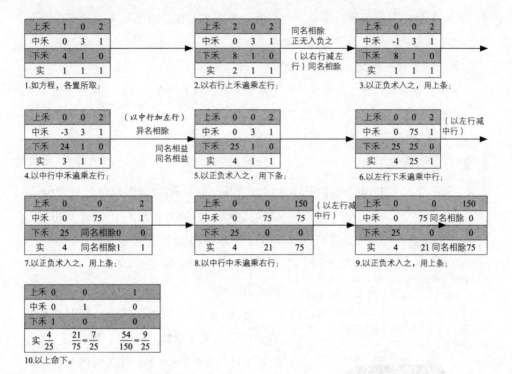

1.如方程，各置所取；

2.以右行上禾遍乘左行；

3.以正负术入之，用上条；

4.以中行中禾遍乘左行；

5.以正负术入之，用下条；

6.以左行下禾遍乘中行；

7.以正负术入之，用上条；

8.以中行中禾遍乘右行；

9.以正负术入之，用上条；

10.以上命下。

译解

设上、中、下禾之实各为x、y、z斗，则依据题设条件列方程：

$$\begin{cases} 2x + y = 1 \\ 3y + z = 1 \\ 4z + x = 1 \end{cases} \qquad 得 \begin{cases} x = \dfrac{9}{25}斗 \\ y = \dfrac{7}{25}斗 \\ z = \dfrac{4}{25}斗 \end{cases}$$

术解

古算依"方程术"解，但涉及到负数问题，故在方程术中增加正负数加减法运算的法则。将正负数加减法运算法则与前述"方程术"结合可解此题。请参考卷第八题〔一〕解题过程。

原文

〔四〕今有上禾五秉，损实一斗一升，当下禾七秉。上禾七秉，损实二斗五升，当下禾五秉。问上、下禾实一秉各几何？

答曰：上禾一秉五升，下禾一秉二升。

术曰：如方程，置上禾五秉正，下禾七秉负，损实一斗一升正。次置上禾七秉正，下禾五秉负，损实二斗五升正。以正负术入之。

译文

〔四〕今有上禾5束，减损其中之实1斗1升，与下禾7束之实相当；上禾7束，减损其中之实2斗5升，与下禾5束之实相当。问上、下禾每1束之实各是多少？

答：上禾每1束之实为5升，下禾每1束之实为2升。

算法：依"方程术"算法，列出上禾束数"＋5"，下禾束数"－7"，损"实"之升数"＋11"（放在右边）。其次列出上禾束数"＋7"，下禾束数"－5"，损"实"之升数"＋25"（放在右边）。用正负算法来推算。

□ 正策、负策形状

刘徽在《九章算术》中记叙了古筹算中正负数的两种表示法：一是以算筹的颜色区分，正算用红色，负算用黑色；二是以算筹的形状区分，正算的截面为三角形，负算的截面为方形。图为正策三廉、负策四廉的不同形状组成的图案。

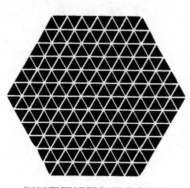

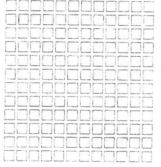

译解

设上、下禾1束之实各为x、y，依题设条件列方程：

$$\begin{cases} 5x - 11 = 7y \\ 7x - 25 = 5y \end{cases}$$

得

$$\begin{cases} x = 5升 \\ y = 2升 \end{cases}$$

术解

古算过程参见题〔一〕"方程术"及题〔二〕"正负术"。

原文

〔五〕今有上禾六秉，损实一斗八升，当下禾一十秉。下禾十五秉，损实五升，当上禾五秉。问上、下禾实一秉各几何？

答曰：上禾一秉实八升，下禾一秉实三升。

术曰：如方程，置上禾六秉正，下禾一十秉负，损实一斗八升正。次置上禾五秉负，下禾一十五秉正，损实五升正。以正负术入之。

□ 陶量 战国时期

图为战国时期陶量，鼓壁、平底。外壁有竖纹，壁中间饰有绳式纹，底部有戳式印文"稟"字，为当时国库仓廪所用的量器，容积为2000毫升。

译文

〔五〕今有上禾6束，减损其中之"实"1斗8升，与下禾10束之"实"相当；下禾15束，减损其中之"实"5升，与上禾5束之"实"相当。问上、下禾每1束之实各为多少？

答：上禾每1束之实为8升，下禾每1束之实为3升。

算法：依"方程"算法，列出上禾束数"＋6"，下禾束数"－10"，减损之实升数"＋18"（放在右边）。其次，列出上禾束数"－5"，下禾束数"＋15"，减损之实"＋5"（放在左边）。按正负算法推算。

译解

设上、下禾每1束所得之实各为x、y升，则依据升题设条件列方程：

$$\begin{cases} 6x - 18 = 10y \\ 15y - 5 = 5x \end{cases}, \quad 得 \quad \begin{cases} x = 8升 \\ y = 3升 \end{cases}。$$

术解

古算过程参考卷第八题〔一〕"方程术"及题〔二〕"正负术"。

□ **田漏**

　　田漏是古代农家常用的计时器具。据记载，它是以日晷或圭表来检验泄水壶中一昼夜流出的水量是否与今日午至明日午圭表所示日影位置相合。这说明田漏是以天文测定来校准的。图中右侧为安放在田边的田漏，根据它农人就可知道当时的时间。

原文

　　〔六〕今有上禾三秉，益实六斗，当下禾十秉。下禾五秉，益实一斗，当上禾二秉。问上、下禾实一秉各几何？

　　答曰：上禾一秉实八斗，下禾一秉实三斗。

　　术曰：如方程，置上禾三秉正，下禾一十秉负，益实六斗负。次置上禾二秉负，下禾五秉正，益实一斗负。以正负术入之。

译文

　　〔六〕今有上禾3束，增益"实"6斗，与下禾10束相当。下禾5束，增益"实"1斗，与上禾2束相当。问上、下禾每1束之实各是多少？

　　答：上禾每1束之实为8斗，下禾每1束之实为3斗。

　　算法：依方程算法，列出上禾束数"+3"，下禾束数"-10"，所增的斗数"-6"（放在右行），其次列出上禾束数"-2"，下禾束数"+5"，所增益的斗数"-1"（放在左行）。按正负算法推算。

译解

　　设上、下禾每1束之实各为x、y斗，则依据题设条件列方程：

$$\begin{cases} 3x + 6 = 10y \\ 5y + 1 = 2x \end{cases} \qquad 得 \qquad \begin{cases} x = 8斗 \\ y = 3斗 \end{cases}$$

术解

　　古算过程，请参考第八题〔一〕"方程术"和题〔二〕"正负术"。

原文

〔七〕今有牛五、羊二，直金十两。牛二、羊五，直金八两。问牛羊各直金几何？

答曰：牛一，直金一两二十一分两之一十三；羊一，直金二十一分两之二十。

术曰：如方程。

译文

〔七〕今有牛5头，羊2头，共值金10两。牛2头，羊5头，共值金8两。问牛、羊每头各值金多少？

答：牛1头，值金 $1\frac{13}{21}$ 两；羊1头，值金 $\frac{20}{21}$ 两。

算法：依照"方程术"。

译解

设牛、羊每头各值金 x、y 两，则依据题设条件列方程：

$$\begin{cases} 5x + 2y = 10 \\ 2x + 5y = 8 \end{cases}, \quad 得 \quad \begin{cases} x = 1\frac{13}{21} 两 \\ y = \frac{20}{21} 两 \end{cases}。$$

术解

古算过程请参考卷第八题〔一〕"方程术"。

原文

〔八〕今有卖牛二、羊五，以买十三豕，有余钱一千。卖牛三、豕三，以买九羊，钱适足。卖羊六、豕八，以买五牛，钱不足六百。问牛、羊、豕价各几何？

答曰：牛价一千二百，羊价五百，豕价三百。

术曰：如方程，置牛二，羊五正，豕一十三负，余钱数正；次，牛三正，羊

□ 木斗

图为中华民国时期的木斗。

九负，豕三正；次，牛五负，羊六正，豕八正，不足钱负。以正负术入之。

译文

〔八〕今有人卖牛2头，羊5头，用以买13头猪，还多1 000钱。卖牛3头，猪3头，用以买羊9头，钱不多不少。卖羊6头，猪8头，用以买5头牛，还少600钱。问牛、羊、猪每头价各是多少。

答：每头牛价1 200钱，每头羊价500钱，每头猪价300钱。

算法：按照"方程术"。列出牛的头数"+2"，羊的头数"+5"，猪的头数"－13"，余钱数"+1 000"（放在右行）。其次，列出牛的头数"+3"，猪的头数"+3"，羊的头数"－9"。再次，列出牛的头数"－5"，羊的头数"+6"，猪的头数"+8"，不足的钱数"－600"（放在左行）。用正负算法来推算。

译解

设牛、羊、猪每头的价格各为x、y、z钱，则依据题设条件列方程：

$$\begin{cases} 2x + 5y = 13z + 1\,000 \\ 3x + 3z = 9y \\ 6y + 8z = 5x - 600 \end{cases}, \quad 得 \quad \begin{cases} x = 1\,200钱 \\ y = 500钱 \\ z = 300钱 \end{cases}。$$

术解

术算过程，请参考卷第八题〔一〕"方程术"和题〔二〕"正负术"。

原文

〔九〕今有五雀、六燕，集称之衡[1]，雀俱重，燕俱轻。一雀一燕交而处[2]，衡适平[3]。并燕、雀重一斤。问燕、雀一枚各重几何？

答曰：雀重一两一十九分两之十三，燕重一两一十九分两之五。

术曰：如方程，交易质之[4]，各重八两。

注释

〔1〕集称之衡：集中在一起用衡器称。

〔2〕交而处：交换位置放。

〔3〕衡适平：指重量恰好相等。

〔4〕交易质之：一只雀一只燕交换位置后，用衡器去称之。

译文

〔九〕今有5只雀、6只燕，分别聚集而用衡器称之，聚在一起的雀重，燕轻。将1只雀、1只燕交换位置而放，重量相等。5只雀、6只燕重量为1斤。问雀、燕每只各重多少？

答：每只雀重$1\frac{13}{19}$两；每只燕重$1\frac{5}{19}$两。

算法：依"方程术"算法，1只雀1只燕交换位置而放后，用衡器去称，4雀加1燕和1雀加5燕的重量各为8两（即半斤）。

译解

设雀、燕每1只各重x、y两，则依据题设条件列方程：

$$\begin{cases} 4x+y=5y+x \\ 5x+6y=16 \end{cases}, \qquad 得 \begin{cases} x=1\frac{13}{19}两 \\ y=1\frac{5}{19}两 \end{cases}。$$

	左	右
雀	1	4
燕	5	1
重	8	8

1.左行头位

	左	右
	1	0
	5	−19法
	8	−24实

2.令右行

	左	右
雀	1	4
燕	5	1
重	8	8

遍乘4 →

4	4
20	1
32	8

→

0	4
19 法	1
24 实	8

第〔九〕题的算法演示

术解

术算过程，请参考卷第八题〔一〕"方程术"。

原文

〔一〇〕今有甲乙二人持钱不知其数。甲得乙半而钱五十，乙得甲太半而亦钱五十。问甲、乙持钱各几何？

答曰：甲持三十七钱半，乙持二十五钱。

术曰：如方程，损益之。

译文

〔一〇〕今有甲、乙两人持钱不知有多少。甲得到乙所有钱的$\frac{1}{2}$而有钱数为50，乙得到甲所有钱的$\frac{2}{3}$而也有钱50。问甲、乙持钱各是多少？

答：甲持$37\frac{1}{2}$钱，乙持25钱。

算法：按"方程"算法，对其相减相加。

译解

设甲、乙持钱数各为x、y钱，则依据题设条件列方程：

$$\begin{cases} x + \dfrac{1}{2}y = 50 \\ y + \dfrac{2}{3}x = 50, \end{cases} \quad 得 \quad \begin{cases} x = 37\dfrac{1}{2}钱 \\ y = 25钱 \end{cases}。$$

术解

术算过程，请参考卷第八题〔一〕"方程术"。

原文

〔一一〕今有二马、一牛价过一万，如半马之价。一马、二牛价不满一万，如半牛之价。问牛、马价各几何？

答曰：马价五千四百五十四钱一十一分钱之六，牛价一千八百一十八钱一十一分钱之二。

术曰：如方程，损益之。

译文

〔一一〕今有2匹马、1头牛的总价超过10 000钱，其超出的钱数相当于$\frac{1}{2}$匹马的价格。1匹马、2头牛的总价不足10 000钱，所差的钱数相当于$\frac{1}{2}$头牛的价格。问每头牛、每匹马的价格各是多少？

答：每匹马价格为$5\,454\frac{6}{11}$钱，每头牛价格为$1\,818\frac{2}{11}$钱。

算法：依"方程"算法，对其相减相加。

译解

设每匹马价格为x钱，每头牛价格为y钱，则依据题设条件列方程：

$$\begin{cases} 2x + y = 10\,000 + \dfrac{1}{2}x \\[2mm] x + 2y = 10\,000 - \dfrac{1}{2}y \end{cases} \quad 得 \quad \begin{cases} x = 5\,454\dfrac{6}{11}钱 \\[2mm] y = 1\,818\dfrac{2}{11}钱。 \end{cases}$$

□ **中国古代记数法**

中国最早的记数符号，约形成于公元前16—11世纪，主要用来占卜祭祀。直到汉代，又出现了一种称为算筹的计算工具。它是世界上最早使用十进位值制的数码体系。13世纪后，算筹式演化得到改进，用"0"表示零，最终形成一套完整的位值制积数法。

甲骨（商）		
金文（西周）		
篆体（秦）		
早期算筹纵式（约汉代）		
早期算筹横式（约汉代）		
后期算筹纵式（宋代）		
后期算筹横式（宋代）		

术解

术解过程，请参考卷第八题〔一〕"方程术"。

原文

〔一二〕今有武马[1]一匹，中马二匹，下马三匹，皆载四十石至阪[2]，皆不能上。武马借中马一匹，中马借下马一匹，下马借武马一匹，乃皆上。问武、中、下马一匹各力引[3]几何？

答曰：武马一匹力引二十二石七分石之六，

中马一匹力引一十七石七分石之一，

下马一匹力引五石七分石之五。

术曰：如方程。各置所借，以正负术入之。

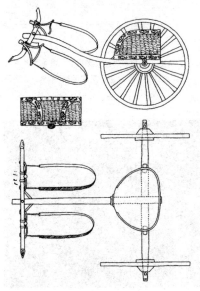

□ 商车

商代的车在河南安阳殷朝的国都遗址共出土20余辆，大多为一车二马。皆为木制车，木质已腐朽，但车马的铜锦仲都保留在原位，是珍贵的马车实物资料。图为中国考古学家石璋如根据出土资料复原的商车分件。

注释

〔1〕武马：指勇武有力之马。

〔2〕阪（bǎn）：指山坡。

〔3〕力引：用力拉。

译文

〔一二〕今有武马1匹，中马2匹，下马3匹，皆拉粮40石，行至山坡，都不能上。如1匹武马借中马1匹，2匹中马借下马1匹，3匹下马借武马1匹，就都能拉（40石粮）上坡。问武马、中马、下马每1匹能用力拉多少石粮？

答：武马1匹能拉$22\frac{6}{7}$石粮；中马1匹能拉$17\frac{1}{7}$石粮；下马1匹能拉$5\frac{5}{7}$石粮。

算法：依"方程"算法，各列出所借之数，用正负算法推算。

译解

设武马、中马、下马每匹各能用力拉粮x、y、z石，则依据题设条件列方程：

$$\begin{cases} x+y=40 \\ 2y+z=40 \\ 3z+x=40, \end{cases} \qquad 得 \begin{cases} x=22\frac{6}{7}石 \\ y=17\frac{1}{7}石 \\ z=5\frac{5}{7}石。 \end{cases}$$

术解

术算过程，请参考卷第八题〔一〕"方程术"和题〔二〕"正负术"。

原文

〔一三〕今有五家共井，甲二绠[1]不足，如乙一绠；乙三绠不足，如丙一绠；丙四绠不足，如丁一绠；丁五绠不足，如戊一绠；戊六绠不足，如甲一绠。如各得所不足一绠，皆逮[2]。问井深、绠长各几何？

答曰：井深七丈二尺一寸。

甲绠长二丈六尺五寸，乙绠长一丈九尺一寸，丙绠长一丈四尺八寸，丁绠长一丈二尺九寸，戊绠长七尺六寸。

术曰：如方程，以正负术入之。

注释

〔1〕绠（gěng）：李籍《九章算术音义》解为"汲水索"。

〔2〕逮（dǎi）：到。

译文

〔一三〕今有5家人共用1井，甲的2根绳够不上井深，加上乙的1根绳才行；乙的3根绳够不上井深，加上丙的1根绳才行；丙的4根绳够不上井深，加上丁的1根绳才行；丁的5根绳够不上井深，加上戊的1根绳才行；戊的6根绳够不上井深，加上甲的1根绳才行。如果各得所差之绳1根，皆能达到井深。问井深、绳长各多少？

答：井深7丈2尺1寸。

甲绳长2丈6尺5寸，乙绳长1丈9尺1寸，丙绳长1丈4尺8寸，丁绳长1丈2尺9寸，戊绳长7尺6寸。

算法：依照方程算法，用正负算法推算。

译解

设井深为w，甲、乙、丙、丁、戊绳长分别为x、y、z、u、v寸，则依据题设条件列方程。

$$
\begin{cases} 2x + y = w \\ 3y + z = w \\ 4z + u = w \\ 5u + v = w \\ 6v + x = w, \end{cases}
\quad 得 \quad
\begin{cases} 721x = 265w \\ 721y = 191w \\ 721z = 148w \\ 721u = 129w \\ 721v = 76w, \end{cases}
\quad 得 \quad
\begin{cases} x = 265寸 = 2丈6尺5寸 \\ y = 191寸 = 1丈9尺1寸 \\ z = 148寸 = 1丈4尺8寸 \\ u = 129寸 = 1丈2尺9寸 \\ v = 76寸 = 7尺6寸 \\ w = 721寸 = 7丈2尺1寸。\end{cases}
$$

术解

古算过程，请参考卷第八题〔一〕"方程术"和题〔二〕"正负术"。

原文

〔一四〕今有白禾[1]二步、青禾三步、黄禾四步、黑禾五步，实各不满斗。白取青、黄，青取黄、黑，黄取黑、白，黑取白、青，各一步而实满斗。问白、青、黄、黑禾实一步各几何？

答曰：白禾一步实一百一十一分斗之三十三；青禾一步实一百一十一分斗之二十八；黄禾一步实一百一十一分斗之一十七；黑禾一步实一百一十一分斗之一十。

术曰：如方程，各置所取，以正负术入之。

注释

〔1〕禾：禾为粮食作物的统称，白禾、青禾、黄禾、黑禾指不同种类的粮食作物。

译文

〔一四〕今有白禾2（立方）步，青禾3（立方）步，黄禾4（立方）步，黑禾5（立方）步，各自得粮之实皆不满1斗。若白禾2（立方）步再加青禾、黄禾各1（立方）步，青禾3（立方）步再加上黄禾、黑禾各1（立方）步，黄禾4（立方）步再加黑禾、白禾各1（立方）步，黑禾5（立方）步再加上白禾、青禾各1（立方）步，各自得粮之实皆满1斗。问白、青、黄、黑禾每1（立方）步得粮之实各是多少？

答：白禾1步得粮之实为 $\frac{33}{111}$ 斗；青禾1步得粮之实为 $\frac{28}{111}$ 斗；黄禾1步得粮之实为 $\frac{17}{111}$ 斗；黑禾1步得粮之实为 $\frac{10}{111}$ 斗。

算法：按"方程"算法。列置所取各数，按正负算法推算。

□ **时辰醒钟 清代**

此醒钟直径12.5厘米，厚7.5厘米，由清朝宫廷钟表处制造，以中国传统的一日十二个时辰为表盘显示。其内部结构与普通机械钟表的内部结构相似。

译解

设白、青、黄、黑禾每1（立方）步得粮之实分别为 x、y、z、u 斗，则依据题设条件列方程：

$$\begin{cases} 2x + y + z = 1 \\ 3y + z + u = 1 \\ 4z + x + u = 1 \\ 5u + x + y = 1, \end{cases} \quad 得 \quad \begin{cases} x = \frac{33}{111}斗 \\ y = \frac{28}{111}斗 \\ z = \frac{17}{111}斗 \\ u = \frac{10}{111}斗 \,。 \end{cases}$$

术解

术算过程，请参考卷第八题〔一〕"方程术"和题〔二〕"正负术"。

□ 大明殿灯漏

　　该灯漏是郭守敬设计的一个大型的独立机械计时器。它是世界上最早脱离天文仪器的独立自鸣钟。其外形像一个灯笼球，动力机构与水运仪象相似。灯球部分较为复杂，共分四层。第一层仍保留有日、月、参、辰周日运行的痕迹。第二层为"龙虎鸟龟之象"，每到一刻动物模型分别跳跃，同时还以音响报时。第三、四层也是报时的机构，每到一时辰就有手拿相应报时牌的木人出来通报。图为2003年苏州古代天文计时仪器研究所复制成功的大明殿灯漏。

原文

　　〔一五〕今有甲禾二秉、乙禾三秉、丙禾四秉，重皆过于石。甲二重如乙一，乙三重如丙一，丙四重如甲一。问甲、乙、丙禾一秉各重几何？

　　答曰：甲禾一秉重二十三分石之十七，乙禾一秉重二十三分石之十一，丙禾一秉重二十三分石之十。

　　术曰：如方程，置重过于石之物为负[1]。以正负术入之。

注释

　　〔1〕置重过于石之物为负：取重量超过1石的那部分物数作负数。如本题甲禾2束，乙禾3束，丙禾4束，它们的重量都超过了1石，那超出的部分是多少呢？本题有详细说明，"如乙一""如丙一""如甲一"亦即

$$\begin{cases} 2x - y = 1 \\ 3y - z = 1 \\ 4z - x = 1 \end{cases}$$ 每个方程第二项系数都是负数。

译文

　　〔一五〕今有甲禾2束，乙禾3束，丙禾4束，各自之重量都超过了1石。甲禾2束所超之重如同乙禾1束之重；乙禾3束所超之重如同丙禾1束之重；丙禾4束所超之重如同甲禾1束之重。问甲、乙、丙禾每1束之重各是多少？

　　答：甲禾1束之重为$\frac{17}{23}$石；乙禾1束之重为$\frac{11}{23}$石；丙禾1束之重为$\frac{10}{23}$石。

　　算法：依照"方程"算法，取重量超过1石的那部分物数作负数，按正负算法推算。

译解

设甲、乙、丙禾每1束之重分别为x、y、z石，则依据题设条件列方程：

$$\begin{cases} 2x-1=y \\ 3y-1=z \\ 4z-1=x, \end{cases}$$ 移项得 $$\begin{cases} 2x-y=1 \\ 3y-z=1 \\ 4z-x=1, \end{cases}$$ 得 $$\begin{cases} x=\dfrac{17}{23}石 \\ y=\dfrac{11}{23}石 \\ z=\dfrac{10}{23}石。 \end{cases}$$

术解

术算过程，请参考卷第八题〔一〕"方程术"和题〔二〕"正负术"。

原文

〔一六〕今有令一人、吏五人、从者一十人[1]，食鸡一十；令一十人、吏一人、从者五人，食鸡八；令五人、吏一十人、从者一人，食鸡六。问令、吏、从者食鸡各几何？

答曰：令一人食一百二十二分鸡之四十五；吏一人食一百二十二分鸡之四十一；从者一人食一百二十二分鸡之九十七。

术曰：如方程，以正负术入之。

注释

〔1〕令、吏、从者：令为县级行政长官；吏为县衙中办理文书的小官；从者为随员、仆从。

译文

〔一六〕今有令1人，吏5人，从者10人，吃了10只鸡；令10人，吏1人，从者5人，吃

□ 正负术 《九章算术》

正负术为我国古代解线性方程组时提出的正负数加减法则，最早见于《九章算术》"方程章"，是指方程两行所消元的系数同为正数或负数，即同名时，用减法。此时若其他对应项的系数（含常数项）为一正一负者，就相加。

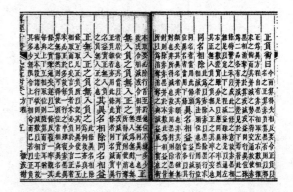

了8只鸡；令5人，吏10人，从者1人，吃了6只鸡。问令、吏、从者吃鸡之数各是多少？

答：令每人吃鸡$\frac{45}{122}$只；吏每人吃鸡$\frac{41}{122}$只，从者每人吃鸡$\frac{97}{122}$只。

算法：依方程算法，用正负算法推算。

译解

设令、吏、从者每人吃鸡数分别为x、y、z只，则依据题设条件列方程：

$$\begin{cases} x + 5y + 10z = 10 \\ 10x + y + 5z = 8 \\ 5x + 10y + z = 6 \end{cases}$$

得 $\begin{cases} x = \frac{45}{122} 只 \\ y = \frac{41}{122} 只 \\ z = \frac{97}{122} 只。 \end{cases}$

□ 写 算

写算，是一种格子乘法，也是笔算乘法的一种，用以区别筹算和珠算。它由明代数学家吴敬在其撰写的《九章算法比类大全》一书中提出，是从天元式的乘法演变而来。例如计算89×65，将被乘数89记入上行，乘数65记入右行。然后以乘数65的每位数字乘被乘数89的每位数字，将结果记入相应的格子中，最后按斜行加起来，即得5 785。如图所示。

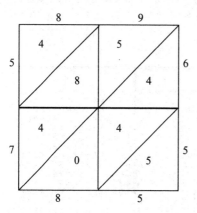

术解

术算过程，请参考卷第八题〔一〕"方程术"和题〔二〕"正负术"。

原文

〔一七〕今有五羊、四犬、三鸡、二兔，直钱一千四百九十六；四羊、二犬、六鸡、三兔，直钱一千一百七十五；三羊、一犬、七鸡、五兔，直钱九百五十八；二羊、三犬、五鸡、一兔，直钱八百六十一。问羊、犬、鸡、兔价各几何？

答曰：羊价一百七十七；犬价一百二十一；鸡价二十三；兔价二十九。

术曰：如方程，以正负术入之。

译文

〔一七〕今有5只羊，4只狗、3只鸡、2只兔，值1 496钱；4只羊、2只狗、6只鸡、3只兔，值1 175钱；3只羊、1只狗、7只鸡、5只兔，值958钱；2只羊、3只狗、5只鸡、1只兔，值861钱。问羊、狗、鸡、兔每只钱各为多少？

答：羊价每只为177钱，狗价每只为121钱，鸡价每只为23钱，兔价每只为29钱。

算法：依照方程算法，按正负算法推算。

译解

设羊、狗、鸡、兔每只钱各为 x、y、z、u，则依据题设条件列方程：

$$\begin{cases} 5x + 4y + 3z + 2u = 1\,496 \\ 4x + 2y + 6z + 3u = 1\,175 \\ 3x + y + 7z + 5u = 958 \\ 2x + 3y + 5z + u = 861 \end{cases}, \qquad 得 \begin{cases} x = 177钱 \\ y = 121钱 \\ z = 23钱 \\ u = 29钱 \end{cases}。$$

术解

术算过程，请参考卷第八题〔一〕"方程术"和题〔二〕"正负术"。

原文

〔一八〕今有麻九斗、麦七斗、菽三斗、荅二斗、黍五斗，直钱一百四十；麻七斗、麦六斗、菽四斗、荅五斗、黍三斗，直钱一百二十八；麻三斗、麦五斗、菽七斗、荅六斗、黍四斗，直钱一百一十六；麻二斗、麦五斗、菽三斗、荅九斗、黍四斗，直钱一百一十二；麻一斗、麦三斗、菽二斗、荅八斗、黍五斗，直钱九十五。问一斗直几何？

答曰：麻一斗七钱，麦一斗四钱，菽一斗三钱，荅一斗五钱，黍一斗六钱。

术曰：如方程，以正负术入之。

译文

〔一八〕今有麻9斗、麦7斗、菽3斗、荅2斗，黍5斗，值钱140；麻7斗、麦6

中国古代重量单位名称及进位简表

朝 代	单位名称及进位								
周以前	鼓480斤	引200斤	石120斤	钧30斤	斤16两	两24铢	铢10垒	垒10黍	
汉	石120斤	钧30斤	斤16两	两24铢	铢				
唐	石120斤	钧30斤	斤16两	两24铢	铢	钱（与铢、两的进率不定）			
宋	石120斤	钧30斤	斤16两	两10钱	钱10分	分10厘	厘10毫	毫10丝	丝10忽 忽
清	担100斤	斤16两	两10钱	钱10分	分10厘	厘10毫	毫		

斗、菽4斗、苔5斗、黍3斗，值钱128；麻3斗、麦5斗、菽7斗、苔6斗、黍4斗，值钱116；麻2斗、麦5斗、菽3斗、苔9斗、黍4斗，值钱112；麻1斗、麦3斗、菽2斗、苔8斗、黍5斗，值钱95。问每1斗麻、麦、菽、苔、黍值钱多少？

答：麻1斗值7钱，麦1斗值4钱，菽1斗值3钱，苔1斗值5钱，黍1斗值6钱。

算法：按方程算法，用正负算法推算。

译解

设每1斗麻、麦、菽、苔、黍各值x、y、z、u、v钱，则依据题设条件列方程：

$$\begin{cases} 9x + 7y + 3z + 2u + 5v = 140 \\ 7x + 6y + 4z + 5u + 3v = 128 \\ 3x + 5y + 7z + 6u + 4v = 116 \\ 2x + 5y + 3z + 9u + 4v = 112 \\ x + 3y + 2z + 8u + 5v = 95 \end{cases} \quad 得 \quad \begin{cases} x = 7钱 \\ y = 4钱 \\ z = 3钱 \\ u = 5钱 \\ v = 6钱。 \end{cases}$$

术解

术算过程，请参考卷第八题〔一〕"方程术"和题〔二〕"正负术"。

卷第九
勾 股

BOOK 9

今有木去人不知远近。立四表，相去各一丈，令左两表与所望参相直。从后右表望之，入前右表三寸。问木去人几何？

答曰：三十三丈三尺三寸少半寸。

术曰：令一丈自乘为实，以三寸为法，实如法而一？

今有山居木西，不知其高。山去木五十三里，木高九丈五尺。人立木东三里，望木末适与山峰斜平。人目高七尺。问山高几何？

答曰：一百六十四丈九尺六寸太半寸。

术曰：置木高，减人目高七尺，余，以乘五十三里为实。以人去木三里为法。实如法而一。所得加木高，即山高。

原文

〔一〕今有勾三尺，股四尺[1]，问为弦[2]几何？

答曰：五尺。

〔二〕今有弦五尺，勾三尺，问为股几何？

答曰：四尺。

〔三〕今有股四尺，弦五尺，问为勾几何？

答曰：三尺。

勾股术曰：勾股各自乘，并而开方除之，即弦。

又：股自乘，以减弦自乘，其余开方除之，即勾。

又：勾自乘，以减弦自乘，其余开方除之，即股。

注释

□ 一行

一行（公元683—公元727年），唐代天文学家、数学家。他最重要的成就是组织了一次大规模的天文大地测量。这次测量的范围极广，测量的内容是南北12个北极点的高度。测量后的数据纠正了前人关于"南北地隔千里，影长差一寸"的说法。这次测量数据之准确，使其成为编订大衍历的基础，大衍历的结构体系也一直是后世历法研究者的主要蓝本。

〔1〕勾、股：直角三角形短直角边称勾，长直角边称股。

〔2〕弦：直角三角形的长边。

译文

〔一〕今勾3尺，股4尺，问弦长多少？

答：5尺。

〔二〕今弦长5尺，勾3尺，问股长多少？

答：4尺。

〔三〕今股4尺，弦5尺，问勾长多少？

答：3尺。

勾股算法：勾股各自相乘，相加后开平方，所得即弦长。

又：股自乘，去减弦自乘，其余数开平方，所得即勾长。

又：勾自乘，去减弦自乘，其余数开平方，所得即股长。

译解（"术解"与译解相同）

〔一〕根据题设条件，作示意图9-1。

设直角三角形勾为a，股为b，弦为c，则：

$c^2 = a^2 + b^2$，$c = \sqrt{a^2+b^2} = \sqrt{3^2+4^2}$尺=5尺。

〔二〕$b^2 = c^2 - a^2$，$b = \sqrt{c^2-a^2} = \sqrt{5^2-3^2}$尺=4尺。

〔三〕$a^2 = c^2 - b^2$，$a = \sqrt{5^2-4^2}$尺=3尺。

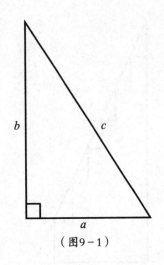

（图9-1）

原文

〔四〕今有圆材，径二尺五寸。欲为方版，令厚七寸，问广几何？

答曰：二尺四寸。

术曰：令径二尺五寸自乘，以七寸自乘，减之。其余，开方除之，即广。

（此以圆径二尺五寸为弦，版厚七寸为勾，所求广为股也。）

译文

〔四〕今有圆形材质，直径为2尺5寸，要做成方形板材，使其厚达到7寸。问长是多少？

答：2尺4寸。

算法：用直径2尺5寸自乘，用它减去7寸自乘，其余数开平方，即为长度。

译解（"术解"与译解相同）

根据题设条件，作示意图9-2。

$BC = 25$寸，$CD = 7$寸，$BD = \sqrt{25^2-7^2}$寸= 24寸=2尺4寸。

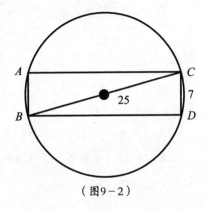

（图9-2）

原文

〔五〕今有木长二丈，围之三尺。葛[1]生其下，缠木七周，上与木齐。问葛长几何？

答曰：二丈九尺。

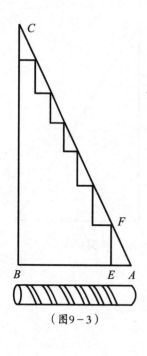

（图9-3）

术曰：以七周乘三尺为股，木长为勾，为之求弦。弦者，葛之长。

注释

〔1〕葛：多年生草本植物，茎可编篮做绳。

译文

〔五〕今有木长2丈，绕木1周，周之长为3尺，葛生长在木之下一方，绕木7周，葛梢齐于圆柱的上端，问葛长是多少？

答：葛长为2丈9尺。

算法：以周数7乘3尺为股，以木长为勾，由此求弦长。弦长即葛长。

译解

根据题设条件，作示意图9-3。

$EF = 3$尺，$BC = 7 \times 3 = 21$尺，$AB = 2$丈 $= 20$尺，

所求$AC = \sqrt{AB^2 + BC^2} = \sqrt{21^2 + 20^2}$尺 $= 29$尺 $= 2$丈9尺。

术解

葛长 $= \sqrt{(周数 \times 木周长)^2 + 木长^2} = \sqrt{(7 \times 3)^2 + 20^2} = 29$尺。

原文

〔六〕今有池方一丈，葭[1]生其中央，出水一尺。引葭赴岸，适与岸齐。问水深、葭长各几何？

答曰：水深一丈二尺，葭长一丈三尺。

术曰：半池方自乘，以出水一尺自乘，减之。余，倍出水除之，即得水深。加出水数，得葭长。

注释

〔1〕葭（jiā）：初生的芦苇。

译文

〔六〕今有正方形水池边长为1丈，芦苇生长在水的中央，长出水面的部分为1尺。将芦苇向池岸牵引，恰巧与水岸齐接，问水深、芦苇的长度是多少？

答：水深1丈2尺，芦苇长度为1丈3尺。

算法：将水池边长的 $\frac{1}{2}$ 自乘，以出水高度1尺自乘，两者相减，所得余数，用2倍出水之数去除余数，即得水深。加上出水数，即得芦苇长。

译解

根据题设条件，作示意图9－4。

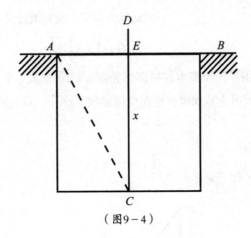

（图9－4）

出水深 $DE = 1$ 尺， $AE = \frac{1}{2}AB = 5$ 尺。

设： $CE = x$ （水深）， $AC = x + 1$ ，则， $(x+1)^2 - 5^2 = x^2$ 。

$x = \frac{5^2 - 1^2}{2}$ 尺 $= 12$ 尺，芦苇长 $= CE + DE = 12$ 尺 $+ 1$ 尺 $= 13$ 尺。

原文

〔七〕今有立木，系索其末，委地[1]三尺。引索却行，去本八尺而索尽。问

□ 引葭赴岸　《九章算术注》插图　刘徽

"引葭赴岸"问题，是《九章算术》中的一道名题，是对勾股定理的应用之一。图为《详解九章算法》中对其辅之的图形。

索长几何？

答曰：一丈二尺六分尺之一。

术曰：以去本自乘，令如委数而一。

所得，加委地数而半之，即索长。

注释

〔1〕委地：堆在地面。

译文

〔七〕今有一竖立着的木柱，在木柱的上端系有绳索，绳索从木柱上端顺木柱下垂后，堆在地面的部分尚有3尺（实际含义：绳索比木柱长3尺）。牵着绳索退行，在高木柱根部8尺处时而绳索用尽。问绳索长是多少？

答：$1丈2\frac{1}{6}尺$。

算法：以绳索用尽处距离木柱根部的长度（8尺）自乘。令用堆在地面的绳索数（3尺）去除它，所得之数加堆在地面的绳索数（3尺），而后除以2，即得索长。

译解

根据题设条件，作示意图9－5。

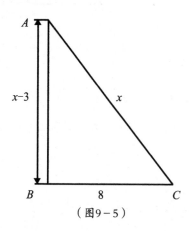

（图9－5）

设绳索长为x，$AB = x - 3$，

则：$x^2 = (x-3)^2 + 8^2$，$x = \dfrac{9+64}{6}$尺$= \dfrac{8^2+3^2}{6}$尺$= 12\dfrac{1}{6}$尺$= 1$丈$2\dfrac{1}{6}$尺。

术解

绳索长为：

$$\dfrac{\dfrac{\text{距离木柱根长度}^2}{\text{地面绳索长度}} + \text{地面绳索长度}}{2} = \dfrac{\dfrac{8^2}{3} + 3}{2} =$$

$$\dfrac{\dfrac{8^2}{3} + \dfrac{3^2}{3}}{2} = \dfrac{8^2 + 3^2}{6} = 12\dfrac{1}{6}\text{尺}。$$

原文

〔八〕今有垣[1]高一丈，倚木于垣，上与垣齐。引木却行一尺，其木至地。问木长几何？

答曰：五丈五寸。

术曰：以垣高一十尺自乘，如却行尺数而一。所得，以加却行尺数而半之，即木长数。

注释

〔1〕垣：墙。

译文

〔八〕今有墙高1丈。倚木杆于墙，使木之上端与墙平齐。牵引木杆下端退行1尺，则木杆（从墙上）滑落至地上。问木杆长是多少？

答：木长为5丈5寸。

算法：用墙高尺数10自乘，除以退行的尺数1，所得之数加退行的尺数而除以2，即为木杆的长度。

□ 勾股定理的论证 《详解九章算法》插图 杨辉 宋代

该图是《详解九章算法》对"今有立木，系索其末，委地三尺。引索却行，去本八尺而索尽。问索长几何。答曰：一丈二尺六分尺之一"的论证，图片旁的文字是其解法。

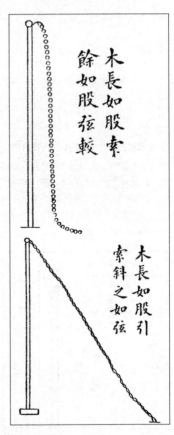

木长如股索
餘如股弦較

木长如股引
索斜之如弦

译解

根据题设条件，作示意图9－6。

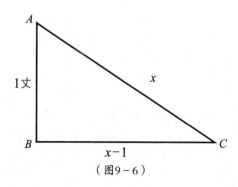

（图9－6）

设木杆长度为x，则$x^2-(x-1)^2=10^2$，$x=\dfrac{100+1}{2}尺=\dfrac{10^2+1}{2}尺=50\dfrac{1}{2}尺=$ 5丈5寸。

术解

$$\left(墙高^2\div退行尺数+退行尺数\right)\div2=\dfrac{\dfrac{10^2}{1}+1}{2}尺=\dfrac{10^2+1}{2}尺=50\dfrac{1}{2}尺=5丈5寸。$$

□ 七月流火图　《诗经》　西周时期

　　古人很早就开始注意观察星象的运转规律。殷商甲骨文中就已经出现了多个恒星的名字。《诗经》就有"七月流火，九月授衣"字句，意思是：当在七月份的黄昏看到"大火"（心宿二）向西南方很快落下时，就要准备九月穿的冬衣了。

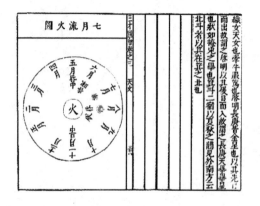

原文

　　〔九〕今有圆材埋在壁中，不知大小。以锯锯之，深一寸，锯道长一尺。问径几何？

　　答曰：材径二尺六寸。

　　术曰：半锯道自乘，如深寸而一，以深寸增之，即材径。

译文

　　〔九〕今有一圆柱形木材，埋在墙壁中，不知其大小。用锯去锯这木材，锯口深1寸，锯道长1尺。问这块圆形木材直径是多少？

答：圆形木材直径为2尺6寸。

算法：以锯道长的$\frac{1}{2}$自乘，除以锯深的寸数，再加上锯深的寸数，即为圆木的直径。

译解

根据题设条件，作示意图9-7。

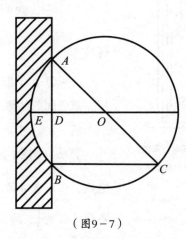

（图9-7）

$ED = 1$寸，$AB = 1$尺 $= 10$寸，设直径AC为 x 寸，$DO = \frac{1}{2}x - 1$，则$BC = 2 \times \left(\frac{1}{2}x - 1\right) = x - 2$。

在直角三角形ABC中AC^2即，$x^2 = 10^2 + (x-2)^2$，$x = 26$寸$=2$尺6寸。

术解

所求直径为：$\dfrac{\left(\dfrac{锯道长}{2}\right)^2}{锯深寸数} + 锯深寸数 = \dfrac{\left(\dfrac{AB}{2}\right)}{ED} + ED = \left(\dfrac{\left(\dfrac{10}{2}\right)^2}{1} + 1\right)$寸$= \left(\dfrac{25}{1} + 1\right)$寸 $= 26$寸 $= 2$尺6寸。

原文

〔一〇〕今有开门去阃[1]一尺，不合二寸。问门广几何？

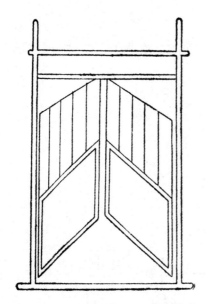

□ 开门《详解九章算法》插图 杨辉 宋代

图为宋代数学家杨辉在《详解九章算法》中，根据"今有开门去阃一尺，不合二寸。问门广几何？答曰：一丈一寸"问题所绘制的图片。

答曰：一丈一寸。

术曰：以去阃一尺自乘。所得，以不合二寸半之而一。所得，增不合之半，即得门广。

注释

〔1〕阃（kǔn）：门槛。

译文

〔一〇〕今推开双门，门框距门槛1尺，双门间的缝隙为2寸。问门宽多少？

答：1丈1寸。

算法：用距门槛1尺的寸数自乘，所得之数，以不合寸数的 $\frac{1}{2}$ 去除，所得之数加上不合寸数的 $\frac{1}{2}$，即得门宽。

译解

根据题设条件作示意图9-8。

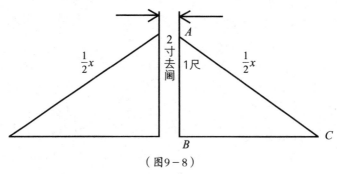

（图9-8）

设门宽为 x 寸，则：

$AC = \frac{1}{2}x$，$BC = \frac{1}{2}x - 1$，已知 $AB = 1$ 尺 $= 10$ 寸，则 $AB^2 + BC^2 = AC^2$

$10^2 + \left(\frac{1}{2}x - 1\right)^2 = \left(\frac{1}{2}x\right)^2$，$x = 101$ 寸 $= 1$ 丈1寸。

术解

门宽为：$\dfrac{\dfrac{距门槛寸数^2}{不合寸数}}{2} + \dfrac{不合寸数}{2} = \dfrac{\dfrac{(1尺)^2}{2寸}}{2} + \dfrac{2寸}{2} = 101寸 = 1丈1寸$。

原文

〔一一〕今有户高多于广六尺八寸，两隅[1]相去适一丈。问户高、广各几何？

答曰：广二尺八寸。高九尺六寸。

术曰：令一丈自乘为实。半相多[2]，令自乘，倍之，减实。半其余，以开方除之。所得，减相多之半，即户广；加相多之半，即户高。

注释

〔1〕两隅：指门上的对角线。

〔2〕相多：指"户高多于广六尺八寸"，即门高比宽多出的尺寸6尺8寸。

译文

〔一一〕今有一门，高比宽多6尺8寸，门对角线距离恰好为1丈。问门高、宽各是多少？

答：门宽2尺8寸，门高9尺6寸。

算法：令1丈自乘作"实"。以高比宽多出的尺寸除以2，使自乘，乘以2，去减"实"，将所得的一半开方，开方数减去高比宽多出尺寸的一半即为门宽；加上高比宽多出的尺寸，即为门高。

□ 圭表示意图

圭表是中国最古老的天文仪器。古人用它不仅可以确定南北方向，还可以测定节气与时刻。早先的表和圭是单独的两件仪器，土圭是一种玉制的尺子，长约一尺五寸，用来量度表影的长度。对于居住在北半球的人来说，中午表影总是在表的正北方向，于是古人就用石头从表基开始沿着中午的表影砌一水平的圭面，并在上面刻上刻度。这样人们就可以直接从水平圭面上读取表影的长度，由此圭与表也就合二为一了。

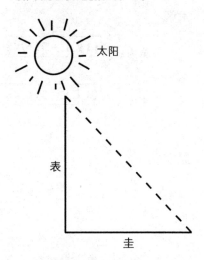

译解

根据题设条件作示意图9－9。

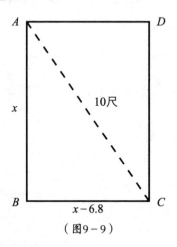

（图9－9）

设门高AB为x尺，则：门宽BC为（x－6.8）尺。

又知AC = 1丈 = 10尺，则AC² = AB² + BC²，10² = x² +（x－6.8）²，x = 9.6尺 = 9尺6寸。

门宽为9.6尺－6.8尺 = 2.8尺 = 2尺8寸。

术解

门宽为：$\sqrt{\dfrac{(1丈)^2 - 2(6尺8寸\div2)^2}{2}} - \dfrac{6尺8寸}{2} = 2尺8寸$。

门高为：$\sqrt{\dfrac{(1丈)^2 - 2(6尺8寸\div2)^2}{2}} + \dfrac{6尺8寸}{2} = 9尺6寸$。

原文

〔一二〕今有户不知高、广，竿不知长短。横之不出四尺，从[1]之不出二尺，邪[2]之适出。问户高、广、邪各几何？

答曰：广六尺。高八尺。邪一丈。

术曰：从、横不出相乘，倍，而开方除之。所得，加从不出，即户广；加横不出，即户高；两不出加之，得户邪。

注释

〔1〕从：通"纵"。

〔2〕邪：指门的对角线长。

译文

〔一二〕今有门，不知其高宽；有竿，不知其长短，横放，竿比门宽长出4尺；竖放，竿比门高长出2尺；斜放，竿与门对角线恰好相等。问门高、宽和对角线的长各是多少？

答：门宽6尺，高8尺，对角线长1丈。

算法："从不出"与"横不出"相乘，再乘以2，然后开平方。所得之数加"从不出"即为门宽；加"横不出"即为门高；"从不出""横不出"同加之，得门的对角线长。

译解

根据题设条件，作示意图9－10。

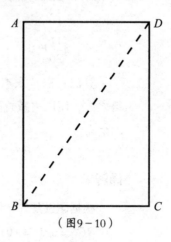

（图9－10）

设门的对角线 BD 长为 x 尺，则门宽 BC 为 (x−4) 尺，门高 CD 为 (x−2) 尺。

$x^2 = (x-4)^2 + (x-2)^2$。

解得：$x_1 = 10$尺，$x_2 = 2$尺（舍）。

$BC = 10$尺 − 4尺 = 6尺，$CD = 10$尺 − 2尺 = 8尺。

术解

门宽为：$\sqrt{2\times(\text{从不出}\times\text{横不出})}+\text{从不出}=\sqrt{2\times2尺\times4尺}+2尺=6尺$

门高为：$\sqrt{2\times(\text{从不出}\times\text{横不出})}+\text{横不出}=\sqrt{2\times2尺\times4尺}+4尺=8尺$

门对角线长：$\sqrt{2\times(\text{从不出}\times\text{横不出})}+\text{从不出}+\text{横不出}=\sqrt{2\times2尺\times4尺}+$
$2尺+4尺=10尺=1丈$。

原文

〔一三〕今有竹高一丈，末折抵地，去本三尺。问折者高几何?

答曰：四尺二十分尺之一十一。

术曰：以去本自乘，令如高而一。所得，以减竹高而半其余，即折者之
高也。

译文

〔一三〕今有竹高1丈，末端被折断而抵达地面，离竹根部有3尺。问竹的余高是
多少?

答：$4\frac{11}{20}$尺。

算法：以"去本"自乘，使以高相除。所得之数，用以去减竹高而余数除以2，即得折竹的余高。

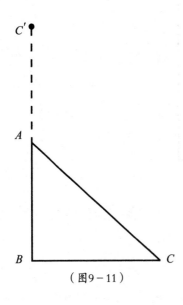

（图9-11）

译解

根据题设条件，作示意图9-11。

$BC'=1丈=10尺$，$BC=3尺$，$AB=10-AC'$，$AC'=AC$，$AB^2+BC^2=AC^2$；

即$(10-AC)^2+3^2=AC^2$，得$AC=5\frac{9}{20}$尺。

所求折竹余高$AB=1丈-5\frac{9}{20}$尺$=4\frac{11}{20}$尺。

术解

术算折竹余高为：（竹高 – "去本"的平方÷竹高）÷2 = $\dfrac{10尺 - \dfrac{3尺^2}{10尺}}{2}$ = $4\dfrac{11}{20}$尺。

原文

〔一四〕今有二人同所立[1]，甲行率七，乙行率三[2]。乙东行，甲南行十步而斜东北与乙会。问甲、乙行各几何？

答曰：乙东行一十步半，甲南行而斜东北行二十四步半及之。

术曰：令七自乘，三亦自乘，并而半之，以为甲斜行率。斜行率减于七自乘，余为南行率。以三乘七为乙东行率。

置南行十步，以甲斜行率乘之；副置十步，以乙东行率乘之；各自为实。实如南行率而一，各得行数。

注释

〔1〕同所立：站在同一个地方。

〔2〕行率：行程之比数。甲行率七，乙行率三，即在同一时间内甲、乙行程之比为7∶3。

译文

〔一四〕今有甲乙二人，站在同一个地方。甲行率为7，乙行率为3。乙向东走，甲（同时出发）向南走10步后斜向东北与乙相会。问甲、乙的行程各是多少？

答：乙向东走了$10\dfrac{1}{2}$步。甲南行而斜向东北走了$24\dfrac{1}{2}$步赶上乙。

算法：使7自乘，3也自乘，相加而除以2，作为甲斜行率。7自乘数减甲斜行率，余数做南行率。以3乘以7作为乙东行率。取南行步数10，乘以甲斜行率；另取10步，乘以乙东行率，各自作为被除数，除以南行率，各得所行步数。

译解

根据题设条件，作示意图9–12。

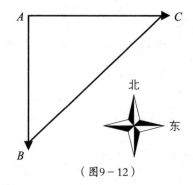

（图9－12）

设甲、乙在 C 处相会所用时间为 t，$AB = 10$ 步，$BC = （7t - 10）$ 步，$AC = 3t$ 步，$BC^2 = AB^2 + AC^2$，$（7t - 10）^2 = 10^2 + （3t）^2$，解得 $t_1 = 0$（舍去），$t_2 = \dfrac{7}{2}$。

故乙东行步数为：$3 \times \dfrac{7}{2}$ 步 $= 10\dfrac{1}{2}$ 步。

甲斜面向南所行步数为：10 步 $+ \left(7 \times \dfrac{7}{2} - 10 \right)$ 步 $= 24\dfrac{1}{2}$ 步。

术解

步骤如下：

〔1〕甲斜行率为：$\dfrac{1}{2}（7 \times 7 + 3 \times 3）= 29$。

〔2〕南行率为：$7 \times 7 - 29 = 20$。

〔3〕乙东行率为：$3 \times 7 = 21$。

〔4〕置南行十步，以甲斜行率乘之：$10 \times 29 = 290$ 步（被除数1），副置十步，以乙东行率乘之：$10 \times 21 = 210$ 步（被除数2）。

〔5〕实如南行率而一，各得行数：

甲行数为：10 步 $+ 290$ 步 $\div 20 = 24\dfrac{1}{2}$ 步，乙行数为：210 步 $\div 20 = 10\dfrac{1}{2}$ 步。

原文

〔一五〕今有勾五步，股十二步。问勾中容方[1]几何？

答曰：方三步十七分步之九。

术曰：并勾、股为法，勾、股相乘为实。实如法而一，得方一步。

注释

〔1〕方：正方形的边长。

译文

〔一五〕今有直角三角形，勾（短直角边）长为5步，股（长直角边）长为12步。问该直角三角形能容纳的正方形边长是多少？

答：边长为$3\frac{9}{17}$步。

算法：勾、股数相加作除数，勾股相乘作被除数。除数除被除数得边长的步数。

译解

根据题设条件作示意图9-13。

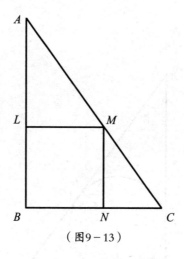

（图9-13）

$AB = 12$步；$BC = 5$步，设正方形边长为x，则$AL = 12 - x$，$NC = 5 - x$。
Rt$\triangle ALM \backsim$Rt$\triangle MNC$，$(12 - x) : x = x : (5 - x)$，$x = \frac{60}{17}$步$= 3\frac{9}{17}$步。

术解

所求正方形边长为：$\dfrac{勾长 \times 股长}{勾长 + 股长} = \dfrac{5步 \times 12步}{5步 + 12步} = \dfrac{60}{17}步 = 3\frac{9}{17}$步。

原文

〔一六〕今有勾八步，股一十五步。问勾中容圆径几何？

答曰：六步。

术曰：八步为勾，十五步为股，为之求弦。三位并之为法。以勾乘股，倍之为实。实如法得径一步。

译文

〔一六〕今有直角三角形，勾（短直角边）长为8步，股（长直角边）长为15步。问该直角三角形能容纳的圆形直径是多少？

答：6步。

算法：步数8作勾长，步数15作股长，根据勾、股，求得弦长。勾、股、弦相加作除数；用勾乘股，再乘以2作被除数。除数除被除数所得为直径的步数。

译解

根据题设条件作图9－14。

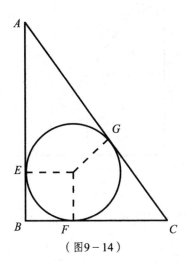

（图9－14）

设内切圆的半径为x步，$AE = 15 - x$，$FC = 8 - x$，而$AE = AG$，$FC = CG$。

故：$AC = AG + CG = AE + FC = (15 - x) + (8 - x)$；

$AC = (15 - x) + (8 - x) = \sqrt{15^2 + 8^2}$，得：$x = 3$步，$2x = 6$步。

术解

术算步骤如下：

〔1〕求弦 $= \sqrt{15^2 + 8^2} = 17$。

〔2〕三位并之为法：$8 + 15 + 17 = 40$作除数。

〔3〕以勾乘股，倍之为实：$(8 \times 15) \times 2 = 240$作被除数。

〔4〕实如法得径一步：所求直径为$\frac{240}{40}$步$= 6$步。

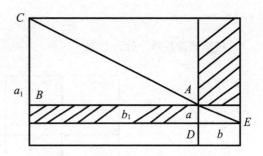

□ **因木望山**

图为宋秦九韶《数书九章》中提及的山高测量方法。即已知树高a，距山a_1里，人在距树b里处望山，人目E、树顶A、山顶C成一直线。可根据$ab_1 = a_1b$，故$a_1 = ab_1/b$求得山高。

原文

〔一七〕今有邑[1]方[2]二百步，各中开门。出东门一十五步有木。问出南门几何步而见木？

答曰：六百六十六步太半步。

术曰：出东门步数为法，半邑方自乘为实，实如法得一步。

注释

〔1〕邑：小城。

〔2〕方：边长。

译文

〔一七〕今有正方形小城边长为200步，各方中央开一城门。走出东门15步处有树。问出南门多少步能见到树？

答：$666\frac{2}{3}$步。

算法：以出东门的步数作除数，以小城边长的$\frac{1}{2}$自乘作被除数，除数除被除数得所求步数。

译解

根据题设条件，作示意图9-15。

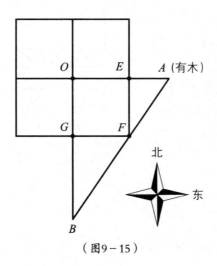

（图9-15）

设出南门 x 步见到树，即 GB 为 x。

因 $Rt\triangle AEF \backsim Rt\triangle FGB$，故 $\dfrac{EA}{EF}=\dfrac{GF}{x}$，$x=\dfrac{EF\times GF}{EA}=\dfrac{100步\times100步}{15步}=666\dfrac{2}{3}$步。

术解

所求步数为：$\dfrac{\left(200步\times\dfrac{1}{2}\right)\times\left(200步\times\dfrac{1}{2}\right)}{15步}=\dfrac{100步\times100步}{15步}=666\dfrac{2}{3}$步。

原文

·〔一八〕今有邑，东西七里，南北九里，各中开门。出东门一十五里有木。问出南门几何步而见木？

答曰：三百一十五步。

术曰：东门南至隅[1]步数，以乘南门东至隅步数为实。以木去门步数为法。实如法而一。

注释

〔1〕隅：角落。

译文

〔一八〕今有小城，东西7里，南北9里，各方中央开有城门。出东门15里有树。问出南门多少里见到树？

答：315步。

算法：东门南至城角的步数，乘以南门东向至城角的步数作被除数。以树距东门的步数作除数。除数除被除数得结果。

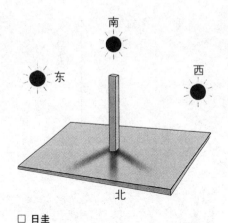

□ **日圭**
图为太阳在东、南、西三个方位时的圭表测影示意图。

译解

根据题设条件，作示意图9-16。

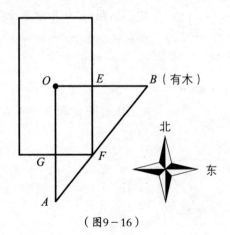

（图9-16）

设出南门x里见到树，即$GA=x$，因$\text{Rt}\triangle BEF \backsim \text{Rt}\triangle FGA$，$\dfrac{EB}{EF}=\dfrac{GF}{x}$，

故$x=\dfrac{EF\times GF}{EB}=\dfrac{\left(9里\times\frac{1}{2}\right)\times\left(7里\times\frac{1}{2}\right)}{15里}=1\frac{1}{20}里$；

因 1里=300步，所以 $x=315$步。

术解

所求步数为：$\dfrac{EF\times GF}{EB}=\dfrac{\left(9里\times\frac{1}{2}\right)\times\left(7里\times\frac{1}{2}\right)}{15里}=315$步。

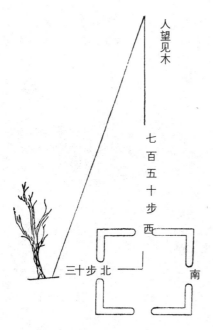

□ 邑的计算　《详解九章算法》插图
杨辉　宋代

　　图为《详解九章算法》中，对"今有邑方不知大小，各中开门。出北门三十步有木，出西门七百五十步见木。问邑方几何？答曰：一里"所作的辅助图。

原文

　　〔一九〕今有邑方不知大小，各中开门。出北门三十步有木，出西门七百五十步见木。问邑方几何？

　　答曰：一里。

　　术曰：令两出门步数相乘，因而四之，为实。开方除之，即得邑方。

译文

　　〔一九〕今有正方形小城，边长不知其大小，各方中央开有城门。出北门30步处有树，出西门750步便能看见那棵树。问小城的边长是多少？

　　答：1里。

　　算法：令两个出门步数相乘，再乘以4，作被开方数。开平方，便得小城的边长数。

译解

根据题设条件，作示意图9 – 17。

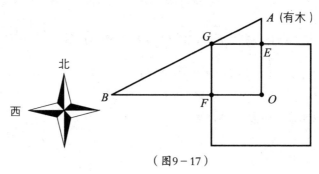

（图9 – 17）

$AE = 30$步，$BF = 750$步，设小城边长为x，则：Rt$\triangle GEA \backsim$ Rt$\triangle GFB$；

$$30 : \frac{x}{2} = \frac{x}{2} : = 750, \quad x = \sqrt{30 \times 750 \times 4} = 300 步 = 1 里 。$$

术解

所求小城边长为：$\sqrt{两出门步数相乘 \times 4} = \sqrt{30 步 \times 750 步 \times 4} = 300 步 = 1 里 。$

原文

〔二〇〕今有邑方不知大小，各中开门。出北门二十步有木，出南门一十四步，折而西行一千七百七十五步见木。问邑方几何？

答曰：二百五十步。

术曰：以出北门步数乘西行步数，倍之，为实。并出南、北门步数，为从法，开方除之，即邑方。

译文

〔二〇〕今有正方形小城，不知其大小，各方中央开有一门。出北门20步处有树。出南门14步，转而西行1 775步能看见那棵树。问正方形小城的边长是多少？

答：250步。

算法：以出北门步数乘西行步数，再乘以2作常数项。（用出北门步数）加上出南门步数作"从法"（即一次项系数），开平方，所得即为小城边长。

译解

根据题设条件，作示意图9 – 18。

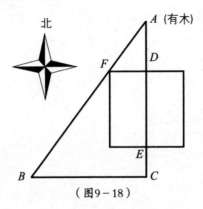

（图9 – 18）

设边长为x步，$FD = \frac{1}{2}x$步，$AD = 20$步，$EC = 14$步，$AC = (20 + x + 14)$步，$BC = 1\,775$步，$Rt\triangle ADF \backsim Rt\triangle ACB$，$AD : DF = AC : BC$，$20 : \frac{1}{2}x = (20 + x + 14) : 1\,775$，$x^2 + 34x - 71\,000 = 0$；得：$x_1 = 250$步（所得$x_2 < 0$，舍去）。

术解

术算步骤如下：

〔1〕以出北门步数乘西行步数，倍之，为实：$20 \times 1\,775 \times 2 = 71\,000$作常数项。

〔2〕并出南、北门步数，为从法：$20 + 14 = 34$为一次项系数。

建立方程式：$x^2 + 34x = 71\,000$。

〔3〕开方除之，即邑方：解上述方程，即得所求结果。

原文

〔二一〕今有邑方一十里，各中开门。甲、乙俱从邑中央而出：乙东出；甲南出，出门不知步数，斜向东北，磨邑[1]，适与乙会。率：甲行五，乙行三。问甲、乙行各几何？

答曰：甲出南门八百步，斜东北行四千八百八十七步半，及乙。乙东行四千三百一十二步半。

术曰：令五自乘，三亦自乘，并而半之，为斜行率；斜行率减于五自乘者，余为南行率；以三乘五为乙东行率。置邑方，半之，以南行率乘之，如东行率而一，即得出南门步数。以增邑方半，即南行。置南行步，求弦者，以斜行率乘之；求东行者，以东行率乘之，各自为实。实如法，南行率，得一步。

注释

〔1〕磨邑：擦过城角之意。

译文

〔二一〕今有正方形小城边长为10公里，各方中央开有一门。甲、乙都从小城中央而出。乙出东门而行，甲出南门而行，不知走了多少步后，甲斜向东北从城角擦过，恰好与乙相会。所得路程的比率，甲行5，乙行3。问甲、乙行程各是多少？

答：甲出南门800步，斜向东北走4 887$\frac{1}{2}$步赶上乙。乙向东行4 312$\frac{1}{2}$步。

算法：令5自乘，3也自乘，相加而除以2，所得作斜行率。用斜行率去减5自乘，余数作南行率。用3乘5，作乙东行率。取小城边长的$\frac{1}{2}$，用南行率去乘，再除以东行率，即得出南门步数。所得出南门步数加上小城边长的$\frac{1}{2}$，即为甲南行步数。取南行步数求弦长，用斜行率去乘；求东行步数即以东行率去乘，各自作为被除数。用南行率去除被除数即得所求步数。

译解

根据题设条件作示意图9－19。

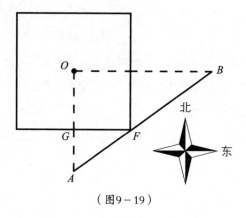

（图9－19）

设乙东行距离为x里，即$OB = x$；甲南行距离为y里，即$OA = y$，1里 = 300步

解得 $\begin{cases} x : y = (x - 5) : 5 \\ (y + \sqrt{x^2 + y^2}) : 5 = x : 3 \end{cases}$

$x = 14\dfrac{3}{8}$ 里 $= 4\,312\dfrac{1}{2}$ 步，$y = 7\dfrac{2}{3}$ 里；$y - 5 = 2\dfrac{2}{3}$ 里 $= 800$ 步，为甲出南门所走的

路程。

$$AB = \sqrt{\left(14\dfrac{3}{8}\right)^2 + \left(7\dfrac{2}{3}\right)^2} \text{里} = 16\dfrac{7}{24} \text{里} = 4\,887\dfrac{1}{2} \text{步，为甲斜向东北所走的路程。}$$

术解

术算步骤如下：

〔1〕甲斜行率为：（$5 \times 5 + 3 \times 3$）$\div 2 = 17$。

〔2〕甲南行率为：$5 \times 5 - 17 = 8$。

〔3〕乙东行率为：$3 \times 5 = 15$。

〔4〕甲出南门步数为：$10 \div 2 \times 300 \times 8 \div 15$ 步 $= 800$ 步。

〔5〕甲从邑中心南行步数为：$800 +$（$10 \div 2$）$\times 300$ 步 $= 2\,300$ 步。

〔6〕甲斜行步数为：$2300 \times 17 \div 8 = 4\,887\dfrac{1}{2}$ 步，乙东行步数为：$2300 \times 15 \div 8$ 步 $=$

$4312\dfrac{1}{2}$ 步。

原文

〔二二〕今有木去人不知远近。立四表[1]，相去各一丈，令左两表与所望
参相直。从后右表望之，入前右表三寸[2]。问木去人几何？

答曰：三十三丈三尺三寸少半寸。

术曰：令一丈自乘为实，以三寸为法，实如法而一。

注释

〔1〕表：标杆。

〔2〕入前右表三寸：即观测线与前表连接的交会点在"右前表"左方的3寸处。
如图9-20所示。

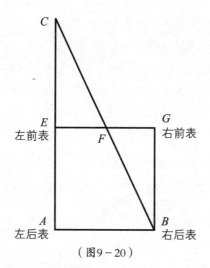

（图9－20）

译文

〔二二〕有棵树与人相距不知多远。立4根标杆，前后左右的距离各为1丈，使左两标杆与所观察的树三点成一直线。又从后右方的标杆观察树，测得其"人前右表"3寸。问树与人的距离有多远？

答：33丈3尺$3\frac{1}{3}$寸。

算法：令1丈自乘作被除数，以3寸作除数。除数除被除数即得所求结果。

译解

根据题设条件作示意图9－20。

因$\triangle FGB \backsim \triangle BAC$，故$\dfrac{BG}{FG} = \dfrac{AC}{AB}$，$AC = \dfrac{BG \times AB}{FG}$，$BG = AB = 1$丈$= 100$寸，

$FG = 3$寸，$AC = \dfrac{100 \times 100}{3}$寸$= 3333\frac{1}{3}$寸$= 33$丈$3$尺$3\frac{1}{3}$寸。

术解

树与人的距离为：1丈$\times 1$丈$\div 3$寸$= \dfrac{100 \times 100}{3}$寸$= 33$丈$3$尺$3\frac{1}{3}$寸。

原文

〔二三〕今有山居木西，不知其高。山去木五十三里，木高九丈五尺。人立木

东三里，望木末适与山峰斜平。人目高七尺。问山高几何?

答曰:一百六十四丈九尺六寸太半寸。

术曰:置木高,减人目高七尺,余,以乘五十三里为实。以人去木三里为法。实如法而一。所得加木高,即山高。

译文

〔二三〕今有山位于树的西面,不知山高。山与树相距53里,树高9丈5尺。人站在离树3里的地方,观察到树梢恰好与山峰处在同一斜线上,人眼离地7尺。问山高多少?

答:164丈9尺$6\frac{2}{3}$寸。

算法:取树高减人眼离地高度7尺,所余之数去乘里数53(山与树的距离)作被除数,以人与树的距离数3里作除数。除数除被除数,所得结果加树高即为山高。

译解

根据题设条件作示意图9-21。

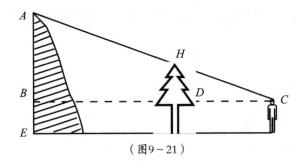

(图9-21)

已知$BD + DC = 53 + 3 = 56$公里,$DH = $树高 – 人目高 $= 9$丈5尺 – 7尺。

1里 = 300步 = 1800尺,由$\triangle CDH \backsim \triangle CBA$,得:$DH : DC = AB : BC$,$AB = \frac{DH \times BC}{DC} = \frac{(树高 – 人目高) \times 56}{3} = 1642\frac{2}{3}$尺,$AE = 1642\frac{2}{3}$尺 + 7尺 $= 1649\frac{2}{3}$尺 = 164丈9尺$6\frac{2}{3}$寸。

术解

山高为：（树高 – 人目高）× 53 ÷ 3 + 木高 = 164丈9尺6$\frac{2}{3}$寸。

原文

〔二四〕今有井，径五尺，不知其深。立五尺木于井上，从木末望水岸，入径四寸。问井深几何？

答曰：五丈七尺五寸。

术曰：置井径五尺，以入径四寸〔1〕减之，余，以乘立木五尺为实。以入径四寸为法。实如法得一寸。

注释

〔1〕入径四寸：视线与直径的交会点距"立木"根部的距离为4寸。

译文

〔二四〕今有井直径为5尺，不知其深。立5尺长的木于井上，从木的末梢观察井水水岸，测得"入径"为4寸，问井深是多少？

答：井深为5丈7尺5寸。

算法：取井直径5尺，用"入径"4寸去减它，所得余数乘以立木的高度5尺作被除数。以"入径"4寸作除数。除数除被除数即得所求结果。

译解

根据题设条件作示意图9 – 22。

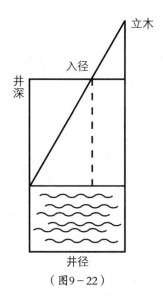

（图9－22）

由两个三角形的相似性得：立木：入径 = 井深：（井径－入径）；

井深为：

$$立木 \times \frac{井径－入径}{入径} = \frac{5尺 \times （5尺－4寸）}{4寸} = \frac{50 \times 46}{4}寸 = 575寸 = 5丈7尺5寸。$$

术解

井深为：
$$\frac{（井径－入径） \times 立木}{入径} \times \frac{（5尺－4寸） \times 5尺}{4寸} = 5丈7尺5寸。$$

附录一
《孙子算经》译解

APPENDIX 1

　　孙子曰：夫算者：天地之经纬，群生之元首，五常之本末，阴阳之父母，星辰之建号，三光之表里，五行之准平，四时之终始，万物之祖宗，六艺之纲纪。稽群伦之聚散，考二气之降升，推寒暑之迭运，步远近之殊同，观天道精微之兆基，察地理从横之长短，采神祇之所在，极成败之符验。穷道德之理，究性命之情。立规矩，准方圆，谨法度，约尺丈，立权衡，平重轻，剖毫厘，析黍絫。历亿载而不朽，施八极而无疆。散之者，富有余；背之者，贫且窭。心开者，幼冲而即悟；意闭者，皓首而难精。夫欲学之者，必务量能揆己，志在所专，如是，则焉有不成者哉！

原 序

原文

孙子曰：夫算者：天地之经纬，群生之元首，五常之本末，阴阳之父母，星辰之建号，三光[1]之表里，五行之准平，四时之终始，万物之祖宗，六艺[2]之纲纪。稽群伦之聚散，考二气之降升，推寒暑之迭运，步远近之殊同，观天道精微之兆基，察地理从横之长短，采神祇之所在，极成败之符验。穷道德之理，究性命之情。立规矩，准方圆，谨法度，约尺丈，立权衡[3]，平重轻，剖毫厘，析黍[4]絫[5]。历亿载而不朽，施八极而无疆。散之者，富有余；背之者，贫且窭[6]。心开者，幼冲而即悟；意闭者，皓首而难精。夫欲学之者，必务量能揆己，志在所专，如是，则焉有不成者哉！

□ **孙子算经 抄本 唐代**

《孙子算经》约成书于四五世纪，是一部关于乘除运算、求面积和体积、处理分数及开平方和立方的著作，其作者生平和编写年代均不清楚。南宋大数学家秦九韶在此书的基础上，创立了"大衍求一术"，推广了书中"物不知数"的问题。1852年，英国基督教士伟烈亚力（Alexander Wylie）将"物不知数"问题的解法传到欧洲，后有人证实孙子这种解法符合高斯定理，西方数学史遂将这一定理称为"中国的剩余定理"。

注释

〔1〕三光：指日、月、星。

〔2〕六艺：即礼、乐、射、御、书、数。

〔3〕权衡：称量物体轻重的器具。权，秤锤；衡，秤杆。

〔4〕黍：一年生草本植物，叶线形，子实淡黄色，去皮后称黄米，比小米稍大，煮熟后有黏性。

〔5〕絫：音lěi，古同"累"，重量单位，1絫=10黍。

〔6〕窭：音jù，屋室简陋之意。

译文

孙子说：算术，就像是天地的经

纬、生灵的元首、五常的本末、阴阳的父母、星辰的名号、三光的奥秘，五行生克的准绳、四时的始终、万物的祖宗、六艺的纲纪一样。我们运用算术，可以查核各种朋辈关系的分类，考证阴阳二气的升降，推算寒暑季节的更迭，丈量远近距离的异同，观测天地细微的基础，考察地理纵向和横向的长短，找寻神祇所在的位置，弄清胜败的凭证。还可以穷尽道德的规律，探究生命的情理。运用算术，可以制作规和矩，准确地画出圆和方，严格遵守度量衡制度，用"约"（即八尺长的绳子，度量工具）丈量物体尺寸，用秤锤和秤杆称量物体重量，平衡各种事物的重要亲疏，剖解毫、厘这样极小计量单位的区别，称出米粒及其他细微东西的重量。算术，就算经历亿万年的时光流逝，依然不朽；算术，即使置之八方极远之地，依然准确。

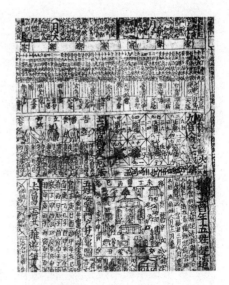

□ **历书 唐代**

中国古代的一些历书中，包含了许多数学知识，其中最重要的便是平面和球面的三角法以及进行这种计算所需要用到的对数。此外，对西洋筹算和比例规等器械算法也有介绍。图为唐僖宗乾符四年（公元877年）历书印本。

能够将算术运用自如的人，就能尊享荣华富贵；而那些违背数理的人，则只会家徒四壁。在算术方面，心胸开阔的人，即使年龄很小也能顿悟；心门紧锁的人，即使到白发丛生的耄耋之年也难以精通。凡是那些想学习算术的人，必须根据自己的能力，专心于自己所擅长的，这样的话，哪里还会不成功呢？

卷上　算筹乘除之法

原文

度之所起，起于忽。欲知其忽，蚕吐丝为忽，十忽为一丝，十丝为一毫，十毫为一牦，十牦为一分，十分为一寸，十寸为一尺，十尺为一丈，十丈为一引，五十引为一端，四十尺为一匹，六尺为一步，二百四十步为一亩，三百步为一里。

译文

度量最小的单位是忽，要想知道忽有多长，看蚕吐出的丝的粗细就可以了。10忽 = 1丝，10丝 = 1毫，10毫 = 1牦，10牦 = 1分，10分 = 1寸，10寸 = 1尺，10尺 = 1丈，10丈 = 1引，50引 = 1端，40尺 = 1匹，6尺 = 1步，240平方步 = 1亩，300步 = 1里。

原文

称之所起，起于黍。十黍为一絫，十絫为一铢，二十四铢为一两，十六两为一斤，三十斤为一钧，四钧为一石。

□ **珠算　元代**

我国关于珠算的记载，最早见于元代。元末陶宗仪在其《南村辍耕录》（1366年）卷二十九"井·珠喻"条中说："凡纳婢仆，初来时曰擂盘珠，言不拨自动。稍久曰算盘珠，言拨之则动。既久曰佛顶珠，言终日凝然，虽拨亦不动。"文以算盘珠比喻婢仆，贬称其只有靠人拨弄才能行动，并说这是俗谚，可见算盘当时在我国已颇普及。

译文

重量最小的单位是黍。10黍 = 1絫，10絫 = 1铢，24铢 = 1两，16两 = 1斤，30斤 = 1钧，4钧 = 1石。

原文

量之所起，起于粟。六粟为一圭，十圭为一撮，十撮为一抄，十抄为一勺，十勺为一合，十合为一升，十升为一斗，十斗为一斛，一斛得六千万粟。所以得知者，六粟为一圭，十圭六十粟为一撮，十撮六百粟为一抄，十抄六千粟为一勺，十勺六万粟为一合，十合六十万粟为一升，十升六百万粟为一斗，十斗六千万粟为一斛，十斛六亿粟，百斛六兆粟，千斛六京粟，万斛六陔粟，十万斛六秭粟，百万斛六穰粟，千万斛六沟粟，万万斛为一亿六涧粟，十亿斛六正粟，百亿斛六载粟。

译文

容量（体积）的最小单位是粟。6粟＝1圭，10圭＝1撮，10撮＝1抄，10抄＝1勺，10勺＝1合，10合＝1升，10升＝1斗，10斗＝1斛，1斛＝60 000 000粟。之所以得到1斛＝60 000 000粟，推导过程是这样的：6粟＝1圭，10圭＝60粟＝1撮，10撮＝600粟＝1抄，10抄＝6 000粟＝1勺，

□ 梅文鼎 铜像 清代

梅文鼎（公元1633—公元1721年），字定九，号勿庵，安徽宣城人，清初著名的天文学家、数学家。他一生著述颇多，绝大部分是天文、历算和数学著作。梅文鼎在天文学上的造诣很深，天文学著作有40多种，纠正了前人的许多错误，还创造了不少兼收中西方特色的天文仪器。梅文鼎最重要的贡献是在数学方面，其数学著作达26种，集古今之大成，对清朝数学的发展起了推动作用。

10勺＝60 000粟＝1合，10合＝600 000粟＝1升，10升＝6 000 000粟＝1斗，10斗＝60 000 000粟＝1斛，10斛＝600 000 000粟。100斛＝6兆粟，1 000斛＝6京粟，10 000斛＝6陔粟，100 000斛＝6秭粟，1 000 000斛＝6穰粟，10 000 000斛＝6沟粟，100 000 000斛＝1亿斛＝6涧粟，1 000 000 000斛＝6正粟，10 000 000 000斛＝6载粟。

原文

凡大数之法：万万曰亿，万万亿曰兆，万万兆曰京，万万京曰陔，万万陔曰秭，万万秭曰穰，万万穰曰沟，万万沟曰涧，万万涧曰正，万万正曰载。

译文

所有大数的转换规则如下：

10 000 × 10 000 = 1亿，10 000 × 10 000亿 = 1兆，10 000 × 10 000兆 = 1京，10 000 × 10 000京 = 1陔，10 000 × 10 000陔 = 1秭，10 000 × 10 000秭 = 1穰，10 000 × 10 000穰 = 1沟，10 000 × 10 000沟 = 1涧，10 000 × 10 000涧 = 1正，10 000 × 10 000正 = 1载。

原文

周三，径一，方五，邪七。见邪求方，五之，七而一；见方求邪，七之，五而一。

译文

□ 测河宽 《天工开物》 插图

《九章算术》中提到以步测长度和宽度的方法。图中，古人以步代尺，以最后行得的步数计算出河的宽度。

如果圆的周长是三，则它的直径为一；如果正方形的边长为五，则它的对角线长为七。如果已知正方形的对角线的长度，求它的边长，则需用对角线长先乘以五再除以七；已知正方形的边长，求对角线长，则先将边长乘以七再除以五。

原文

白银方寸重一十四两。

玉方寸重一十两。

铜方寸重七两半。

铅方寸重九两半。

铁方寸重七两。

石方寸重三两。

译文

边长为一寸（这里是指边长为一寸的立方

体，下同）的白银重14两。

边长为一寸的玉石重10两。

边长为一寸的铜块重7.5两。

边长为一寸的铅块重9.5两。

边长为一寸的铁块重7两。

边长为一寸的石头重3两。

□ 景表 《营造法式》 宋代

宋代《营造法式》载有"水池景表"之制，以测方位。其原理是根据日影来确定南北方向，即所谓："以池版所指及立表心为南，则四方正。"

原文

凡算之法，先识其位，一从十横，百立千僵，千十相望，万百相当。（按：万百原本讹作百万，今据《夏侯阳算经》改正。）

译文

要想学好算筹的算法，首先要认好数位。个位数的算筹是竖放的，十位数的算筹是横放的，百位数的算筹是立着的，千位数的算筹是躺着的，千位数和十位数隔位相望，万位数和百位数一样是竖着的，中间隔着一位数。

原文

凡乘之法：重置其位，上下相观，头位有十步至十，有百步至百，有千步至千，以上命下，所得之数列于中。言十即过，不满，自如头位。乘讫者，先去之下位；乘讫者，则俱退之。六不积，五不只。上下相乘，至尽则已。

译文

要做乘法，就要重新摆位置。一个数放在上面一行，另一个放在下面一行，上下对应。上面的数如果是有十位的（即两位数），那下面的数的个位就要移到十位；上面的数有百位的（即三位数），下面的数的个位就要移到百位；如果上面的数有千位的（即四位数），下面的数的个位就要移到千位。以此类推。用上面的一个数和下面的数相乘，得数列在中间那排。如果某位相加数满十，算筹就要过到前一位。如果没有满十，就在原位。上面乘完的数先拿掉，下面乘完的数就全部退一位(即向右移一位）。如果某位上的数相加变成六（或更多），就不要积在那里，要换成那种一个代表5的算筹的形式。但只有5个算筹时不可以换成单个代表5的算筹（即用5根算筹来表示5这个数，而不是换成与这5根算筹垂直的一根算筹）。按照这个规律，上面的数一个一个依次和下面相乘，直到乘完为止。

原文

　　凡除之法，与乘正异，乘得在中央，除得在上方，假令六为法，百为实，以六除百，当进之二等，令在正百下。以六除一，则法多而实少，不可除，故当退就十位，以法除实，言一六而折百为四十，故可除。若实多法少，自当百之，不当复退，故或步法十者，置于十位，百者置于百位（上位有空绝者，法退二位。）余法皆如乘时，实有余者，以法命之，以法为母，实余为子。

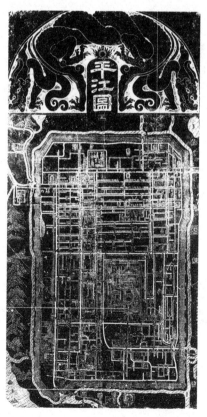

□ 平江图碑

　　平江即今日的苏州，平江府城的前身是春秋时期吴国的都城阖闾。该城四面环水，后筑成护城河，以保护城郭。护城河的容积计算方法是上宽加下宽除2，再乘以深和纵长。

译文

　　除法和乘法正好不一样。乘法的得数在当中一行，除法的得数在上面一行。假定除数是6，被除数是100。以6除100，应该进位两位（即左移两位），在百位的下面。以6除1，除数大，被除数小，不可除。所以就要退到十位。除数除被除数，一六得六，减去后100还剩40，所以还可以除。如果被除数大而除数小，自然就应当放在百位，而不应再退位。得数跟着除数的位置移动，如果除数在十位上，得数就在十位上；如果除数在百位上，得数就在百位上。如果上面的被除数有空位（即零），除数就要退两位。剩下的都和乘法一样。如果被除数有余数，就以除数来命名，以除数为分母，余数为分子。

原文

> 以粟求粝米，三之，五而一。
>
> 以粝米求粟，五之，三而一。
>
> 以粝米求饭，五之，二而一。
>
> 以粟米求粝饭，六之，四而一。
>
> 以粝饭求粝米，二之，五而一。
>
> 以绺米求饭，八之，四而一。

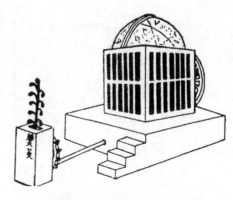

□ **水运浑象仪**

水运浑象仪是张衡设计制造的，主要用于演示天体运动的仪器。它是现今记载的第一台用水发动的天文仪器，对后世影响很大。此后历代大多是在它的基础上发展出更复杂、更完善的天象表演仪器和天文钟。图为水运浑象仪中计时部分的设想图。

译文

算谷子可以出多少粗米，先乘以3，再除以5（即出米率为0.6倍）。以粗米量算需要多少谷子，先乘以5，再除以3。以粗米量算出多少饭，先乘以5，再除以2（即出饭率为2.5倍）。以谷子算出多少粗米饭，先乘以6，再除以4（即出饭率为1.5倍）。以粗米饭量算要多少粗米，先乘以2，再除以5（即出米率为0.4倍）。以精米量算出饭量，先乘以8，再除以4（即出饭率为2倍）。

原文

> 十分减一者，以二乘二十除；减二者，以四乘二十除；减三者，以六乘二十除；减四者，以八乘二十除；减五者，以十乘二十除；减六者，以十二乘二十除；减七者，以十四乘二十除；减八者，以十六乘二十除；减九者，以十八乘二十除。

译文

$\frac{1}{10} = 2 \div 20$ ；$\frac{2}{10} = 4 \div 20$；$\frac{3}{10} = 6 \div 20$；$\frac{4}{10} = 8 \div 20$；$\frac{5}{10} = 10 \div 20$；$\frac{6}{10} = 12 \div 20$；$\frac{7}{10} = 14 \div 20$；$\frac{8}{10} = 16 \div 20$；$\frac{9}{10} = 18 \div 20$。

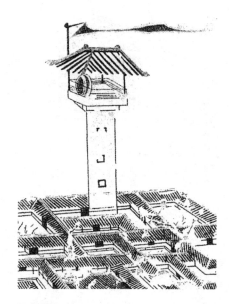

□ **相风伬**

先秦时期已制造了风向仪——伬。它是在一风杆上系上丝帛做成长条形"旗",称"风器",器上再系一小铃,风吹铃响,观测者可根据铃声来辨别风吹的方向。

原文

九分减一者,以二乘十八除。

八分减一者,以二乘十六除。

七分减一者,以二乘十四除。

六分减一者,以二乘十二除。

五分减一者,以二乘十除。

译文

$\frac{1}{9} = 2 \div 18$;$\frac{1}{8} = 2 \div 16$;$\frac{1}{7} = 2 \div 14$;$\frac{1}{6} = 2 \div 12$;$\frac{1}{5} = 2 \div 10$。

原文

九九八十一,自相乘得几何?

答曰:六千五百六十一。

术曰:重置其位,以上八呼下八,八八六十四即下,六千四百于中位;以上八呼下一,一八如八,即于中位下八十,退下位一等,收上头位八十(按:原本脱"上"字,今补),以上位一(按:上位原本讹作"头位",今改正)呼下八,一八如八,即于中位下八十;以上一呼下一,一一如一,即于中位下一,上下位俱收中位,即得六千五百六十一。

译文

9乘9是81,81乘81得数是多少呢?

答:6 561。

算法:重新摆放81这两个数的位置,用上面的8乘以下面的8,得到64,把6 400列放在中间位置;用上面8乘以下面的1,一八得八,于是在中间位置上放上80。再用上面数字中的1,乘以下面数字中的8,一八得八,也将这个8放在中间那排数的位置,得到的是80;用上面数字中的1乘以下面数字中的1,一一得一,于是在中间位置列放1，上面和下面的数的乘积都已经列放在中间位置了，将所有的数相加，于是得到6561。

原文

六千五百六十一，九人分之。问：人得几何？

答曰：七百二十九。

术曰：先置六千五百六十一于中位，为实，下列九人为法，头位置七百，以上七呼下九，七九六十三，即除中位六千三百，退下位一等，即上位二十（按："上位"原本讹作"头位"，今改正），以上二呼下九，二九一十八，即除中位一百八十，又更退下位一等，即上位，更置九，即以上九呼下九，九九八十一，即除中位八十一，中位并尽，收下位，头位所得即人之所得，自八八六十四至一一如一，并准此。

译文

如果有9个人来分6561这个数。问：每个人可以分得多少呢？

答：729。

算法：先将6561放在中间位置，作为被除数，在6561的下面放上9作为除数，在最上面的位置放上700，用上面的7乘以下面的9，七九六十三；于是用中间位置的6561减去6300得到261，这时将下面除数往右移一位，在最上面的位置放上20，用上面的2乘以下面的9，二九一十八；用中间的261减去180得到81，这时再将除数往右移动一位（到个位数的位置，跟中间数字的个位数对齐），然后在上面的位置放上9，用上面的

□ "九九乘法口诀" 刻文　陶砖　东汉

这是东汉时期刻有"九九乘法口诀"的陶砖。砖长37厘米、宽17厘米、厚4厘米，呈青灰色，砖体坚硬。砖面印有菱形网格纹，约有三分之一的砖面竖刻着两行九九乘法口诀，即：九九八十一，八九七十二，七九六十三，六九五十四，五九四十五，四九三十六，三九二十七，二九十八。

字为砖坯未干时所刻，书体是汉隶，笔画清晰。此砖说明早在一千七百年前，民间已能够运用乘法口诀的计算方法了。

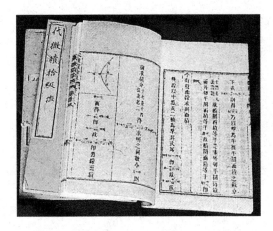

□ 《代微积拾级》书影　李善兰、伟烈亚力译　清代

此书由李善兰、伟烈亚力根据美国罗密士所著《解析几何与微积分初步》翻译而成，共十八卷。前九卷讨论代数解析几何问题与平面解析几何问题；十至十六卷讲微分学；后两卷讲积分学。

9乘以下面的9，九九八十一；用中间的数减去81，刚好减完，中间的数消去，同时移走下面的数（即除数9），最上面的数就是每个人分得的部分。从八八六十四到一一得一，都是按照这样的过程来计算的。

原文

八九七十二，自相乘，得五千一百八十四，八人分之，人得六百四十八。七九六十三，自相乘，得三千九百六十九，七人分之，人得五百六十七。六九五十四，自相乘，得二千九百一十六，六人分之，人得四百八十六。五九四十五，自相乘，得二千二十五，五人分之，人得四百五。四九三十六，自相乘，得一千二百九十六，四人分之，人得三百二十四。三九二十七，自相乘，得七百二十九，三人分之，人得二百四十三。二九一十八，自相乘，得三百二十四，二人分之，人得一百六十二。一九如九，自相乘，得八十一，一人得八十一。右九九一条，得四百五，自相乘，得一十六万四千二十五，九人分之，人得一万八千二百二十五。

译文

$8 \times 9 = 72$，72再与72自身相乘，即$72 \times 72 = 5\,184$。

8人等分这个数，每人得到648，即$5\,184 \div 8 = 648$。

$7 \times 9 = 63$，63再与63自身相乘，即$63 \times 63 = 3\,969$。

7人等分这个数，每人得到567，即$3\,969 \div 7 = 567$。

$6 \times 9 = 54$，54再与54自身相乘，即$54 \times 54 = 2\,916$。

6人等分这个数，每人得到486，即$2\,916 \div 6 = 486$。

$5 \times 9 = 45$，45再与45自身相乘，即$45 \times 45 = 2\,025$。

5人等分这个数，每人得到405，即2 025÷5＝405。

4×9＝36，36再与36自身相乘，即36×36＝1 296。

4人等分这个数，每人得到324，即1 296÷4＝324。

3×9＝27，27再与27自身相乘，即27×27＝729。

3人等分这个数，每人得到243，即729÷3＝243。

2×9＝18，18再与18自身相乘，即18×18＝324。

2人等分这个数，每人得到162，即324÷2＝162。

1×9＝9，9再与9自身相乘，即9×9＝81。1人分这个数，得到81。

将9与9、8、7、6、5、4、3、2、1依次相乘的结果相加，得到405，即9×9＋9×8＋9×7＋9×6＋9×5＋9×4＋9×3＋9×2＋9×1＝405。

405再与405自身相乘，即405×405＝164 025。

9人等分这个数，每人得到18 225，即164 025÷9＝18 225。

原文

八八六十四，自相乘，得四千九十六，八人分之，人得五百一十二。七八五十六，自相乘，得三千一百三十六，七人分之，人得四百四十八。六八四十八，自相乘，得二千三百四，六人分之，人得三百八十四。五八四十，自相乘，得一千六百，五人分之，人得三百二十。四八三十二，自相乘，得一千二十四，四人分之，人得二百五十六。三八二十四，自相乘，得五百七十六，三人分之，人得一百九十二。二八十六，自相乘，得二百五十六，二人分之，人得一百二十八。一八如八，自相乘，得六十四，一人得六十四。右八八一条，得二百八十八，自相乘，得八万二千九百四十四，八人分

□ **战国时代的数字**

中国最早的数字出现于商周时代的甲骨文。甲骨文在记数时常使用"言文"，即将两个字合起来写。如100加上1表示200，再加上一横表示300等，但其音读起来还是不同音。图中记录了战国时期的数字变化情况。

一	二	三	四	五	六	七	八	九	十	100	1000	10,000
1	2	3	4	5	6	7	8	9	10	100	1000	10,000

□ 殿堂大木作制度示意图 《营造法式》 宋代

　　《营造法式》共357篇，3 555条，集中总结了当时的建筑设计与施工经验，对后世影响深远。原书《元祐法式》于元祐六年（1091年）编成，但由于没有规定模数制，建筑设计、施工等仍有很大的随意性，因此北宋李诫奉命重新编著，遂成《营造法式》。书中对不同等级的建筑物的选料，各种构件之间的比例、位置等都有详细的规定，其中涉及到了大量的数学计算。

之，人得一万三百六十八。

译文

　　$8 \times 8 = 64$，64再与64自身相乘，即$64 \times 64 = 4\ 096$。

　　8人等分这个数，每人得到512，即$4\ 096 \div 8 = 512$。

　　$7 \times 8 = 56$，56再与56自身相乘，即$56 \times 56 = 3\ 136$。

　　7人等分这个数，每人得到448，即$3\ 136 \div 7 = 448$。

　　$6 \times 8 = 48$，48再与48自身相乘，即$48 \times 48 = 2\ 304$。

　　6人等分这个数，每人得到384，即$2\ 304 \div 6 = 384$。

　　$5 \times 8 = 40$，40再与40自身相乘，即$40 \times 40 = 1\ 600$。

　　5人等分这个数，每人得到320，即$1\ 600 \div 5 = 320$。

　　$4 \times 8 = 32$，32再与32自身相乘，即$32 \times 32 = 1\ 024$。

4人等分这个数，每人得到256，即1 024÷4 = 256。

3×8 = 24，24再与24自身相乘，即24×24 = 576。

3人等分这个数，每人得到192，即576÷3 = 192。

2×8 = 16，16再与16自身相乘，即16×16 = 256。

2人等分这个数，每人得到128，即256÷2 = 128。

1×8 = 8，8再与8自身相乘，即8×8 = 64。

1人分这个数，得到64。

将8与8、7、6、5、4、3、2、1依次相乘的结果相加，得到288，即8×8 + 8×7+8×6+8×5+8×4+8×3+8×2+8×1 = 288。

288再与288自身相乘，即288×288 = 82 944。

8人等分这个数，每人得到10 368，即82 944÷8 = 10 368。

原文

七七四十九，自相乘，得二千四百一，七人分之，人得三百四十三。六七四十二，自相乘，得一千七百六十四，六人分之，人得二百九十四。五七三十五，自相乘，得一千二百二十五，五人分之，人得二百四十五。四七二十八，自相乘，得七百八十四，四人分之，人得一百九十六。三七二十一，自相乘，得四百四十一，三人分之，人得一百四十七。二七一十四，自相乘，得一百九十六，二人分之，人得九十八。一七如七，自相乘，得四十九，一人得四十九。右七七一条，得一百九十六，自相乘，得三万八千四百一十六，七人分之，人得五千四百八十八。

译文

7×7 = 49，49再与49自身相乘，即49×49 = 2 401。

7人等分这个数，每人得到343，即2 401÷7 = 343。

6×7 = 42，42再与42自身相乘，即42×42 = 1 764。

6人等分这个数，每人得到294，即1 764÷6 = 294。

5×7 = 35，35再与35自身相乘，即35×35 = 1 225。

5人等分这个数，每人得到245，即1 225÷5 = 245。

□ 木斛 清代

图中木斛书写有"邑庙公斛奉上海县正堂嘉庆十八年（1813年）校准"的字样。容积为50 294.5立方厘米。

$4 \times 7 = 28$，28再与28自身相乘，即$28 \times 28 = 784$。

4人等分这个数，每人得到196，即$784 \div 4 = 196$。$3 \times 7 = 21$，21再与21自身相乘，即$21 \times 21 = 441$。3人等分这个数，每人得到147，即$441 \div 3 = 147$。$2 \times 7 = 14$，14再与14自身相乘，即$14 \times 14 = 196$。2人等分这个数，每人得到98，即$196 \div 2 = 98$。$1 \times 7 = 7$，7再与7自身相乘，即$7 \times 7 = 49$。1人分这个数，得到49。

将7与7、6、5、4、3、2、1依次相乘的结果相加，得到196，即$7 \times 7 + 7 \times 6 + 7 \times 5 + 7 \times 4 + 7 \times 3 + 7 \times 2 + 7 \times 1 = 196$。

196再与196自身相乘，即$196 \times 196 = 38\ 416$。

7人等分这个数，每人得到5 488，即$38\ 416 \div 7 = 5\ 488$。

原文

六六三十六，自相乘，得一千二百九十六，六人分之，人得二百一十六。五六三十，自相乘，得九百，五人分之，人得一百八十。四六二十四，自相乘，得五百七十六，四人分之，人得一百四十四。三六一十八，自相乘，得三百二十四，三人分之，人得一百八。二六一十二，自相乘，得一百四十四，二人分之，人得七十二。一六如六，自相乘，得三十六，一人得三十六。右六六一条，得一百二十六，自相乘，得一万五千八百七十六，六人分之，人得二千六百四十六。

译文

$6 \times 6 = 36$，36再与36自身相乘，即$36 \times 36 = 1\ 296$。

6人等分这个数，每人得到216，即1 296 ÷ 6 = 216。

5 × 6 = 30，30再与30自身相乘，即30 × 30 900。

5人等分这个数，每人得到180，即900 ÷ 5 = 180。

4 × 6 = 24，24再与24自身相乘，即24 × 24 = 576。

4人等分这个数，每人得到144，即576 ÷ 4 = 144。

3 × 6 = 18，18再与18自身相乘，即18 × 18 = 324。

3人等分这个数，每人得到108，即324 ÷ 3 = 108。

2 × 6 = 12，12再与12自身相乘，即12 × 12 = 144。

2人等分这个数，每人得到72，即144 ÷ 2 = 72。

1 × 6 = 6，6再与6自身相乘，即6 × 6 = 36。

1人分这个数，得到36。

将6与6、5、4、3、2、1依次相乘的结果相加，得到126，即6 × 6 + 6 × 5 + 6 × 4 + 6 × 3 + 6 × 2 + 6 × 1 = 126。

126再与126自身相乘，即126 × 126 = 15 876。

6人等分这个数，每人得到2 646，即15 876 ÷ 6 = 2 646。

原文

五五二十五，自相乘，得六百二十五，五人分之，人得一百二十五。四五二十，自相乘，得四百，四人分之，人得一百。三五一十五，自相乘，得二百二十五，三人分之，人得七十五。二五一十，自相乘，得一百，二人分之，得五十。一五如五，自相乘，得二十五，一人得二十五。右五五一条，得七十五，自相乘，得五千六百二十五，五人分之，人得一千一百二十五。

译文

5 × 5 = 25，25再与25自身相乘，即25 × 25 = 625。

5人等分这个数，每人得到125，即625 ÷ 5 = 125。

4 × 5 = 20，20再与20自身相乘，即20 × 20 = 400。

4人等分这个数，每人得到100，即400 ÷ 4 = 100。

3 × 5 = 15，15再与15自身相乘，即15 × 15 = 225。

3人等分这个数，每人得到75，即 $225 \div 3 = 75$。

$2 \times 5 = 10$，10再与10自身相乘，即 $10 \times 10 = 100$。

2人等分这个数，每人得到50，即 $100 \div 2 = 50$。

$1 \times 5 = 5$，5再与5自身相乘，即 $5 \times 5 = 25$。

1人分这个数，得到25。

将5与5、4、3、2、1依次相乘的结果相加，得到75，即

$5 \times 5 + 5 \times 4 + 5 \times 3 + 5 \times 2 + 5 \times 1 = 75$。

75再与75自身相乘，即 $75 \times 75 = 5\ 625$。

5人等分这个数，每人得到1 125，即 $5\ 625 \div 5 = 1\ 125$。

原文

四四一十六，自相乘，得二百五十六，四人分之，人得六十四。三四一十二，自相乘，得一百四十四，三人分之，人得四十八。二四如八，自相乘，得六十四，二人分之，人得三十二。一四如四，自相乘，得一十六，一人得一十六。右四四一条，得四十，自相乘，得一千六百，四人分之，人得四百。

译文

$4 \times 4 = 16$，16再与16自身相乘，即 $16 \times 16 = 256$。

4人等分这个数，每人得到64，即 $256 \div 4 = 64$。

$3 \times 4 = 12$，12再与12自身相乘，即 $12 \times 12 = 144$。

3人等分这个数，每人得到48，即 $144 \div 3 = 48$。

$2 \times 4 = 8$，8再与8自身相乘，即 $8 \times 8 = 64$。

2人等分这个数，每人得到32，即 $64 \div 2 = 32$。

$1 \times 4 = 4$，4再与4自身相乘，即 $4 \times 4 = 16$。

1人分这个数，得到16。

将4与4、3、2、1依次相乘的结果相加，得到40，即 $4 \times 4 + 4 \times 3 + 4 \times 2 + 4 \times 1 = 40$。

40再与40自身相乘，即 $40 \times 40 = 1\ 600$。

4人等分这个数，每人得到400，即 $1\ 600 \div 4 = 400$。

原文

三三如九，自相乘，得八十一，三人分之，人得二十七。二三如六，自相乘，得三十六，二人分之，人得一十八。一三如三，自相乘，得九，一人得九。右三三一条，得一十八，自相乘，得三百二十四，三人分之，人得一百八。

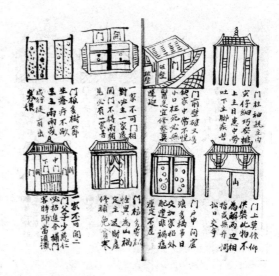

□ 《鲁班书》书影

《鲁班书》据传为圣人鲁班所作，书中除记载一些医疗法术外，还记录有鲁班制造木机具的技艺等。

译文

$3 \times 3 = 9$，9再与9自身相乘，即$9 \times 9 = 81$。

3人等分这个数，每人得到27，即$81 \div 3 = 27$。

$2 \times 3 = 6$，6再与6自身相乘，即$6 \times 6 = 36$。

2人等分这个数，每人得到18，即$36 \div 2 = 18$。

$1 \times 3 = 3$，3再与3自身相乘，即$3 \times 3 = 9$。

1人分这个数，得到9。

将3与3、2、1依次相乘的结果相加，得到18，即$3 \times 3 + 3 \times 2 + 3 \times 1 = 18$，18再与18自身相乘，即$18 \times 18 = 324$。

3人等分这个数，每人得到108，即$324 \div 3 = 108$。

原文

二二如四，自相乘，得一十六，二人分之，人得八。一二如二，自相乘，得四，一人得四。右二二一条，得六，自相乘，得三十六，二人分之，人得一十八。一一如一，自相乘，得一，一乘不长。

□ **测日影铜圭表**

此铜圭表出土于江苏省仪征县石碑村东汉一号木椁墓中，此表由青铜浇铸而成。表垂直立于圭身一端，由枢轴相接，可以启合。圭正面有刻度，为15寸，每寸10分，刻度清晰可见。每当太阳光照射在表上时，表影投在圭尺刻度上，即可据此计算出时间。

译文

2 × 2 = 4，4再与4自身相乘，即 4 × 4=16。

2人等分这个数，每人得到8，即 16 ÷ 2=8。

1 × 2=2，2再与2自身相乘，即2 × 2=4。

1人分这个数，得到4。

将2与2、1依次相乘的结果相加，得到 6，即2 × 2+2 × 1=6。

6再与6自身相乘，即6 × 6=36。

2人等分这个数，每人得到18，即 36 ÷ 2=18。

1 × 1=1，1再与1自身相乘，仍得1，任何数与1相乘都没有变化。

原文

右从九九至一一，总成一千一百五十五，自相乘，得一百三十三万四千二十五，九人分之，人得一十四万八千二百二十五。

译文

从9与9相乘，到1与1相乘，这中间所有的乘积加起来是1 155，即9 × （9 + 8+7+6+5+4+3+2+1）+8 × （8+7+6+5+4+3+2+1）+7 × （7+6+5+ 4+3+2+1）+6 × （6+5+4+3+2+1）+5 × （5+4+3+2+1）+4 × （4+3+ 2+1）+3 × （3+2+1）+2 × （2+1）+1 × 1 = 1 155。

1 155再与它自身相乘，即1 155 × 1 155 = 1 334 025。

9人等分这个数，每人得到148 225，即1 334 025 ÷ 9 = 148 225。

原文

以九乘一十二，得一百八，六人分之，人得一十八。以二十七乘三十六，得九百七十二，一十八人分之，人得五十四。以八十一乘一百八，得八千七百四十八，五十四人分之，人得一百六十二。以二百四十三乘三百二十四，得七万八千七百三十二，一百六十二人分之，人得四百八十六。以七百二十九乘九百七十二，得七十万八千五百八十八，四百八十六人分之，人得一千四百五十八。以二千一百八十七乘二千九百一十六，得六百三十七万七千二百九十二，一千四百五十八人分之，得四千三百七十四。以六千五百六十一乘八千七百四十八，得五千七百三十九万五千六百二十八，四千三百七十四人分之，人得一万三千一百二十二。

译文

9 × 12 = 108，6人等分这个数，每人得到18，即108 ÷ 6 = 18。

27 × 36 = 972，18人等分这个数，每人得到54，即972 ÷ 18 = 54。

81 × 108 = 8 748，54人等分这个数，每人得到162，即8748 ÷ 54 = 162。

243 × 324 = 78 732，162人等分这个数，每人得到486，即78 732 ÷ 162 = 486。

729 × 972 = 708 588，486人等分这个数，每人得到1 458，即708 588 ÷ 486 = 1 458。

2 187 × 2 916 = 6 377 292，1 458人等分这个数，每人得到4 374，即6 377 292 ÷ 1 458 = 4 374。

6 561 × 8 748 = 57 395 628，4 374人等分这个数，每人得到13 122，即57 395 628 ÷ 4 374 = 13 122。

原文

以一万九千六百八十三乘二万六千二百四十四，得五亿一千六百五十六万六百五十二，一万三千一百二十二人分之，人得三万九千三百六十六。以五万九千四十九乘七万八千七百三十二，得四十六亿四千九百万五千八百六十八，三万九千三百六十六人分之，人得一十一万八千九十八。以一十七万七千一百四十七乘二十三万六千一百九十六，得四百一十八亿四千一百四十一万二千八百一十二，一十一万八千九十八人分之，得三十五万四千二百九十四。以五十三万一千四百四十一乘七十万八千五百八十八，得三千七百六十五亿七千二百七十一万五千三百八，三 十五万四千二百九四人分之，人得一百六 万二千八百八十二。

译文

19 683 × 26 244 = 516 560 652，13 122人等分这个数，每人得到39 366，即516 560 652 ÷ 13 122 = 39 366。

59 049 × 78 732 = 4 649 045 868，39 366人等分这个数，每人得到118 098，即4 649 045 868 ÷ 39 366 = 118 098。

177 147 × 236 196 = 41 841 412 812，118 098人等分这个数，每人得到354 294，即41 841 412 812 ÷ 118 098 = 354 294。

531 441 × 708 588=376 572 715 308，354 294人等分这个数，每人得到1 062 882，即376 572 715 308 ÷ 354 294 = 1 062 882。

卷中 算筹分数之法

原文

今有一十八分之一十二。问：约之得几何？

答曰：三分之二。

术曰：置十八分在下，一十二分在上，副置二位以少减多，等数[1]得六为法，约之即得。

注释

〔1〕等数：当一个减数去减被减数，得到的答案和减数一样时，这个减数就是等数。如果用算筹来运算，当上下两排都一样时即为等数。

译文

现有一个分数是 $\frac{12}{18}$。问：约分后是多少？

答：$\frac{2}{3}$。

算法：把18放在下面，12放在上面，在边上留两个位置，用小的数减去大的数（小的是减数，大的是被减数），得到等数6。再以6为除数，分子分母分别约分，即得答案 $\frac{2}{3}$。

□ **方日晷**

方日晷，铜质，呈方形。此日晷为元代著名天文学家郭守敬所设计制作，它可以用来测定太阳的方位和角度，属于赤道日晷的一种。

原文

今有三分之一、五分之二。

问：合之二得几何？

答曰：一十五分之十一。

□ **方板链泵**

方板链泵最早出现在中国，是一项应用非常广泛的机械发明。它可使用手拉、脚踏、牛转、水转等多种动力驱动。其泵身为一个盛水木槽，木槽两端分别装有轮轴。由一连串相互平行的木板构成板式链（行道板）置于槽内，并绕过车两端的轮板（龙骨板叶）上，行道板与龙骨板叶相啮合。上轮轴两端各装上四支拐木，踏动拐木，上轮运转，从而带动龙骨板循环转动，行道板在木槽内刮水上岸。由于方板密封性能的不同，链泵所能提水的高度也不一样。图为当时人们使用方板链泵的情景。

术曰：置三分五分在右方，之一之二在左方，母互乘子，三分之二得六，五分之一得五，并之，得一十一为实；又方二母相乘，得一十五为法。不满法，以法命之，即得。

译文

现有 $\frac{1}{3}$ 加上 $\frac{2}{5}$ 等于多少？

答： $\frac{11}{15}$。

算法：把3和5放在右边，1和2放在左边。再将分母和分子互乘，3乘2等于6，5乘1等于5，两者相加，得到11，作为被除数；两个分母相乘，得到15，作为除数。如果不能除尽，就以除数定义一个分数，就可以得到答案。

原文

今有九分之八，减其五分之一。问：余几何？

答曰：四十五分之三十一。

术曰：置九分五分在右方，之八之一在左方，母互乘子，五分之一得九，九分之八得四十，以少减多，余三十一，为实；母相乘，得四十五，为法。不满法，以法命之，即得。

译文

现有 $\frac{8}{9}$ 减去 $\frac{1}{5}$ 等于多少？

答： $\frac{31}{45}$。

算法：把9和5放在右边，8和1放在左边。再将分母和分子互乘，9乘1得9，5乘8得40，然后用小的数减去大的数，剩下31，作为被除数；分母相乘，得到45，作为除数。如果不能除尽，就以除数定义一个分数，就可以得到答案。

原文

今有粟一斗。问：为粝米几何？

答曰：六升。

术曰：置粟一斗十升，以粝米率三十乘之，得三百升为实，以粟率五十为法，除之，即得。

译文

今有谷子1斗。问：可出多少糙米？

答：可出6升。

算法：1斗等于10升，糙米率为30，将30乘10后得300升，作为被除数；谷子率为50，作为除数，除数除被除数，即得所求糙米数。

原文

今有粟二斗一升。问：为稗米几何？

答曰：一斗一升五十分升之一十七。

术曰：置粟数二十一升，以稗米率二十七乘之，得五百六十七升，为实；以粟率五十为法，除之不尽，以法而命分[1]。

注释

〔1〕分：指余数。

□ 木牛流马

鸡公车，也叫叽咕车，是一种交通运输工具，据传是诸葛亮所创的"木牛流马"。此车轻便灵活，制作简便。其形似鸡头，一般长四尺，前面装有木制单轮。轮上部装有凸形护轮板，可坐人载物，车身后部有支架，便于停放。并有燕尾形手柄，车夫用两手持之前推。分宽架、窄架两种。宽架载重可达500千克，窄架能载200千克左右。

译文

今有谷子2斗1升。问：可出多少稗米？

答：可出 $11\frac{17}{50}$ 升。

算法：2斗1升等于21升，稗米率为27，相乘得567升，作为被除数；谷子率为50，作为除数，相除不尽，以除数作为分母来命名余数。

原文

今有粟四斗五升。问：为粺米几何？

答曰：二斗一升五分升之三。

术曰：置粟四十五升，以二约粺米率二十四，得一十二，乘之，得五百四十升，为实；以二约粟率，五十得二十五，为法，除之，不尽，以等数约之，而命分。

译文

今有谷子4斗5升。问：可出多少粺米？

答：可出 $21\frac{3}{5}$ 升。

算法：谷子为45升。以2约以粺米率24，得12，12乘以45得540升，作为被除数；以2约以谷子率50得25，作为除数。除数除被除数，相除不尽，以等数约分（相除的余数是 $\frac{15}{25}$，等数是5，约分后为 $\frac{3}{5}$），从而得到余数。

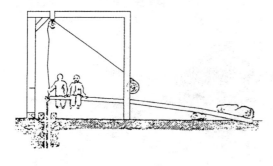

□ 锥井机

图中的锥井机主要利用了杠杆原理。将锥井的工具吊在杠杆的一端，由两个人在另一端交替地登上或跳下，使锥具上下工作。

原文

今有粟七斗九升。问：为御米几何？

答曰：三斗三升一合八勺。

术曰：置七斗九升，以御米率二十一乘之，得一千六百五十九，为实，以粟率五十除之，即得。

译文

今有谷子7斗9升。问：可出多少御米?

答：可出3斗3升1合8勺。

算法：7斗9升为79升，御米率为21，两者相乘，得1659升，作为被除数，再除以谷子率50，即得所求御米数。

原文

今有屋基，南北三丈，东西六丈，欲以砖瓦砌之，凡积二尺，用砖五枚。问：计几何? 答曰：四千五百枚。

术曰：置东西六丈，以南北三丈乘之，得一千八百尺；以五乘之，得九千尺；以二除之，即得。

□ 简车 唐代

唐代时，已出现简车，由此从人力提水发展为水力提水。简车是由竹或木制成的轮形提水机械。竹筒或木筒在水中注满水，随轮转到上部时，水会自动泻入盛水槽，再输入田里。水转简车的水筒与水轮连成一体，既是接受水力的驱动构件，又是提水倒水的工作构件，其机构简明紧凑，设计十分巧妙。

译文

现有房子地基，南北宽3丈，东西长6丈，想要用砖瓦来铺房子，每铺2平方尺要用5块砖。问：一共需要多少块砖可以铺满地基?

答：需要4500块。

算法：东西长6丈，南北宽3丈，则6×3=18平方丈=1800平方尺；将1800乘以5等于9000平方尺；再除以2$\left(\dfrac{9\,000}{2}=4\,500\right)$，即得所求砖数。

原文

今有圆窖，下周二百八十六尺，深三丈六尺。问：受粟几何?

答曰：一十五万一千四百七十四斛七升二十七分升之一十一。

术曰：置周二百八十六尺，自相乘得八万一千七百九十六尺，以深三丈六尺乘之，得二百九十四万四千六百五十六；以一十二除之，得二十四万五千三百八十八尺，以斛法一尺六寸二分除之，即得。

译文

现有一个圆窖，其底圆周长为286尺，高3丈6尺。问：可以装多少谷子？

答：可装151 474斛7$\frac{11}{27}$升。

算法：周长为286尺，自相乘得286尺×286尺＝81 796平方尺，再乘以高36尺，得81 796平方尺×36尺＝2 944 656立方尺，除以12，得2 944 656立方尺÷12＝245 388立方尺，然后以1斛等于1.62立方尺来除，即得所求谷子数。

原文

今有方窖，广四丈六尺，长五丈四尺，深三丈五尺。问：受粟几何？

答曰：五万三千六百六十六斛六斗六升三分升之二。

术曰：置广四丈六尺，长五丈四尺，相乘得二千四百八十四尺；以深三丈五尺乘之，得八万六千九百四十尺，以斛法一尺六寸二分除之，即得。

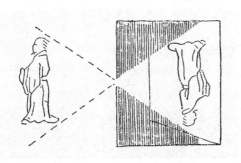

□《墨经》书影

墨子所著的《墨经》包含了较多的物理学知识。书中记载了世界上最早的针孔成像实验，阐述了光的直线传播原理，解释了小孔成像的现象，同时阐明了平面镜、凸面镜、凹面镜成像的基本原理。除此之外，还论述了杠杆平衡问题、斜面问题和浮力问题，论述了空间、时间及时空关系。图为该书描写小孔成像原理的示意图。

译文

现有一个方窖，宽4丈6尺，长5丈4尺，高3丈5尺，问：可以装多少谷子？

答：可装53 666斛66$\frac{2}{3}$升。

算法：将宽4丈6尺和长5丈4尺相乘，得46尺×54尺＝2 484平方尺；再乘以高3丈5尺，得2 484平方尺×35尺＝86 940立方尺，然后以1斛等于1.62立方尺来除，即得所求谷子数。

原文

今有圆窖，周五丈四尺，深一丈八尺。问：受粟几何？

答曰：二千七百斛。

术曰：先置周五丈四尺相乘，得二千九百一十六尺，以深一丈八尺乘之，得五万二千四百八十八尺；以一十二除之，得四千三百七十四尺，以斛法一尺六寸二分除之，即得。

译文

现有一个圆窖，周长5丈4尺，高1丈8尺，问：能装多少谷子？

答：可装2 700斛。

算法：先将周长5丈4尺自相乘，54尺×54尺=2916平方尺，再乘以高1丈8尺，2916平方尺×18尺=52488立方尺，再除以12，52488立方尺÷12＝4374立方尺，然后以1斛等于1.62立方尺来除，4374立方尺÷1.62立方尺/斛＝2700斛，即得所求谷子数。

原文

今有圆田周三百步，径一百步。问：得田几何？

答曰：三十一亩，奇六十步。

术曰：先置周三百步，半之，得一百五十步；又置径一百步，半之，得五十步，相乘，得七千五百步，以亩法二百四十步除之，即得。

□ 计算黄赤交角示意图 《周髀算经》 西汉

黄赤交角是指黄道面和赤道面之间存在大约24°的夹角，中国古代称为黄赤大距。《周髀算经》中记载了一个很简单的用八尺圭表测量黄赤大距的方法。冬至正午测得表的影长是一丈三尺，夏至影长是一尺五寸，又知道测量的地理纬度，利用最基本的天文知识和三角知识就可以求得黄赤大距。

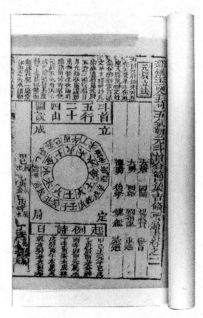

又术曰：周自相乘，得九万步，以十二除之，得七千五百步，以亩法除之，得亩数。

又术曰：径自乘，得一万，以三乘之，得三万步，四除之，得七千五百步，以亩法除之，得亩数。

译文

现有一块圆形田地，周长300步，直径100步。问：这块田有多少亩？

答：有 $31\frac{1}{4}$ 亩。

算法一：周长300步，取一半，得到150步；又直径100步，取一半，得到50步，将两者相乘，得到7500平方步（150×50＝7500），然后以1亩等于240平方步来除，即得所求田亩数。

算法二：周长自相乘，得到90 000平方步，再除以12，得到7500平方步，然后以1亩等于240平方步来除，即得答案。

算法三：直径自乘，得到10 000平方步；再乘以3，等于30 000平方步；除以4，得到7500平方步；然后以1亩等于240平方步来除，即得答案。

原文

今有方田桑生中央，从角至桑，一百四十七步。问：为田几何？

答曰：一顷八十三亩，奇一百八十步。

术曰：置角至桑一百四十七步，倍之，得二百九十四步，以五乘之，得一千四百七十步，以七除之，得二百一十步，自相乘，得四万四千一百步，以二百四十步除之，即得。

译文

现有一块正方形的田，正中间一棵桑树，从正方形一个角到桑树的距离为147步。问：这块方田有多少亩？

答：有 $183\frac{3}{4}$ 亩。

算法：角到桑树的距离147步，乘以2，得到294步，再乘以5，得到1 470步，除以7，得到210步，两个210步相乘，得44 100平方步，再除以240（1亩=240平方步），即得所求田亩数。

原文

今有木，方三尺，高三尺，欲方五寸作枕一枚。问：得几何？

答曰：二百一十六枚。

术曰：置方三尺，自相乘，得九尺，以高三尺乘之，得二十七尺，以一尺木八枕乘之，即得。

□ 《墨子》书影　春秋战国

　　《墨子》一书系为墨子和弟子及后学所作，书中除讲述墨家学派观点以外，还总结了当时几何学、光学、力学、逻辑学等方面的某些成果，并且作了论述。其中《墨经》四篇中，《经上》和《经下》记录了一系列的几何学定义和定理，如对几何学中的点、线、面、体、圆等进行了定义。

译文

现有一块四方体木头，边长为3尺，高3尺，想要做成边长为5寸的枕头。问：这块木头能做几个枕头？

答案：可做216个。

算法：边长3尺，两两相乘，得到9平方尺，再乘以高3尺，得到27立方尺。而1立方尺可做8个枕头，27×8=216个，即得所求枕头数。

原文

今有索，长五千七百九十四步，欲使作方，问几何？

答曰：一千四百四十八步三尺。

术曰：置索长五千七百九十四步。以四除之，得一千四百四十八步，余二步，以六因之，得一丈二尺，以四除之，得三尺，通计即得。

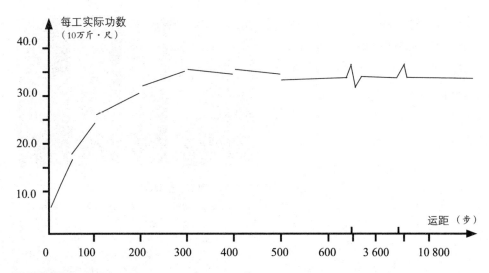

□ **历步减土法**

　　历步减土法是宋元时期对挖土、夯土、运输等工序的工人数进行恰当计算的方法，计算的结果即为合理配置工种人数的依据。历步减土法表明我国在宋元时期的水利施工管理已经有了科学的量化标准。图为历步减土法计算不同运距下功数的变化曲线。

译文

　　现有一根绳子长5 794步，想要把它绕成一个正方形。问：正方形的边长是多少？

　　答：边长是1 448步3尺。

　　算法：绳子长5 794步，除以4，得到1 448步，余2步；1步等于6尺，2步就是1丈2尺，除以4，等于3尺，加起来就是1 448步3尺。

原文

　　今有堤，下广五丈，上广三丈，高二丈，长六十尺，欲以一千尺作一方。问：计几何？

　　答曰：四十八方。

　　术曰：置堤，上广三丈，下广五丈。并之，得八丈；半之，得四丈。以二丈乘之，得八百尺；以长六十尺乘之，得四万八千；以一千尺除之（按：原本讹作乘，今改正），即得。

译文

现有一个梯形堤，下面宽5丈，上面宽3丈，高为2丈，长为60尺，将1 000立方尺算作1方。问：这个堤一共有多少方？

答：共有48方。

算法：这个堤上面宽3丈，下面宽5丈，相加为8丈，除以2，得4丈，再乘以高2丈，即为8平方丈（800平方尺），然后乘以长60尺，得到48 000立方尺，再除以1 000（1 000立方尺=1方），即得所求方数。

原文

今有沟，广十丈，深五丈，长二十丈，欲以千尺作一方。问：得几何？

答曰：一千方。

术曰：置广一十丈，以深五丈乘之，得五千尺，又以长二十丈乘之，得一百万尺，以一千除之，即得。

译文

现有一条沟，宽10丈，深5丈，长20丈，将1 000立方尺算作1方。问：这条沟是多少方？

答：是1 000方。

算法：沟宽10丈，乘以深5丈，得到50平方丈（5 000平方尺），再乘以长20丈（200尺），得到1 000 000立方尺，再除以1 000（1 000立方尺=1方），即得所求方数。

原文

今有积，二十三万四千五百六十七步。问：为方几何？

答曰：四百八十四步九百六十八分步之三百一十一。

术曰：置积二十三万四千五百六十七步，为实，次借一算为下法，步之超一位至百而止。上商置四百于实之上（按：上商原本脱"上"字，今补），副置四万于实之下。下法之商，名为方法；命上商四百除实，除讫，倍方法，方法一退（按：原本脱"方法"二字，今补），下法再退，复置上商八十以次前商，副置八百于方法之下。下法之上，名为廉法；方廉各命上商八十以除实（按：原本脱"实"

字，今补），除讫（按：原本脱"除"字，今补），倍廉法，从方法，方法一退，下法再退，复置上商四以次前，副置四于方法之下。下法之上，名曰隅法；方廉隅各命上商四以除实，除讫，倍隅法，从方法（按：原本讹此六字，今据术补），上商得四百八十四，下法得九百六十八，不尽三百一十一，是为方四百八十四步九百六十八分步之三百一十一。

译文

现有一个正方形，面积为234 567平方步。问：边长是多少？

答：边长为$484\frac{311}{968}$步。

算法：将正方形面积234 567平方步，作为被除数；先用数字1来除，不断移位，直到超过原数的那个1位，到百位为止，这样就以100作为除数（100×100=10 000，没超过）。如果1对应100，先把400放在被除数之上作为除数，得到400×100=40 000。这样就得到40 000作为方除数，再把方除数40 000放在下除数的上面，并拿它除被除数（即234 567），得到一个商4。

除完后，向右退一位，下除数也退一位，成为10。接着再试下一个商。因为除数是8 000，所以商就是8。再把商80放在上面，跟在前面的商4的后面。把商80和下除数10相乘，又得到一个除数800（80×10＝800），即廉除数。

先用方除数8 000除以被除数234 567，再用廉除数800除以被除数234 567。除完后，对廉除数加倍，就像处理方除数那样，并跟好方除数。方除数退一位，廉除数也跟着退，把它放在方除数下面、下除数上面，再把4作商，放在前一个商8的旁边，这样又得到一个除数4（4×1＝4），叫做隅除数。和廉除数一样，把隅除数放在方除数的下面、下除数的上面，对隅除数加倍，并跟好方除数。

通过计算，得到上面的商是484，下面的除数是968（800＋160＋8，因为1是借来的，所以不能算在里面），除不尽的余数是311，所以得到答案$484\frac{311}{968}$步。

原文

今有积，三万五千步。问为圆几何？

答曰：六百四十八步一千二百九十六分步之九十六（按："六分步"原本讹作"七分"，脱"步"字，今补正）。

术曰：置积三万五千步以一十二乘之，得四十二万，为实，次借一算为下法，步之超一位至百而止，上商置六百于实之上，副置六万于实之下。下法之上，名为方法，命上商六百除实，除讫，倍方法，方法一退，下法再退，复置上商四十以次前商，副置四百于方法之下。下法之上，名为廉法，方廉各命上商四十以除实（按：原本脱"四十"二字，今补），除讫，倍廉法，从方法，方法一退，下法再退，复置上商八次前商，副置八于方法之下。下法之上，名为隅法，方廉隅各命上商八以除实，除讫，倍隅法，从方法，上商得六百四十八（按：原本脱"得"字，今补），下法得一千二百九十六（按："六"原本讹作"七"，今改正），不尽九十六，是为方六百四十八步一千二百九十六分步之九十六（按："九十六分"原本讹作"九十七分"，今改正）。

□ 古人测井 《天工开物》插图

　　古人常用绳子来测量井的深浅。他们先将绳子绑在井外木桩上，由一人牵引绳子进入井底。井外人根据井中人的吩咐收放绳子。最后以井底绳到井口绳之间的距离为井的深度。

译文

　　现有一个圆，面积为35 000平方步。问：周长是多少？

　　答：周长是$648\frac{96}{1\,296}$步。

　　算法：先用面积35 000平方步，乘以12，得到420 000平方步（即周长的平方，此处圆周率取3），作为被除数，先用数字1来除，不断移位，直到超过原数的那个1位，到百位为止，这样就以100作为除数。如果1对应100，先把600放在被除数之上作为除数，得到600×100＝60 000。这样，我们就得到60 000作为方除数，把方除数60 000放在下除数的上面，并拿它除被除数420 000，得到一个商6。

　　除完后，向右退一位，下除数也退一位，成为10。接着再试下一个商。因为除

□ 《管子》书影　管仲　战国时期

　　该书系战国时齐国学者管仲所著，原本二十四卷，八十六篇，今存七十六篇。内容庞杂，包含有道、名、法等家的思想，以及天文、历书、经济、农业和数学等知识。如：整数加减法、乘法、正反比问题和分数的计算等。

数是4 000，所以商就是4。再把商40放在上面，跟在前面的商6的后面。把商40和下除数10相乘，又得到一个除数400（40×10=400），即廉除数。对隅除数的处理方法也是一样的，得到一个隅除数8。和廉除数一样，把隅除数放在方除数的下面、下除数的上面，对隅除数加倍，并跟好方除数。

　　通过计算，最后所有的除数加起来是1 296，除不尽的余数是96，商是648，所以得到答案$648\frac{96}{1\ 296}$步。

原文

　　今有邱田，周六百三十九步，步径三百八十步。问：为田几何？

　　答曰：二顷五十二亩二百二十五步。

　　术曰：半周得三百一十九步五分，半径得一百九十步，二位相乘，得六万七百五步，以亩法除之，即得。

译文

　　现有一个圆丘田，周长为639步，直径是380步。问：圆丘田的面积是多少？

　　答：面积为2顷52亩225平方步。

　　算法：周长的一半是319.5步，半径是190步，两者相乘，得到60 705平方步，再除以240（1亩等于240平方步），即得所求面积数。

原文

　　今有筑城，上广二丈，下广五丈四尺，高三丈八尺，长五千五百五十尺，秋程人功[1]三百尺。问：须功几何？

　　答曰：二万六千一十一功。

术曰：并上下广，得七十四尺，半之，得三十七尺，以高乘之，得一千四百六尺，又以长乘之，得积七百八十万三千三百尺，以秋程人功三百尺除之，即得。

注释

〔1〕秋程人功：一个秋天工期的单个人工。

译文

现有一个梯形城墙，上面宽2丈，下面宽5丈4尺，高为3丈8尺，城墙长度为5 550尺，如果一个秋天工期的单个人工可以筑出300立方尺。问：需要多少人工才能筑起这个城墙？

答：需要26 011名人工。

算法：将上下的宽度相加，为74尺，除去一半，等于37尺；乘以高38尺，得到1406平方尺；再乘以长5550尺，得到体积为7 803 300立方尺；然后除以秋程人功的300立方尺，即得所求人工数。

原文

今以穿渠，长二十九里一百四步，上广一丈二尺六寸，下广八尺，深一丈八尺，秋程人功三百尺。问：须功几何？

答曰：三万二千六百四十五功（按：原本讹作三万二百六十五人，今据术改正），不尽六十九尺六寸。

术曰：置里数以三百步乘之，内零步，六之，得五万二千八百二十四尺，并

□ **浑天说示意图**

张衡在《浑天仪注》一文中写道：浑天如鸡子，天体圆如弹丸。地如鸡子中黄，孤居于内，天大地小……天之包地如壳之裹黄。这是对浑天说的经典论述之一。

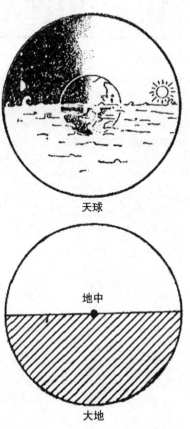

天球

地中

大地

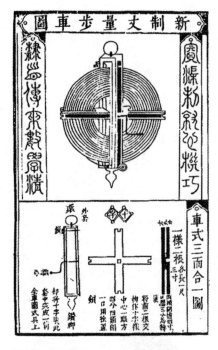

□ 竹卷尺图　明代

　　测量距离最早是用尺，后按其倍数，又派生出步、丈等。至明代，发明竹卷尺。该尺身用竹篾制成，涂以明漆，全长200尺，其中半寸为一刻画。竹篾平时可卷于十字架内，在用时拉出，携带非常方便。其结构类似于今天的钢卷尺。

上下广，得二丈六寸，半之，以深乘之，得一百八十五尺四寸，以长乘得九百七十九万三千五百六十九尺六寸，以人功三百尺除之，即得。

译文

　　现有一个水渠，长为29里104步，上面宽1丈2尺6寸，下面宽8尺，深为1丈8尺，一个秋天工期的单个人工可以挖出300立方尺。问：需要多少人工才能挖好这条水渠？

　　答：32 645人工（按：原本错作30 265人工，通过《九章算术》改正），剩余69立方尺600立方寸。

　　算法：1里=300步，将长29里乘以300，等于8 700步，加上多出的104步，等于8 804步；再乘以6（1步＝6尺），得到52 824尺。将上下宽度相加，等于2丈6寸，除以一半，等于1丈3寸；再乘以水渠的深度1丈8尺，得到185.4平方尺；再乘以长52 824尺，得出9 793 569.6立方尺；再除以每人工300立方尺，得到32 645人工，剩余69立方尺6立方寸（9 793 569.6/300=32 645.232人工，1人工为300立方尺，0.232人工为69立方尺600立方寸）。

原文

　　今有钱六千九百三十，欲令二百一十六人作九分分之，八十一人，人与二分；七十二人，人与三分；六十三人，人与四分。问：三种各得几何？

　　答曰：二分人得钱二十二，三分人得钱三十三，四分人得钱四十四。

　　术曰：先置八十一人于上，七十二人次之，六十三人在下，头位以二乘之，得一百六十二，次位以三乘之，得二百一十六，下位以四乘之，得二百五十二，副并三位，得六百三十为法。又置钱六千九百三十为三位，头位以一百六十二乘之，得一百一十二万二千六百六十，又以二百一十六乘中位，得一百四十九万六千八百八十，又以二百五十二乘下位，得一百七十四万六千三百六十，各为实，以法六百三十各除之，头位得一千七百八十二，中位得二千三百七十六，下位得二千七百七十二，各以人数除之，即得。

译文

现有钱6 930，按照9分的方法分给216人。其中81人，每人给2分；72人，每人给3分；63人，每人给4分。问：现在三类人分的钱各多少？

答：2分的人，每人得22钱；3分的人，每人得33钱；4分的人，每人得44钱。

算法：得2分的81人在第一位，得3分的72人在第二位，得4分的63人在第三位，81人每人乘以2，等于162；72人每人乘以3，等于216；63人每人乘以4，得252，将三者相加，得到630作为除数（162＋216＋252＝630）。又用钱6 930分别乘以第一位的162分，得到1 122 660（6 930×162＝1 122 660）；乘以第二位的216分，得到1 496 880（6 930×216＝1 496 880）；乘以第三位的252分，得到1 746 360（6 930× 252＝1 746 360）。将这三个得到的数字分别作为被除数，除以630，第一位等于1 782钱 $\left(\frac{1\ 122\ 660}{630}=1\ 782\right)$，第二位等于2 376钱 $\left(\frac{1\ 496\ 880}{630}=2\ 376\right)$，第三位等于2 772钱 $\left(\frac{1\ 746\ 360}{630}=2\ 772\right)$，然后分别将这三个得数再除以各自的人数，即得：2分的得22钱 $\left(\frac{1\ 782}{81}=22\right)$，3分的得33钱 $\left(\frac{2\ 376}{72}=33\right)$，4分的得44钱 $\left(\frac{2\ 772}{63}=44\right)$。

原文

今有五等诸侯[1]，共分橘子六十颗，人别加三颗。问：五人各得几何？

答曰：公一十八颗，侯一十五颗，伯一十二颗，子九颗，男六颗。

术曰：先置人数，别加三颗于下，次六颗，次九颗，次一十二颗，上十五

□ **王字衡杆　战国时期**

　　战国时期楚国王字衡杆是中国目前所见最早的衡器。衡器杆长23.1厘米，上有十个等距离的刻度。杆中有孔，可穿线提起衡杆。后人因器上刻有"王"字，故称"王字衡杆"。

颗，副并之，得四十五，以减六十颗，余，人数除之，人得三颗，各加不并者，上得一十八颗为公分，次得一十五颗为侯分，次得一十二颗为伯分，次得九颗为子分，下得六颗为男分。

注释

〔1〕五等诸侯：古代诸侯的等级，分为公、侯、伯、子、男五级。

译文

　　现有五等诸侯，共分得60个橘子，级别高的比级别低的多分3个。问：5个人各分得几个橘子？

　　答案：公18个，侯15个，伯12个，子9个，男6个。

　　算法：先按人数和等级，在最低等级处放3个橘子，往上一个等级处放6个，再往上一等级处放9个，再往上一个等级处放12个，最高等级处放15个，然后将这5位加起来，得到45个，用总数60减去，得到15个多出的橘子。将这多出的15个橘子除以5人，每人得到3个橘子。再将这3个橘子各自和原先各位的数目相加，依次可得：公得到18个，侯得到15个，伯得到12个，子得到9个，男得到6个。

原文

　　今有甲乙丙三人持钱，甲语乙丙：各将公等所持钱半以益我，钱成九十。乙复语甲丙：各将公等所持钱，半以益我，钱成七十。丙复语甲乙：各将公等所持钱，半以益我，钱成五十六。问：三人元持钱各若干？

答曰：甲七十二，乙三十二，丙四。

术曰：先置三人所语为位，以三乘之，各为积，甲得二百七十，乙得二百一十，丙得一百六十八。各半之，甲得一百三十五，乙得一百五，丙得八十四，又置甲九十，乙七十，丙五十六，各半之，以甲乙减丙，以甲丙减乙，以乙丙减甲，即各得元数。

译文

现有甲、乙、丙三人，各自手上都有钱。甲对乙、丙说：把你们两个手上的钱各分我一半，我手上就有90钱；乙对甲、丙说：将你们两个手上的钱各分我一半，我手上就有70钱；丙对甲、乙说：将你们手上的钱各分我一半，我手上就有56钱。问：三个人原先手上各有多少钱？

答：甲有72钱，乙有32钱，丙有4钱。

算法：先将三人所想得到的钱各乘以3，甲得到270钱（90×3＝270），乙得到210钱（70×3＝210），丙得到168钱（56×3＝168），然后各除以2，甲得135钱$\left(\dfrac{270}{2}=135\right)$，乙得105钱$\left(\dfrac{210}{2}=105\right)$，丙得84钱$\left(\dfrac{168}{2}=84\right)$。再将甲想得到的90钱、乙想得到的70钱、丙想得到的56钱，各除以2，得到甲45钱，乙35钱，丙28钱。把甲的135钱减去乙、丙想得到钱的半数（35、28），得到：甲手上的钱为72（135-35-28＝72）；把乙的105钱减去甲、丙想得到钱的半数（45、28），得到：乙手上的钱为32（105-45-28＝32）；把丙的84钱减去甲、乙想得到钱的半数（45、35），得到：丙手上的钱为4（84-45-35＝4）。

原文

今有人盗库绢，不知所失几何？但闻草中分绢，人得六匹，盈[1]六匹；人得七匹，不足七匹。问人、绢各几何？

答曰：贼一十三人，绢八十四匹。

术曰：先置人得六匹于右上，盈六匹于右下，后置人得七匹于左上，不足七匹于左下，维乘[2]之，所得，并之，为绢；并盈、不足，为人。

注释

〔1〕盈：多出来。

〔2〕维乘：表示东南、西南、东北、西北维之数交叉相乘，"维"即指所取乘数的方位。

译文

现有人盗走了仓库里的绢布，不清楚丢了多少。只听闻小偷在草丛里分绢布，如果每人分6匹，就会多出6匹；每人分7匹，又要少7匹。问：小偷和所丢绢布各是多少？

答：小偷13个，绢布84匹。

算法：先把每人得到的6匹绢布放在右上角，多出的6匹绢布放在右下角，再把每个人得到的7匹绢布放在左上角，不够数的7匹绢布放在右下角。对角线相乘，将乘积相加，得到的就是绢布的数目84；将多出来的绢布（右下角）和不够数的绢布（左下角）两个数字相加，即是人的数目13。

卷下　物不知数

原文

今有甲、乙、丙、丁、戊、己、庚、辛、壬九家共输租[1]，甲出三十五斛，乙出四十六斛，丙出五十七斛，丁出六十八斛，戊出七十九斛，己出八十斛，庚出一百斛，辛出二百一十斛，壬出三百二十五斛，凡九家，共输租一千斛，僦运[2]直折[3]二百斛外。问：家各几何？

答曰：甲二十八斛，乙三十六斛八斗，丙四十五斛六斗，丁五十四斛四斗，戊六十三斛二斗，己六十四斛，庚八十斛，辛一百六十八斛，壬二百六十斛。

术曰：置甲出三十五斛，以四乘之，得一百四十斛；以五除之，得二十八斛。乙出四十六斛，以四乘之，得一百八十四斛；以五除之，得三十六斛八斗。丙出五十七斛，以四乘之，得二百二十八斛；以五除之，得四十五斛六斗。丁出六十八斛，以四乘之，得二百七十二斛；以五除之，得五十四斛四斗。戊出七十九斛，以四乘之，得三百一十六斛；以五除之，得六十三斛二斗。己出八十斛，以四乘之，得三百二十斛；以五除之，得六十四斛。庚出一百斛，以四乘之，得四百斛；以五除之，得八十斛。辛出二百一十斛，以四乘之，得八百四十斛；以五除之，得一百六十八斛。壬出三百二十五斛，以四乘之，得一千三百斛；以五除之，得二百六十斛。

注释

〔1〕输租：交纳租税。

〔2〕僦运：运输。

〔3〕折：损失。

□ **量器铜釜　战国时期**

量器铜釜出土于山东胶县灵山卫。高38.5厘米、口径22.3厘米、腹径31.8厘米、底径19厘米、容量20 460毫升。腹壁刻有铭文九行，字锈蚀不清，无法通读。

□ 突火枪　南宋

南宋末年，有人在火枪的基础上发明了突火枪。突火枪是用粗毛竹筒做成的，竹筒里放有火药，还放有一种叫"子窠"的东西，相当于今天的子弹。火药点着后会发出火焰，接着"子窠"就射出去，并发出像炮一样的声音。火枪只能烧人，而突火枪却能发出子窠打人，比火枪更为先进。火枪和突火枪，都是用竹管做的原始管形火器，其威力虽不大，但却是近代枪炮的老祖宗。图为突火枪的简易草图。

译文

今有甲、乙、丙、丁、戊、己、庚、辛、壬九家一起联合交租。甲交35斛，乙交46斛，丙交57斛，丁交68斛，戊交79斛，己交80斛，庚交100斛，辛交210斛，壬交325斛，共交租1 000斛，运输途中损失了200斛。问：各家实际交租多少？

答：甲28斛，乙36斛8斗，丙45斛6斗，丁54斛4斗，戊63斛2斗，己64斛，庚80斛，辛168斛，壬260斛。

算法：将甲交的35斛，乘以4，得140斛，再除5，等于28斛。乙交租46斛，乘以4，等于184斛，再除5，等于36斛8斗。丙交租57斛，乘以4，等于228斛，再除5，等于45斛6斗。丁交租68斛，乘以4，等于272斛，再除5，等于54斛4斗。戊交租79斛，乘以4，等于316斛，再除5，等于63斛2斗。己交租80斛，乘以4，等于320斛，再除5，等于64斛。庚交租100斛，乘以4，等于400斛，再除5，等于80斛。辛交租210斛，乘以4，等于840斛，再除5，等于168斛。壬交租325斛，乘以4，等于1300斛，再除5，等于260斛。

原文

今有丁一千五百万，出兵四十万。问：几丁科一兵？

答曰：三十七丁五分。

术曰：置丁一千五百万为实，以兵四十万为法，实如法，即得。

译文

今有1 500万壮丁，要出兵40万，问：几个壮丁中要征一个兵？

答：$37\frac{1}{2}$人。

算法：将1 500万壮丁作为被除数，40万兵作为除数。除数除被除数，即得答案。

原文

今有平地聚粟，下周三丈六尺，高四尺五寸。问：粟几何？

答曰：一百斛。

术曰：置周三丈六尺，自相乘，得一千二百九十六尺，以高四尺五寸，乘之，得五千八百三十二尺，以三十六除之，得一百六十二尺，以斛法一尺六寸二分除之，即得。

译文

现在要在平地上堆粮食，底圆的周长为3丈6尺，高为4尺5寸。问：需要多少粮食？

答：100斛。

算法：底圆周长为3丈6尺，周长乘以周长，等于1296尺；再乘以高4尺5寸，等于5832尺；然后除36，等于162尺。以斛为单位，除1尺6寸2分，即得所求粮食数。

原文

今有佛书，凡二十九章，章六十三字。

问：字几何？

答曰：一千八百二十七。

术曰：置二十九章，以六十三字，乘之，即得。

译文

今有一本佛书，共29章，每章63个字。

问：佛书共有多少字？

□ 铜鼎 宋代

方田均税法是宋朝王安石变法的主要内容之一。"方田"就是每年九月由县令负责丈量土地，并按肥瘠程度定为五等，登记在账籍中。"均税"，即以"方田"的结果为依据，均定税数。凡是有诡名挟田，隐漏田税者，都要改正。这个法令是专门针对豪强隐漏田税发布的，它在一定程度上减轻了自耕农的负担。图为刻有方田均税法的铜鼎。

答：1 827字。

算法：29章，乘以每章63字，即得所求字数。

原文

今有棋局，方一十九道。问：用棋几何？

答曰：三百六十一。

术曰：置一十九道，自相乘之，即得。

译文

今有一个方形棋局，每边19行。问：要用多少颗棋子？

答：361颗。

算法：共19行，行与行相乘，即得所求棋子数。

原文

今有租，九万八千七百六十二斛，欲以一车载五十斛。问：用车几何？

答曰：一千九百七十五乘奇一十二斛。

术曰：置租九万八千七百六十二斛为实，以一车所载五十斛为法。实如法，即得。

□ 震天雷 宋代

13世纪时，宋金双方都开始用金属制造的火药武器来打仗，其中就包括震天雷。震天雷也叫铁火炮，它是在生铁铸成的罐子里装上火药，发射前预先计算目标远近，再点燃引线发动进攻的一种火药武器。由于爆炸时会发出很大的响声，百里以外都能听见，所以叫作"震天雷"。图为震天雷的简易草图。

译文

现有98 762斛租粮，要用车装，一车能装50斛。问：要用多少辆车装完？

答：1 975辆，还剩12斛没有装。

算法：将98 762斛租粮作为被除数，一辆车能装50斛作为除数。除数除被除数，即得所求车辆数。

原文

今有丁九万八千七百六十六，凡

二十五丁出一兵。问：兵几何？

答曰：三千九百五十人奇一十六丁。

术曰：置丁九万八千七百六十六为实，以二十五为法。实如法，即得。

译文

今有壮丁98 766名，每25个壮丁中要出1个兵。问：要出多少兵？

答：$3\ 950\dfrac{16}{25}$名。

算法：将98 766名壮丁作为被除数，25作为除数。除数除被除数，即得所求出兵数。

原文

今有绢，七万八千七百三十二匹，令一百六十二人分之。问：人得几何？

答曰：四百八十六匹。

术曰：置绢七万八千七百三十二匹为实，以一百六十二人为法。实如法，即得。

□ 秦九韶 南宋

秦九韶（公元1208—公元1268年），南宋数学家，普州安岳人。他性格豪宕不羁，性极机巧，星象、音律、算术以至营造等事，无不精究。游戏、毬、马、弓、剑，莫不能知。其著作《数书九章》成书于1247年，书中提出的"正负开方术"，将增乘开方法发展成一种完整的高次多项式方程的数值解法，这是中国数学史上的重要成就。西方直到1819年，英国数学家霍纳才创造出了类似的方法，比秦九韶晚了五百多年。

译文

今有绢78 732匹，让162人来分。问：每人可分得多少匹？

答：每人可分绢486匹。

算法：将78 732匹绢作为被除数，162人作为除数。除数除被除数，即得每人分得的绢数。

原文

今有棉，九万一千一百三十五筋[1]，给予三万六千四百五十四户。问：户得几何？

□ **敦煌千佛洞算经残片**

敦煌千佛洞算经记载了算筹记数、乘法口诀、四则运算、求面积和体积等实用算术方法。它们是算筹记数最早的实物记载，由于没发明零的记数，置空位代替。后来用"口""〇"表示，直到13世纪后，"0"符号才第一次在我国的印刷品中出现。

答曰：二筋八两。

术曰：置九万一千一百三十五筋为实，以三万六千四百五十四户为法。除之，即得。

注释

〔1〕筋：通"斤"。

译文

今有棉91 135斤，要分给36 454户人家。问：每户可分得多少?

答：每户可分得2斤8两。

算法：将91 135斤棉作为被除数，36 454户人家作为除数。除数除被除数，即得每户分得棉的斤数。

原文

今有粟，三千九百九十九斛九斗六升，凡粟九斗易豆一斛。问：计豆几何?

答曰：四千四百四十四斗四升。

术曰：置粟三千九百九十九斛九斗六升为实，以九斗为法。实如法，即得。

译文

今有谷子3 999斛9斗6升，每9斗谷子可以换一斛豆子。问：可换多少豆子?

答：可换得4 444斗4升豆子。

算法：将3 999斛9斗6升谷子作为被除数，9斗谷子作为除数。除数除被除数，即得所求豆子数。

原文

今有粟，二千三百七十四斛，斛加三升。问：共粟几何?

答曰：二千四百四十五斛二斗二升。

术曰：置粟二千三百七十四斛，以一斛3升乘之，即得。

译文

今有谷子2 374斛，每斛增加3升。问：共有多少谷子？

答：2 445斛2斗2升。

算法：2 374斛谷子乘以1斛3升，即得所求谷子数。

原文

今有粟，三十六万九千九百八十斛七斗，在仓九年，年斛耗三升。问：一年、九年各耗几何？

答曰：一年耗一万一千九十九斛四斗二升一合，九年耗九万九千八百九十四斛七斗八升九合。

术曰：置三十六万九千九百八十斛七斗，以三升乘之，得一年之耗，又以九乘之，即九年之耗。

译文

今有谷子369 980斛7斗，存在仓库里九年，每年每斛损耗3升。问：1年、9年分别损耗多少？

答：1年损耗11 099斛4斗2升1合，9年损耗99 894斛7斗8升9合。

算法：用369980斛7斗乘以3升，即得到1年损耗的谷子数；再用9乘以1年损耗的谷子，即得9年所损耗的谷子数。

□ **合璧仪　清代**

图为清康熙三十二年（公元1693年）御制的银镀金简平地平合璧仪，仪器高5厘米，边长25厘米。由六件不同的仪器组成，分别嵌在银镀金方盘上，再由合页将方盘依次连接，合为方盒式。最上面是"三辰公晷仪"，将其打开后，立面为"时刻度分盘"，平面是"罗盘仪"；将"罗盘仪"掀起，又见两仪器，立面为"地平仪"，平面是"星盘"；"星盘"下面为"象限仪"。这六件仪器功能各不相同，经巧妙设计而融为一体。据推断，此仪器是康熙本人为配合学习西方天文、数学、测量等，在京师短距离实测所用的仪器。

□ **潜望镜** 《淮南万毕术》

汉代初年成书的《淮南万毕术》记载道："取大镜高悬，置水盆于下，则见四邻矣。"这句话是说，利用高挂在上面的镜子所反映的映象，再反射到水盆中间，借此来潜望四周的景象。这是世界上最早的潜望镜装置，虽然它很粗糙，但却是潜望镜的鼻祖。

原文

今有贷与人丝五十七筋，限岁出息一十六筋。问：筋息几何？

答曰：四两五十七分两之二十八。

术曰：列限息丝一十六筋，以一十六两乘之，得二百五十六两，以贷丝五十七筋除之，不尽，约之，即得。

译文

现借给人57斤丝，规定每年利息16斤。问：每斤丝多少利息？

答：每斤丝可得利息$4\frac{28}{57}$两。

算法：已规定丝的利息为16斤，乘以16两，等于256两。256两除借出的57斤丝，除不尽，约去余数，即得每斤丝的利息数。

原文

今有三人共车，二车空；二人共车，九人步。问：人与车各几何？

答曰：一十五车，三十九人。

术曰：置二车，以三人乘之，得六。加步者九人，得车一十五。欲知人者，以二乘车，加九人即得。

译文

今有3人坐一辆车，有2辆车是空的；2个人坐一辆车，有9个人需要步行。问：人与车各多少？

答：15辆车，39个人。

算法：2乘以3，等于6。再加上步行的9个人，等于15辆车。想知道人数，用2乘以车数，再加上9人即可得出。

原文

今有粟一十二万八千九百四十斛九斗三合，出与人买绢，一匹直粟三斛五斗七升。问：绢几何？

答曰：三万六千一百一十七匹三丈六尺。

术曰：置粟一十二万八千九百四十斛九斗三合，为实。以三斛五斗七升为法，除之，得匹余。四十之所得，又以法除之，即得。

译文

今有谷子128 940斛9斗3合，要拿出去跟别人兑换成布，一匹布值3斛5斗7升谷子。问：可以换得多少布？

答：可换得36 117匹3丈6尺布。

算法：将128 940斛9斗3合作为被除数，3斛5斗7升作为除数，除数除被除数，得到匹数，余数乘以40，再除3斛5斗7升，即得所求布数。

原文

今有妇人河上荡桮[1]，津吏问曰："桮何以多？"妇人曰："家有客。"津吏曰："客几何？"妇人曰："二人共饭，三人共羹，四人共肉，凡用桮六十五，不知客几何？"

答曰：六十人。

术曰：置六十五桮，以十二乘之，得七百八十，以十三除之，即得。

注释

〔1〕桮：通"杯"。

□ **告成镇天文台**

图为元代大科学家郭守敬建造的观星台。观星台是一座高大的青砖石结构建筑，由台身和量天尺组成，台身呈覆斗状。郭守敬等人在此进行了一系列的观测试验，并结合其他观测站的数据及史料，完成了《授时历》的编制，首次在世界上精确推算出一年的长度为365天5时49分12秒。这与现代科学测量的时间的误差仅26秒，与诞生于西方的格里高利历（公历）分秒不差，但却比后者早了整整三个世纪。

译文

今有妇人在河边洗碗，一个路过的官吏问她："为什么有这么多碗？"妇人回答说："家里有客人。"官吏问："有多少客人？"妇人说："2人合用一个饭碗，3人合用一个汤碗，4人合用一个肉碗，一共用了65个碗，你知道客人有多少吗？"

答：60人。

算法：用65个碗乘以12，等于780，用13除780，即得所求碗数。

原文

今有木，不知长短，引绳度之，余绳四尺五寸；屈绳量之，不足一尺。问：几何？

答曰：六尺五寸。

术曰：置余绳四尺五寸，加不足一尺，共五尺五寸，倍之，得一丈一尺，减四尺五寸，即得。

译文

现有一根木棒，不知道它的长短，用绳子去测量，绳子多了4尺5寸。把绳子对折后再量，绳子又短了1尺。问：木棒有多长？

答：长6尺5寸。

算法：用多余的绳子4尺5寸加上不够的1尺，共为5尺5寸。将所得结果加倍，等于1丈1尺，再减去4尺5寸，即得木棒长。

原文

今有器中米，不知其数。前人取半，中人三分取一，后人四分取一，余

□ 阶梯式滴漏　元代

这件滴漏铸造于1316年，是我国现存最完整的阶梯式滴漏。整件滴漏共四个壶，从上至下依次安放：日壶、月壶、星壶和受水壶。日壶的水以恒定的流量流入下层的月壶，月壶之水流入星壶，星壶之水流入受水壶。受水壶壶盖正中立一铜表尺，上有时辰刻度。铜尺前放一木制浮箭，木箭下端有一木板，称为浮舟。当受水壶中的水逐渐增多，浮舟将托木箭慢慢上升。将木箭顶端与铜尺上的刻度对照，就可知当时的时间。

米一斗五升。问：米几何？

答曰：六斗。

术曰：置余米一斗五升，以六乘之，得九斗；以二除之，得四斗五升；以四乘之，得一斛八斗；以三除之，即得。

译文

现有一容器米，不知道有多少。第一个取走一半，第二个人取走剩下的$\frac{1}{3}$，第三个人取走剩下的$\frac{1}{4}$，还剩1斗5升米。问：容器中共有米多少？

答：共有6斗米。

算法：用剩下的1斗5升米乘以6，等于9斗；用2除所得的9斗，等于4斗5升；所得结果再乘以4，等于1斛8斗；再用3除1斛8斗，即得所求米数。

□ **天球仪**

清道光十年（公元1830年），著名科学家齐彦槐制作了天球仪，它是清代天文学发展的标志。这座天球仪是根据天象来计时的仪器，内部仿钟表的方法，用发条作动力，自行运转报时。

原文

今有黄金一筋直钱一十万。问：两直几何？

答曰：六千二百五十钱。

术曰：置钱一十万，以一十六两除之，即得。

译文

1斤黄金值10万钱。问：1两黄金值多少钱？

答：值6 250钱。

算法：用16两除10万钱，即得所求钱数。

原文

今有锦一匹，直钱一万八千。问：丈、尺、寸各直几何？

答曰：丈，四千五百钱。尺，四百五十钱。寸，四十五钱。

术曰：置钱一万八千，以四除之，得一丈之直；一退，再退，得尺、寸之直。

译文

今有一匹锦布值18 000钱。问：1丈、1尺、1寸锦布各值多少钱？

答：1丈值4 500钱，1尺值450钱，1寸值45钱。

算法：用4除18 000钱，所得结果即为一丈锦布值的钱数；退一步，得出1尺锦布所值的钱数；再退一步，即得到1寸锦布所值的钱数。

原文

今有地，长一千步，广五百步，尺有鹑、寸有鷃。问鹑、鷃各几何？

答曰：鹑一千八百万，鷃一亿八千万。

术曰：置长一千步，以广五百步乘之，得五十万；以三十六乘之，得一千八百万尺，即得鹑数；上十之，即得鷃数。

译文

有一块地，长1 000步，宽500步，每平方尺有1只鹑，每平方寸有一只鷃。问：这块地里有多少只鹑、多少只鷃？

答：有1 800万只鹑，1亿8 000万只鷃。

算法：用1 000步长乘以500步宽，得500 000尺；再乘以36，得到1 800万平方尺，所得结果即为鹑的数量；再乘上10，即为鷃的数量。

原文

今有六万口，上口三万人，日食九升；中口二万人，日食七升；下口一万人，日食五升。问：上、中、下口，共食几何？

答曰：四千六百斛。

术曰：各置口数，以日食之数乘之，所得并之，即得。

□ **阿房宫 秦代**

　　阿房宫是秦朝的大型宫殿，宫内有大小殿堂七百余所，是历史上罕见的宏伟建筑，后在项羽入咸阳时被焚烧。后人在其遗址的基础上复原了阿房宫大宫门、前殿、兰池宫等，其中前殿高32.85米，长107米，宽67.7米，根据刘徽所提求积公式：$V = 1/3h\left(S_1 + S_2 + \sqrt{S_1 + S_2}\right)$，可计算出前殿体积。图为阿房宫大宫门。

译文

　　今有6万人，其中大胃口的有3万人，每人每天要吃9升粮食；中胃口的有2万人，每人每天要吃7升粮食；小胃口的有1万人，每人每天要吃5升粮食。问：大胃口、中胃口、小胃口的人，一天一共要吃多少粮食？

　　答：共吃4 600斛。

　　算法：将每种胃口的人数乘以他们每天所要吃的粮食数，再将结果加起来，即得所求的粮食数。

原文

　　今有方物一束，外周一匝有三 十二枚。问：积几何？

　　答曰：八十一枚。

　　术曰：重置二位。左位减八，余加右位。至尽虚加一，即得。

译文

　　今有一个由正方形小条组成的正方形大条，外面一圈有32根小条。问：整个大条共有多少根小条？

　　答：81根。

　　算法：将32放在左、右两个位子。左边一个减去8，所得的商与右边一个相加，如此循环下去，直到无法减为止。如果正好减完，就再加1，即得所求小条数。

原文

今有竿，不知长短，度其影，得一丈五尺。别立一表，长一尺五寸，影得五寸。问：竿长几何？

答曰：四丈五尺。

术曰：置竿影一丈五尺，以表长一尺五寸乘之，上十之，得二十二丈五尺。以表影五寸除之，即得。

译文

今有一根木杆，不知道其长度。量它的影子，等于1丈5尺。另外再有一根标杆，杆长1尺5寸，量得标杆的影子为5寸。问：木杆长多少？

答：长4丈5尺。

算法：将木杆影子1丈5尺，乘以标杆的长度1尺5寸，再乘上10，等于22丈5尺。然后用标杆的影子长度5寸除所得结果，即得所求的木杆长度。

原文

今有物，不知其数。三三数之，剩二；五五数之，剩三；七七数之，剩二。问：物几何？

答曰：二十三。

术曰：三三数之，剩二，置一百四十；五五数之，剩三，置六十三；七七数之，剩二，置三十。并之，得二百三十三，以二百一十减之，即得。凡三三数之，剩一，则置七十；五五数之，剩一，则置二十一；七七数之，剩一，则置十五。一百六以上，以一百五减之，即得。

□ 戥秤 明代

明代，大量白银在市场上流通，大交易用银锭，小买卖用碎银子。因此称金银的戥秤被广泛使用。图中戥秤的砣底部刻有"万历年造"，它的最大称量为60两。

译文

现有一堆物品，不知它的数目。3个一数，剩2个；5个一数，剩3个；7个一数，剩2个。问：这堆物品共有多少个？

答：23个。

算法：3个一数，多2个，放140；5个一数，多3个，放63；7个一数，多2个，放30个。将这些相加，等于233，再减去210，即得所求物品数。

原文

今有兽六首四足，禽四首二足（乾隆甲午年本中，此处为"二首二足"，通过验算，应为"四首二足"）。上有七十六首，下有四十六足。问：禽、兽各几何？

答曰：八兽，七禽。

术曰：倍足以减首，余半之，即兽；以四乘兽，减足，余半之，即禽。

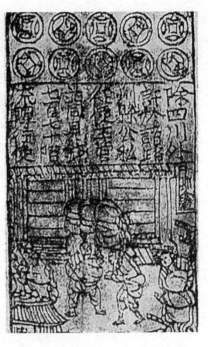

□ **交子　北宋**

交子是北宋时发行的纸币，是铜钱、铁钱和白银之外的一种流通货币。交子的出现，反映了北宋时商品经济的发展。此外，它也是世界上最早的纸币。

译文

今有一只怪兽，有6个头4只脚；一只怪鸟，有4个头2只脚。现在上面有76个头，下面有46只脚。问：怪鸟、怪兽各有多少？

答：8只怪兽，7只怪鸟。

算法：将脚数加倍后再减去头数，所得结果差除2，即可得怪兽数；用4乘以怪兽数，再减去脚数，所得结果差除2，即可得怪鸟数。

原文

今有甲、乙二人，持钱各不知数。甲得乙中半，可满四十八；乙得甲大半，亦满四十八。问：甲、乙二人持钱各几何？

答曰：甲持钱三十六，乙持钱二十四。

□ 中山王陵园建筑平面图
战国时期

图为战国时期中山王陵园建筑平面图，其上均以尺寸为单位标出各种建筑的大小和间距。

术曰：如方程求之，置二甲、一乙、钱九十六，于右方。置二甲、三乙、钱一百四十四，于左方。以右方二乘左方，上得四，中得六，下得二百八十八钱；以左方二乘右方，上得四，中得二，下得九十六；以右行再减左行，左上空，中余四乙，以为法；下余九十六钱，为实。上法，下实，得二十四钱，为乙钱。以减右下九十六，余七十二，为实；以右上二甲为法。上法、下实，得三十六，为甲钱也。

译文

现在甲、乙两人都有钱，但不知道各自的数目。甲若得到乙的一半，就有48钱；乙若得到甲的太半，也有48钱。问：甲、乙两人原来各有多少钱？

答：甲有36钱，乙有24钱。

算法：如用方程求结果，便将2个甲、1个乙共96钱放在右方。将2个甲、3个乙共144钱放在左方。然后用右方2乘以左方，上面等于4，中间等于6，下面等于288钱；用左方2乘以右方，上面等于4，中间等于2，下面等于96；用右行再减去左行，左上行为空，中间所得差为4，作为除数，下边所得差为96钱，作为被除数，除数除被除数，等于24钱，即为乙的钱数。再用所得乙的钱减去右行下面的96，所得之差72作为被除数，用右行上面的2个甲作为除数，除数除被除数，得36钱，即为甲的钱数。

原文

今有百鹿入城，家取一鹿，不尽；又三家共一鹿，适尽。问：城中家几何？

答曰：七十五家。

术曰：以盈不足取之。假令七十二家，鹿不尽四。令之九十家，鹿不足二十。置七十二于右上，盈四于右下；置九十于左上，不足二十于左下；维乘之所得，并为实。并盈不足为法，除之，即得。

译文

今有100头鹿进城，每家取一头鹿，分不完。剩下的鹿3家共取一头，刚好分完。问：城中有多少人家？

答：75家。

算法：用盈不足的方法来解。假设72家分，还多4头鹿。90家分，还差20头鹿。将72放在右上方，多出来的4放在右下方；将90放在左上方，不够的20放在左下方，然后把交纳所得的乘积的和作为被除数，盈与不足的和作为除数，除数除被除数，即得所求人家数。

原文

今有三鸡共啄粟一千一粒。雏啄一，母啄二，翁啄四。主责本粟。问：三鸡啄各偿几何？

答曰：鸡雏啄一百四十三，鸡母啄二百八十六，鸡翁啄五百七十二。

术曰：置粟一千一粒，为实。副并三鸡所啄粟七粒，为法。除之，得一百四十三粒，为鸡雏啄所偿之数。递倍之，即得母、翁啄所偿之数。

译文

今有3只鸡一起吃1 001粒谷子。小鸡吃1粒，母鸡吃2粒，公鸡吃4粒。要一起吃完这堆谷子。问：3只鸡各要吃多少？

答：小鸡吃143粒，母鸡吃286粒，公鸡吃572粒。

算法：将1 001粒谷子作为被除数。三只鸡各吃的份数加起来为7作为除数，除数除被除数，得到143粒，即小鸡要吃的粒数。然后根据倍数关系递增，即可得母鸡和公鸡要吃的粒数。

原文

今有雉、兔同笼，上有三十五头，下有九十四足。问：雉、兔各几何？

答曰：雉二十三，兔一十二。

术曰：上置三十五头，下置九十四足。半其足，得四十七。以少减多，再命之，上三除下三，上五除下五，下有一除上一，下有二除上二，即得。

又术曰：上置头，下置足。半其足，以头除足，以足除头，即得。

译文

现在鸡、兔同在一个笼子里。上有35个头，下有94只脚。问：鸡、兔各多少只？

答：鸡23只，兔12只。

算法：上放35个头，下放94只脚。脚数除2，得47。用头数减去一半的脚数，再用一半的脚数减去头数，上面乘3除下面乘3，上面乘5除下面乘以5，下面余1即除上面加1，下面余2除上面加2，即可得鸡、兔之数。

另有算法：上面放头数，下面放脚数。脚数除2，再用头数除脚数，用脚数除头数，即得所求鸡、兔之数。

□ 买牛契约

图是西夏时期民间买卖交换的重要凭证。材质为加丝麻纸，上有西夏文墨书七行。其中记载了双方买卖交换的情况，首行有年份"天义巳年九月"。

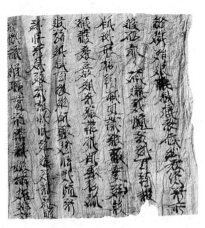

原文

今有九里渠，三寸鱼，头头相次。问：鱼得几何？

答曰：五万四千。

术曰：置九里以三百步乘之，得二千七百步。又以六尺乘之，得一万六千二百尺。上十之，得一十六万二千寸。以鱼三寸除之，即得。

译文

今有水渠长9里，鱼长3寸，鱼一条接一条的沿着水渠排开。问：鱼有多少条？

答：54 000条。

算法：用9里乘以300步，等于2 700步；再乘以6尺，等于16 200尺，再乘以10，等于162 000寸，除鱼长3寸，即得所求鱼数。

原文

今有长安、洛阳相去九百里。车轮一匝一丈八尺。欲自洛阳至长安，问：轮匝几何？

答曰：九万匝。

术曰：置九百里，以三百步乘之，得二十七万步。又以六尺乘之，得一百六十二万尺。以车轮一丈八尺为法，除之，即得。

译文

长安、洛阳相距900里。车轮的外周长为1丈8尺。要从洛阳到长安，问：车轮要转多少圈？

答：要转9万圈。

算法：用900里乘以300步，等于27万步，再乘以6尺，等于162万尺，将车轮长1丈8尺作为除数，除数除162万尺，即得车轮所转圈数。

原文

今有出门望见九堤。堤有九木，木有九枝，枝有九巢，巢有九禽，禽有九雏，雏有九毛，毛有九色。问：各几何？

答曰：木八十一，枝七百二十九，巢六千五百六十一，禽五万九千四十九，雏五十三万一千四百四十一，毛四百七十八万二千九百六十九，色四千三百四万六千七百二十一。

术曰：置九堤以九乘之，得木之数；又以九乘之，得枝之数；又以九乘之，得巢之数；又以九乘之，得禽之数；又以九乘之，得雏之数；又以九乘之，得毛之数；又以九乘之，得色之数。

译文

现出门看见9个堤。每个堤上有9棵树，每棵树上有9根枝，每根枝上有9个巢，每个巢里有9只鸟，每只鸟有9只小鸟，每只小鸟身上有9根毛，每根毛有9种颜色。问：每样东西各有多少？

答：81棵树，729根枝，6 561个巢，59 049只鸟，531 441只小鸟，4 782 969根

毛，43 046 721种颜色。

算法：堤数乘以9，即为树的棵数；再乘以9，得到枝的根数；再乘以9，得到巢的个数；再乘以9，得到鸟的只数；再乘以9，得到小鸟的只数；再乘以9，得到毛的根数；再乘以9，得到颜色的种数。

原文

今有三女，长女五日一归，中女四日一归，少女三日一归。问：三女几何日相会？

答曰：六十日。

术曰：置长女五日，中女四日，少女三日，于右方，各列一算于左方，维乘之，各得所到数。长女十二到，中女十五到，少女二十到，又各以归日乘到数，即得。

译文

今有三个女儿回娘家，大女儿5天一回，二女儿4天一回，小女儿3天一回。问：三个女儿要多久才相会？

答：60天。

算法：将大女儿、二女儿、小女儿依次从左至右排列，再列一行将天数依次对应排列，分别将除去自身之外的另两个数字相乘，得到各自的所应到的天数。大女儿12日到，二女儿15日到，小女儿20日到。再用各自的归日数乘以应到的数，即可得到答案。

附录二
《周髀算经》译解

APPENDIX 2

商高曰："数之法出于圆方，圆出于方，方出于矩，矩出于九九八十一，故折矩。以为勾广三，股修四，径隅五。既方之，外半其一矩，环而共盘。得成三四五，两矩共长二十有五，是谓积矩。故禹之所以治天下者，此数之所以生也。"

昔者荣方问于陈子。曰："今者窃闻夫子之道：知日之高大，光之所照，一日所行，远近之数，人所望见，四极之穷，列星之宿，天地之广袤，夫子之道皆能知之，其信有之乎？"

卷上之一　商高定理

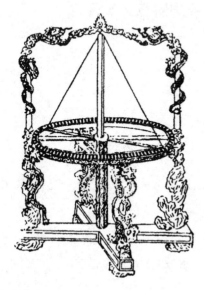

□ 地平经仪

地平经仪是清代重要的天文仪器。该仪器是一个铜制的大圆环（地平圈），水平安置，外径2.066米，环面宽约0.061米，厚约0.046米，上面和侧面都刻有四个象限刻度。使用时，先旋转横表，使三线与所测天体共面，再看横表所指地平圈上的刻度，便可知所测天体的地平经度。

原文

昔者周公[1]问于商高[2]曰："窃闻乎大夫善数[3]也，请问古者庖牺立周天历度[4]。夫天不可阶而升，地不可将尺寸而度，请问数[5]安从出。"

注释

〔1〕周公：西周著名政治家，姓姬，名旦。

〔2〕商高：周时贤大夫。

〔3〕数：指演算、推算。

〔4〕周天历度：对整个天空逐一度量、划分区域等。

〔5〕数：相关数据。

译文

从前周公问商高："我听说你善于演算，请问远古庖牺氏对整个天空逐一量度之事是如何完成的？那天不能由台阶而上，地不能用尺寸来量，请问相关的数据是从哪里得到的？"

原文

商高曰："数之法出于圆方，圆出于方[1]，方出于矩[2]，矩出于九九八十一[3]，故折矩[4]。以为勾广三，股修四，径隅[5]五。既方之，外半其一矩，环而共盘。得成三四五，两矩共长二十有五，是谓积矩[6]。

故禹之所以治天下者，此数之所以生也。"

注释

〔1〕圆出于方：由于圆形变化难测，方形容易计算，所以古人总是"化圆为方"来解决计算难题。

〔2〕方出于矩：正方形为矩形的一个特例，所以说"方出于矩"。

〔3〕矩出于九九八十一："九九八十一"指代乘法，矩形面积的计算要用乘法。所以说"矩出于九九八十一"。

〔4〕折矩：将一矩形沿对角线对折。如图10-1。

〔5〕径隅：矩形两个对角的连线。径，连线；隅，角。

〔6〕既方之……是谓积矩：这是对勾股定理的证明，这种证明是按传统的分割，出入相补，进行组合而完成的。这种证明简单明了，不像研究者说的那样复杂。分三个步骤进行。首先，观念先行，在观念上我们须明确，要拼接的是一个正方形，即"既方之"。第二，"外半其一矩"。从外面取下矩形的一半，如图10-1沿AC线剪下，则△ABC为矩形的一半，由于拼接的是一个方形，需准备与△ABC大小一样的四个矩形的一半（可用剪刀剪成四个矩形的一半）。第三，"环而共盘"，将这四个矩形的一半环绕勾连拼接，组成一个方形（以剪下的斜面为边），如图10-2。

新拼成的方形面积为$c \times c = c^2$。

又由于它是由四个三角形加中间的小方形面积组成，所以它的面积为：

$$4 \times \frac{1}{2}ab + (b-a) \times (b-a) = 2ab + b^2 - 2ab + a^2 = a^2 + b^2.$$

所以$c^2 = a^2 + b^2$。

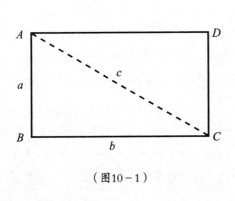

（图10-1）

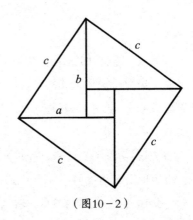

（图10-2）

□ **仰仪　元代**

仰仪是元代创制的一种天文仪器。它是铜制空心球面仪器，半球面刻有东、南、西、北四方位和十二时辰，还刻有与地球纬度相应的赤道坐标。太阳光通过半球上一块带孔的板投一个倒映像在坐标上，即可读出太阳在天空的位置，可称得上是世界第一台太阳投影仪。它除了能测定日食发生的时刻，估计日食方位角和食分多少及日食全过程外，还能观测月球的位置和月食奇景。

"既方之，外半其一矩，环而共盘"是对勾股定理的普遍性证明，不一定就是勾3、股4、弦5。"得成三四五，两矩共长二十有五，是谓积矩"这句讲的是特例，也可以说是举例说明，如勾为3，股为4，则勾矩的面积为3^2，股矩的面积为4^2，勾矩+股矩 = 25 = 5^2，也就是$3^2 + 4^2 = 25$。

由此可见，《周髀算经》对勾股定理进行了严密的证明，而且证明非常简洁，显示了机械化算法的特色。西方才智之士对这一定理也有过许多证明，据说有370种以上，欧几里得的《几何原本》第一卷题四十七中对这一定理的证明被认为是特别简洁优美的，但与《周髀算经》的证明相比，则大显失色。

"两矩共长"：指两矩形面积之和。传统数学中没有"平方尺""立方尺"之类的单位，传统数学家在测面积时，总是将其化为某一边长为单位量的矩形，体积则化为某一面为单位量正方形的长方体。如此一来，这个等积的矩形或长方体的另一条边长或高度，即用来表示其面积或体积的大小。这种情况在《九章算术》中随处可见，李继闵先生对此有专文论述。

译文

商高说："演算的法则来源于对圆形和方形的计算处理，圆形来源于方形，方形来源于矩形，矩形面积的计算法来自乘法。所以在对矩形沿对角线对折时，会产生短边（勾）长为3，长边（股）长为4，斜长（弦）为5的直角三角形的比率。"证明如下：

首先确定要拼接成一个新的方形（既可以是长方形，也可以是正方形），步骤是：将矩形沿对角线剪下一半（如图10－1，沿AC线剪下，由于要拼接成方形，要准备四个这样的一半，大小要相同）。将这剪下的一半（四个）进行环绕勾连拼成方形，由此可证明弦方的面积等于勾方与股方的面积之和。勾方之矩、股方之矩、弦方之矩3：4：5的比率关系得以成立，勾方之矩的面积加上股方之矩的面积等于25（$3^2 + 4^2 = 5^2$），这就叫"积矩"。这种数理关系是大禹在治理天下的实践中发现的。

原文

周公曰："大哉言数。请问用矩之道。"商高曰："平矩以正绳[1]。偃矩以望高[2]，覆矩以测深，卧矩以知远，环矩以为圆[3]，合矩以为方[4]。方属地，圆属天，天圆地方。方数为典，以方出圆。笠以写天。天青黑，地黄赤，天数之为笠也，青黑为表，丹黄为里，以象天地之位。是故知地者智，知天者圣，智出于勾，勾出于矩，夫矩之于数，其裁制万物，唯所为耳。"

周公曰："善哉。"

注释

〔1〕平矩以正绳：将矩平放可用来确定铅垂和水平方向。办法是将矩的一边靠在悬垂的线上，另一边就是水平方向。如图10-3。

〔2〕偃矩以望高："偃"即仰，本句意为把矩直立起来以测物体之高度，具体方法如下（参见图10-4），MH为所求高，H在CB的延长线上，置于C点。仰望M点，同时记下C到H距离A'，由$a : b = A' : x$，$x = \dfrac{A'b}{a}$。

"覆矩以测深""卧矩以知远"原理与"偃矩以望高"同（参见图10-5）。

〔3〕环矩以为圆：现将各专家的理解简介如下。

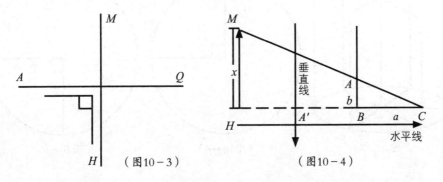

（图10-3）　　　　　（图10-4）

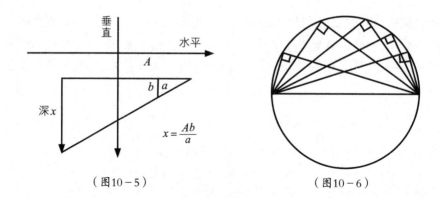

（图10－5） （图10－6）

李俨："直角三角形固定弦，其直角顶点的轨迹便是圆。"（梁宗臣的看法与此同。梁宗臣《世界数学史简编》）如图10－6。

傅溥："将矩形直立于平面上，固定其一边而使他边绕它回转时，那回转边下端的轨迹，便是圆。"（傅溥《中国数学发展史》）如图10－7。

李约瑟："让直角三角形旋转，可以画出圆形。"

李迪："矩的顶点不动，而两边在平面上旋转，其端点就画出一个圆。"（李迪《中国数学史简编》）如图10－8。

陈遵妫："以矩的一端为枢，旋转另一端，可以成圆，即所谓环矩以为圆。"如图10－9。

另一种解释为："把矩的长短两只当作'规'的两只脚，直立于平面上，以矩的一端为枢，旋转时另一端即可成圆。"（见《中国数学史大系》第一卷）如图10－10。

〔4〕合矩以为方：将两个矩形拼在一起，将会产生一个方形。如图10－11。

由于矩的应用广泛，可以"正绳"，可以"望高""测深""知远""为

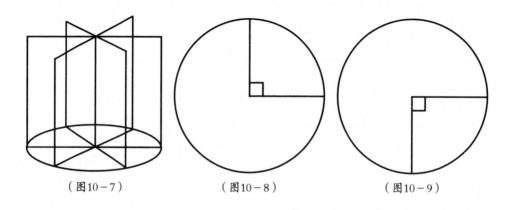

（图10－7） （图10－8） （图10－9）

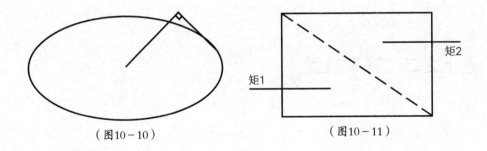

（图10－10） （图10－11）

圆""为方"，所以，末句才赞叹："夫矩之于数，其裁制万物，唯所为耳。"

译文

周公说："讨论数的意义十分重大，请问矩的用法。"

商高说："将矩平放，可用来确定铅垂和水平方向，将矩仰放可测量物体的高度，将矩向下放可以测深度，将矩卧放可以测远，将矩旋转可以画圆，将矩合在一起可以形成方形。方属地，圆属天，天圆地方。方数有法则可循，方可产生圆。斗笠之形可以象征天，天的颜色为青黑，地的颜色为黄红，天像斗笠，外表是青黑色，内里是红黄色，以象征天地的位置。所以了解大地的人是智者，了解苍天的人是圣人，智者是因为对勾有了解，勾又来自于矩。矩在推演数理方面，能丈量万物，随时随地都可以运用。"

周公说："讲得好啊！"

卷上之二　陈子模型

原文

昔者荣方问于陈子[1]。曰："今者窃闻夫子之道：知日之高大，光之所照，一日所行，远近之数，人所望见，四极之穷，列星之宿，天地之广袤[2]，夫子之道皆能知之，其信有之乎。"

陈子曰："然。"

注释

〔1〕荣方、陈子：皆为人名。

〔2〕广袤：宽和长。

译文

□ 二十八宿箱

春秋战国时代，以"天命观"为核心的天文思想发生动摇，人们突破了仅注重人事天神的范畴，开始关心宇宙万物，探究自然，形成了朴素自然观，天文学体系由此初步建立。图为在曾侯乙墓出土的二十八宿箱。箱盖正中绘有北斗，环绕北斗依次书写二十八宿的全部名称和四象中的苍龙、白虎。该箱证实了至少在公元前5世纪，中国已经形成了完整的二十八宿体系。

从前荣方向陈子请教："最近听人说起先生的道术：先生能知太阳有多高，有多大，太阳光照射的范围，一天之内太阳运行的情况，太阳离地的远近，人的目力所及的范围，四方无穷远的距离，天上众星的位置，天地的尺度。你的算法，众人都能了解，确实是这样的吗？"

陈子说："是的。"

原文

荣方曰："方虽不省，愿夫子幸而说之，今若方者可教此道邪。"

陈子曰："然，此皆算术之所及，子之于算，足以知此矣，若诚累思之。"

译文

荣方说:"荣方虽然愚昧,但有幸得到先生开导,现在像荣方这样的人可受教此道吗?"

陈子说:"可以,这些都是算术范畴里的知识,从你的算术知识,足以了解这些道理。你要一心一意,反复思考。"

□ 南唐墓志二十八宿

随着天文观测资料的积累,人们建立起以二十八宿为代表的星系坐标体系,能够较准确地观测日、月和金、木、水、火、土五星相对于恒星的运动,观测异常天象发生的位置,还能准确地测定冬至点,它的出现是天文学的巨大进步。图为江苏出土的南唐墓志,其盖顶部内刻日、月、华盖和陈宿星、八卦;中部刻十二生肖;外刻二十八宿,是保存非常完整的古天文文物。

原文

于是荣方归而思之,数日不能得,复见陈子曰:"方思之不能得,敢请问之。"陈子曰:"思之未熟,此[1]亦望远起高[2]之术,而子不能得,则子之于数,未能通类[3],是智有所不及而神有所穷。夫道术,言约而用博者,智类之明[4],问一类而以万事达者,谓之知道[5]。今子所学算数之术,是用智矣。而尚有所难,是子之智类单[6]。夫道术所以难通者,既学矣,患其不博;既博矣,患其不习[7];既习矣,患其不能知[8]。故同术相学,同事相观,此列士之愚智,贤不肖之所分。是故能类以合类[9],此贤者业精习智之质也。夫学同业而不能入神[10]者,此不肖无智而业不能精习。是故算不能精习,吾岂以道隐子[11]哉!固复熟思之。"

注释

〔1〕此:指观察天文方面的算法。

〔2〕起高:指测高。

〔3〕通类:指触类旁通。

〔4〕智类之明:懂得知识的归纳。本段文字非常强调知识的归类和总结。

〔5〕知道:懂得道。

□ **星图中的鬼宿神像**

　　西安交大汉墓出土的星图描绘的是，在鬼宿（天神尸体）四星旁，有两人抬一物，似死或伤，其意义象征鬼宿中积尸气对应于死人之含义，也是古人对鬼宿中云气的推想。

〔6〕单：同"殚"，尽。

〔7〕习：指反复研讨。

〔8〕知：对知识的深入了解。

〔9〕类以合类：指将知识系统化、条理化。

〔10〕入神：指专心致志。

〔11〕隐子：隐瞒你。

译文

　　于是荣方回去思考，几天不得其解，又来拜见陈子说："荣方思考了，但不得其解，斗胆请你说明其中的原由。"陈子说："你思考得不彻底，测天观象的算法也是望远测高的算法，而你不能了解，那你对于数理，未能触类旁通，这是知识不博，变化不够。那道术，言辞简约而应用广泛的原因，是懂得知识的归纳；研讨同类知识而万事明达，可称为懂得道。现今你学的算术之术，是在运用知识，尚且有不懂之处，这说明你在知识方面有欠缺。道术难通的原因是，学习后，担心学习者知识面不广博；广博后，担心其不研习；研习后，担心其不精深。所以相同的法则放在一起学，相同的事放在一起去观察（是否有这种归类思维），这是学者的智与愚、贤与不贤的分界线。因此，能将知识系统化、条理化，这是贤者专业精通，反复研习知识的思维本质。学习同样的知识而不能专心致志，这是不贤者缺乏知识而专业不精通的原因。因此是你的算术不精通，我也不会对你隐瞒道术！你还是回去好好思考吧。"

原文

　　荣方复归思之，数日不能得，复见陈子曰："方思之以精熟矣，智有所不及，而神有所穷，知不能得，愿终请说之。"

译文

　　荣方又回去了，思考了很多天也不得其解，又见陈子说："荣方已苦思冥想了。我知识不博，而应变能力也有限，很清楚自己不能得到正确的见解，还望你能开导。"

原文

陈子曰："复坐，吾语汝。"于是荣方复坐而请，陈子说之曰："夏至南万六千里。冬至南十三万五千里。日中立竿测影，此一[1]者，天道之数。周髀长八尺，夏至之日晷一尺六寸。髀者，股也，正晷者，勾也，正南千里，勾一尺五寸，正北千里，勾一尺七寸，日益表南，晷日益长。"

注释

[1] 一：表示结果。这种意义在古代数学书中经常会碰到。如《九章算术》卷一后"乘分术曰……实如法而一"，"实如法而一"指除数除被除数所得的结果。有的研究者认为要将"一"改为其他数字，实无必要。

译文

陈子说："请坐，我告诉你。"于是荣方再次坐下来请教。陈子告诉他说："夏至的太阳再向南16 000里处，冬至的太阳再向南135 000里处，日中立表测影这是各种数据的来源，这种结果是天道之数。测日影的表称做'周髀'，长8尺；夏至之日，表的投影长1尺6寸。周髀相当于'股'，其投影相当于'勾'。夏至之日若把周髀移至周地之南1 000里处，则其投影长为1尺5寸；移至周地之北1 000里处，则其投影长为1尺7寸。太阳越往南，周髀在同一地的日影会越长。"

□ 二十八星宿图

图中，在二十八星宿图毕宿（魏国始祖）前有七星相连，星前有一兔在逃，人后有一鹰，此图是毕宿捕兔的形象写照。

原文

候勾六尺，即取竹，空径一寸，长八尺，捕影而视之。

空正掩日，而日应空之孔　，由此观之，率八十寸而得径一寸。[1]故以勾为首，以髀为股。从髀至日下六万里，而髀无影。从此以上至日，则八万里。[2]若求邪至日者，以日下为勾，日高为股，勾股各相乘，并而开方除之，得邪至日。[3]从髀所旁至日所十万里，以率率之，八十里得径一里，十万里得径千二百五十里。故曰：日晷径千二百五十里。[4]

　　日高图。[5]

注释

　　〔1〕候勾六尺……得径一寸：意思是80∶1这个比率是如何算出的。如图10－12，人目与竹径所构成的勾股形与人目与日径所构成的勾股形为相似三角形，所以：

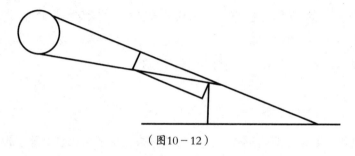

（图10－12）

$$\frac{竹筒长}{竹径} = \frac{日去人}{日径} = \frac{8尺}{1寸} = \frac{80寸}{1寸}。$$

　　〔2〕故以勾为首……从此以上至日，则八万里：当影长为6尺时，日下地距周地6万里，此时此地太阳的垂直高度为8万里。如图10－13，△ABC与△AED为相似三角形，所以：

$$\frac{AE}{AB} = \frac{DE}{BC}，得BC = \frac{DE \times AB}{AE} = \frac{8尺 \times 6万里}{6尺} = 8万里。$$

　　〔3〕若求邪至日者……得邪至日："邪"即斜。这几句话是讲"邪至日"是如何测出来的，如图10－13。

$$AC = \sqrt{BC^2 + AC^2} = \sqrt{(8万里)^2 + (6万里)^2} = 10万里。$$

　　〔4〕从髀所旁……日晷径千二百五十里：意思是太阳直径是如何测算的。从本段注〔1〕可知：$\dfrac{日去人}{日径} = \dfrac{80寸}{1寸}$。

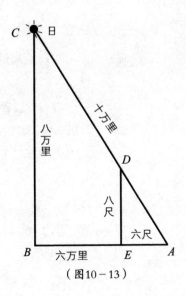

（图10－13）

"日去人"即"邪至日"，注〔3〕已算出为10万里，日径 = 10万里 × $\dfrac{80寸}{1寸}$ = 1 250里。

〔5〕日高图：为测量太阳高度而绘制的几何图式，现图已亡佚。

译文

　　等到表影为6尺时，取一个空心的竹筒，内径为1寸，长为8尺，观察日影，竹筒上端的圆孔正好被日面覆盖，而日面与空心竹筒之孔相应，由此可知太阳至观测者的距离与太阳直径之比等于竹筒长度与竹筒空径之比，这个比率为80：1。（在表杆与投影中，表的高度相对固定，而表的投影长度由于太阳照射的关系每天均有变化。）所以在观察中，首先要注意投影的变化，以投影为勾，以周髀（表杆）为股。影长为6尺的这一天，从周地向南6万里则正在日下，日中立表无影。此地垂直向上到太阳的距离为8万里。若求周地到太阳的斜线距离，则以周地到日下的距离为勾，以太阳到地面的垂直距离为股，勾乘勾，股乘股，相加而开平方。所得之数即为周地到太阳的斜线距离（这个距离为10万里）。从周地表杆所在地到太阳的距离为10万里，按照前面所讲的比率（80：1）来计算，80里得直径1里，10万里得直径1250里。所以说，太阳的直径为1250里。

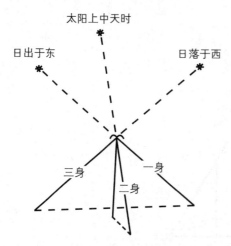

□ **在立竿测影中产生"三身之国"的示意图**

史前时代有使用图腾柱作立竿测影。当早晨太阳升起，立竿测影的暑影指向西，此为一身；中午太阳上中天时，立竿测影的暑影指向北，此为二身；下午太阳落山时，立竿测影的暑影指向东，此为三身。"三身之国"是暑影神，而不是人。

原文

法曰：周髀长八尺，勾之损益寸千里。[1]

故曰：极者，天广袤也。今立表高八尺以望极，其勾一丈三寸。由此观之，则从周北十万三千里而至极下[2]。

注释

[1]法曰……寸千里："法"字意义为"法则"，带有公理的含义。这个"公理"的得出，既有实际测量的依据，又可进行公式推导。根据上文陈子的叙述：夏至日正午在周城测得8尺表杆影长为16寸，在周城的正南北各1 000里处，测得夏至表杆影长为15寸、17寸，3处表杆位置各相距1 000里，影长（勾）为15寸、16寸、17寸，相差各为1寸。公式推导如下：

如图10-14所示：

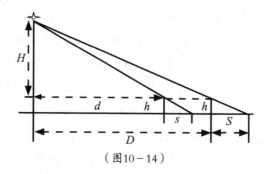

（图10-14）

设H表示表端以上到太阳的高度，h为表高，d与D分别表示前表与后表到太阳的水平距离，s与S分别为前后表的暑影，则根据相似勾股形，容易得到：

$$\frac{H}{h}=\frac{D}{S}=\frac{D-d}{S-s}=\frac{表间}{影差}。$$

由此可见，只要日高H与表高h一定，则"$\dfrac{表间}{影差}$"就是一个常数。由于表高8尺是固定的，太阳至地球的距离在《周髀算经》作者看来也是固定的，为8万里。这样"千里差一寸"就获得了证明，具有公理性质。

〔2〕极者……则从周北十万三千里而至极下：太阳至地面的垂直距离为8万里，将太阳换成北极星，则从周地至北极垂直地面处的距离推导如下（如图10-15）：

$$\triangle AMN \backsim \triangle ACB, \quad \frac{CB}{MN} = \frac{AB}{AN}, \quad AB = \frac{CB \times AN}{MN} = \frac{8万里 \times 1丈3寸}{8尺} = 103\,000里。$$

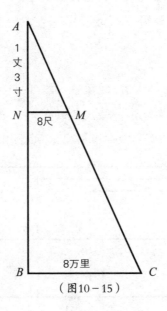

（图10-15）

译文

法则是：周髀长8尺，在南北方向每移动1 000里，则它的影长就增减1寸。

所以说此极是天广大的象征。现立表杆8尺来望北极，则其勾（假设为北极投下的表杆影）长为1丈3寸，这样看来，则从周地往北走103 000里而到极下了。

原文

荣方曰："周髀者何？"

陈子曰："古时天子治周，此数望之从周，故曰周髀。髀者，表也。日夏至南万六千里，日冬至南十三万五十里，日中无影。以此观之，从极南至夏至之日中，十一万九千里，北至其夜半亦然，凡径二十三万八千里，此夏至日道之径也。其周七十一万四千里。从夏至之日中至冬至之日中，十一万九千里，北至极下亦然。则从极南至冬至之日中，二十三万八千里，从极北至其夜半亦然。凡径四十七万六千里，此冬至日道径也。其周百四十二万八千里。从春秋分之日中，北至极下十七万八千五百里。从极下北至其夜半，亦然。凡径三十五万七千里，周一百七万一千里。故曰：月之道常缘宿，日道亦与宿正。南至夏至之日中，北至冬至之夜半；南至冬至之日中，北至夏至之夜半，亦径三十五万七千里，周一百七万一千里。[1]"

注释

〔1〕以此观之……亦径三十五万七千里，周一百七万一千里：为方便读者更好地理解这段叙述，现将江晓原先生所绘制的《周髀算经》盖天宇宙剖面图（《周髀算经盖天宇宙结构》，《自然科学史研究》1996年第3期）表示如图10-16。

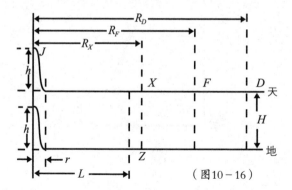

（图10-16）

J北极（天中）；R_x = 119 000里，夏至日道半径；X夏至日所在（日中时）；R_F = $1\frac{1}{2}R_X$ = 178 500里，春、秋分日道半径；F春、秋分日所在（日中时）；R_D = $2R_X$ = 238 000里，冬至日道半径；D冬至日所在（日中时）；L = 103 000里，周地距极远近；Z周地（洛邑）所在；H = 80 000里，天地间距离；r = 11 500里，极下璇玑半径；h = 60 000里，极下璇玑之高。

译文

荣方问："周髀到底是什么？"

陈子说："古时天子的朝廷在周地，在周地用这种仪器进行观测取得数据，所以叫周髀。髀就是表杆。夏至日（从周地）往南走16 000里，冬至日（从周地）往南走135 000里，在正午时看不见表杆的投影。由此看来，从极下往南走到夏至日中日所在地为119 000里，往北到夏至日夜半日所在地也是这个距离，夏至日太阳运行一周所形成圆的直径，为238 000里（119 000＋119 000），这就是夏至日日道的直径，日道所形成的圆周长为714 000里（238 000×π，取π＝3）。从夏至日中日所在地向南到冬至日中所在地，为119 000里。从此处向北到极下也是这个距离。那么，从极下向南至冬至日中日所在地为238 000

□ **马王堆彗星图**

湖南长沙马王堆出土的大批简帛古书中，涉及天文、气象、阴阳五行、病方、佚籍等内容，是中国历史上著名的古文献大发现之一。其中，《星占》部分在天蝎座和北斗星之间绘有29幅彗星图。所绘彗星有三种不同的彗头、四种不同的彗尾，说明当时古人对彗星形态的观察已经很准确。

里，从极下向北到冬至日夜半日所在地也是这个距离。冬至日太阳运行一周所形成的直径为476 000里（238 000＋238 000），这就是冬至日日道的直径，日道所形成的圆周长为1 428 000里（476 000×π，取π＝3）。从春分日、秋分日中日的所在地向北到极下为178 500里，从极下北至春分日、秋分日夜半日所在地也是这个距离。春分日、秋分日太阳运行1周所形成的直径为357 000里，日道所形成的圆周长为1 071 000里。所以说：月球运行的轨道常是沿着二十八宿，周年运行的日道也以二十八宿为准。由夏至日中日所在地到北面冬至夜半日所在地，以及由冬至日中日所在地到北面夏至夜半日所在地，（如果画成圆）其直径为357 000里，周长为1 071 000里。"

原文

春分之日夜分以至秋分之日夜分，极下常有日光。秋分之日夜分以至春分之日夜分，极下常无日光。故春秋分之日夜分之时，日光所照适至极，阴阳之分等也。冬至夏至者，日道发敛之所生也，至昼夜长短之所极。春秋分者，阴阳之修，昼夜之象。昼者阳，夜者阴，春分以至秋分，昼之象；秋分至春分，夜之象。故春秋分之日中，光之所照北极下，夜半日光之所照亦南至极，此日夜分之时也。故曰：日照四旁各十六万七千里。

译文

春分日昼夜之交到秋分日昼夜之交（这段时间），极下常有日光（出现"极昼"现象）。秋分日昼夜之交至春分日昼夜之交，极下常无日光（出现"极夜"现象）。所以春分日、秋分日昼夜交替时，日光所照恰到极下，这也是阴阳平分之时。冬至和夏至，是太阳运行轨道扩张和收敛发生之所在，形成了昼夜长短变化的极致。春分和秋分，阴阳的长短，好比昼夜现象。昼为阳，夜为阴，春分至秋分，（阳气为主）而呈现昼之象；秋分至春分，（阴气为主）而呈现夜之象。所以春分日和秋分日，日中时太阳光照射的范围能够北至极下，夜半时太阳光照射的范围能够南至极下，这是昼夜区分的时候。所以说，日光照射四面八方可各达167 000里。

原文

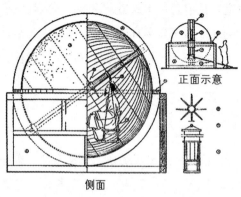

□ 假天仪

　　假天仪是古代的一种天文仪器。此仪下为方柜，柜上有经纬两种环规，可布置星位坐标。另外，它在球面相应于天空星象的位置凿有小孔。图为假天仪的线描图。

正面示意

侧面

人所望见，远近宜如日光所照。从周所望见，北过极六万四千里，南过冬至之日三万二千里。夏至之日中光，南过冬至之日中光四万八千里。南过人所望见一万六千里。北过周十五万一千里。北过极四万八千里。冬至之夜半日光南不至人所见七千里，不至极下七万一千里。夏至之日中与夜半日光九万六千里过极相接。冬至之日中与夜半日光不相及十四万二千里，不至极下七万一千里。

译文

人望见的地方，远近应与日光照射到的地方相同。从周地望见之所及，北超过了极下64000里，南超过了冬至日中日所在地32000里。夏至日的日中时，日光向南超过了冬至日中日所在地的48000里，向南超过了人眼所能望见的极限值16000里，北过周地151000里，北过极下48000里。冬至日的夜半，日光向南不及人目所望见的极限7000里，不及极下71000里。夏至日的日中与夜半，日光所照越过极下而相重叠96000里。冬至日日中与夜半，日光所照互不连接，距离达142000里，各自与极下相距71000里。

原文

夏至之日正东西望，直周东西日下至周五万九千五百九十八里半。冬至之日正东西方不见日，以算求之，日下至周二十一万四千五百五十七里半[1]。凡此数者，日道之发敛。冬至夏至，观律之数[2]，听钟之音[3]。冬至昼，夏至夜。差[4]数及日光所逮[5]观之，四极径八十一万里，周二百四十三万里。从周南至日照处三十万二千里；周北至日照处，五十万八千里；东西

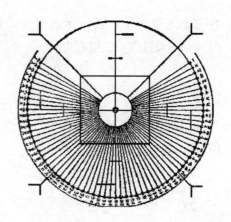

□ 日晷线图 汉代

日晷是古代一种测时仪器，由晷盘和晷针组成。晷盘是一个有刻度的盘，中央装一根与盘面垂直的晷针，针影随太阳运转而移动，刻度盘上的不同位置表示不同的时刻。上为日晷线图，晷盘上的刻度清晰可见。

□ 日晷

日晷又称"日规"，是我国古代利用日影测时刻的一种计时仪器。通常由铜制的指针和石制的圆盘组成。当太阳光照在日晷上时，晷针的影子就会投向晷面刻度上，以此来分辨时刻。

各三十九万一千六百八十三里半。周在天中南十万三千里，故东西短中径二万六千六百三十二里有奇[6]。

注释

〔1〕夏至之日正东西望……日下至周二十一万四千五百五十七里半：按赵爽所注，其求法如下：

夏至日，太阳正在周地东西线的下地与周地的距离（如图10-17）。

$$\frac{1}{2}\sqrt{(夏至日道径)^2-(极去周地两倍)^2}$$

$$=\frac{1}{2}\sqrt{238\,000^2-(103\,000\times2)^2}=\frac{1}{2}\times119\,197=59\,598.5。$$

冬至日，太阳正在周地东西线的下地与周地的距离（如图10-18）。

$$\frac{1}{2}\sqrt{(冬至日道径)^2-(极去周地两倍)^2}$$

$$=\frac{1}{2}\sqrt{476\,000^2-(103\,000\times2)^2}=\frac{1}{2}\times429\,115=214\,557.5。$$

〔2〕观律之数：古人有用音律测度日时的传统，这种方法早已失传。

〔3〕听钟之音：古人有听钟声的变化来测度日时的传统，这种方法亦已失传。

〔4〕差(cī)：限度、界限。《后汉书·显宗孝明帝纪》："轻用人力，缮修官宇，出入无节。喜怒过差。"

〔5〕遝(tà)：及。《墨子》："城之处，矢之所。"

〔6〕故东西短中径二万六千六百三十二里有奇：因周地不在直径为81 000里圆

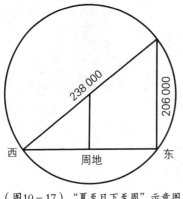

（图10-17）"夏至日下至周"示意图

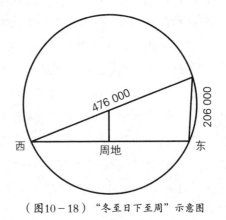

（图10-18）"冬至日下至周"示意图

的圆心上，而从圆心偏向南103 000里，又根据《周髀算经》宇宙模型半剖面示意图，为238 000里，再加上"日照四旁"的167 000里，为405 000里（宇宙的半径，直径为810 000里）。

故 $\sqrt{405\,000^2 - 103\,000^2} \approx 391\,683.5$

将此值乘以2，并与宇宙直径810 000里

相减略得26 633里，与文中所述"二万六千六百三十二里有奇"相符。

译文

夏至之日在正东、正西向上观测，在与周地处在同一直线的东西线上，日落处距周地$59\,598\frac{1}{2}$里，冬至之日，正东、正西线上看不见太阳，以计算可求得，日落处距周地$214\,557\frac{1}{2}$里。这些数据是太阳运行轨道的扩张、收缩而造成的。冬至夏至，要观察律数，听钟声的变化。依照冬至和夏至昼夜太阳运行轨迹的界限，以及太阳光照所及的范围推断，宇宙的直径为81万里，周长为243万里。从周地向南走到太阳光照的极限处，距离为302 000里；从周地向北走到太阳光照的极限处，距离为508 000里；向东西日照极限处距离各为$391\,683\frac{1}{2}$里。周地在宇宙中心偏南一侧103 000里处，所以，从周地东西向看，所见要比宇宙直径短26 632里多。

□ 浑天仪　东汉

图为东汉杰出科学家张衡发明的浑天仪，后经唐代一行、元代郭守敬等不断改良发展，成为世界上最早的天文钟。它主要由两个部分组成：一是窥管装置，二是转仪钟和机械钟。

原文

此方圆之法。万物周事而圆方用焉，大匠造制而规矩设焉。或毁方而为圆，或破圆而为方。方中为圆者，谓之方圆；圆中为方者，谓之圆方也。[1]

注释

〔1〕此方圆之法……谓之圆方也：意思是对本部分各种数据来源的运算原理的说明。这部分所涉及的圆周长、各种距离的运算均涉及到圆、方的运算。

译文

这就是圆方的法则。对万物作全面研究要用圆方的法则，大匠创设体制需要规和矩参与运算。有时需要毁方而作圆，有时需要破圆而作方。方中作圆的情况，称做方圆；圆中做方的情况，称做圆方。

卷上之三 七衡六间

原文

七衡图[1]

凡为此图，以丈为尺，以尺为寸，以寸为分，分为一千里。凡用缯方八尺一寸。今用缯方四尺五分，分为二千里。

注释

[1]七衡图：是用来描述太阳周年轨迹运动的天文图，它由七个同心圆组成，七个同心圆由等距离 $\left(19833\frac{1}{2}里\right)$ 的六条间隔（内衡直径为238 000里），故又称为七衡六间图。太阳每年从某个同心圆出发，然后过渡到下一个同心圆，最后又回到出发的那个同心圆，时间恰好是一年。原图早已亡佚，研究者根据自己的理解，制作了不少的复原图。现选陈遵妫的图，如图10-19供参考。

译文

七衡图

凡制作七衡图，以丈为尺，以尺为寸，以寸为分，1分代表1 000里。总共用去8尺1寸见方的帛。现用4尺5分见方的帛制作，则每1分代表2 000里。

原文

《吕氏》曰："凡四海之内，东西二万八千里，南北

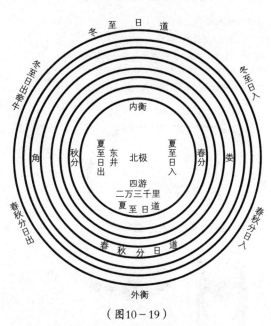

（图10-19）

七衡图（陈遵妫：《中国天文学史》第1册）

二万六千里。"

凡为日月运行之圆周,七衡周而六间,以当六月节,六月为百八十二日八分日之五[1]。

故日夏至在东井,极内衡。日冬至在牵牛,极外衡也。衡复更终冬至。故曰,一岁三百六十五日四分日之一,岁一内极,一外极。三十日十六分日之七,月一外极,一内极。是故一衡之间,万九千八百三十三里三分里之一[2],即为百步[3]。欲知次衡径,倍而增内衡之径,二之以增内衡径,次衡放此。

注释

〔1〕六月为百八十二日八分日之五:回归年的长度为365$\frac{1}{4}$日,则半年(6个月)为182$\frac{5}{8}$日。

〔2〕是故一衡之间,万九千八百三十三里三分里之一:夏至与冬至相去119 000里,除以6,即得19 833$\frac{1}{3}$里。

〔3〕即为百步:1里=300步,$\frac{1}{3}$里即为百步。

□ 太阳纹图案

先民在一些器物上描绘了他们对天象中太阳的认识。图1为良渚文化黑陶豆盘内的双鸟夹太阳纹图案;图2为马家窑文化彩陶器上人物化双鸟捧日图;图3为仰韶文化彩陶残片上的太阳鸟。

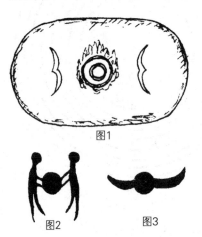

图1

图2   图3

译文

《吕氏春秋》说:"四海之内,东西方向长28 000里,南北长26 000里。"

凡是制作日月运行的圆周,画七个同心圆而中间有六个等距离间隔,以此与六个月的节气相当,六个月共有182$\frac{5}{8}$日。

所以说,夏至之日太阳在东井之宿,处于七衡图的最内圈。冬至日太阳在牵牛之宿,处于七衡图的最外圈,第二年又回到冬至圈。所以说,一年365$\frac{1}{4}$日,太阳到达最内圈、最外圈各1次。30$\frac{7}{16}$日中,月亮一次到达最外圈，一次到达最内圈。衡与衡之间的间隔为 $19\,833\frac{1}{3}$ 里，$\frac{1}{3}$ 里即为百步。因此，（已知内衡的直径）欲知其外侧相邻之衡的直径，只需将上述数的1倍加到内衡直径上即可。将相邻两衡直径的差乘以2，加到内衡直径上（可得三衡径），以下各衡可仿此算出。

□ 七衡图 《周髀算经》 汉代

"七衡图"是指七个同心圆，也称"七衡六间图"，它被认为是最古的盖天星图。七衡六间图按上南下北、左东右西的位置布置，这与濮阳西水坡45号墓的排列方向是一致的。七衡六间包括了今传盖天星图上的黄道圈、赤道圈、冬至圈与夏至圈，以及二十四节气在黄经上的位置。同心圆的圆心部位表示天北极所在，与流传至今的盖天星图吻合。

原文

内一衡：径二十三万八千里，周七十一万四千里，分为三百六十五度四分度之一，度得一千九百五十四里二百四十七步千四百六十一分步之九百三十三。

次二衡：径二十七万七千六百六十六里二百步，周八十三万三千里。分里为度，度得二千二百八十里百八十八步千四百六十一分步之千三百三十二。

次三衡：径三十一万七千三百三十三里一百步，周九十五万二千里。分为度，度得二千六百六里百三十步千四百六十一分步之二百七十。

次四衡：径三十五万七千里，周一百七万一千里。分为度，度得二千九百三十二里七十一步千四百六十一分步之六百六十九。

次五衡：径三十九万六千六百六十六里二百步，周百一十九万里。分为度，度得三千二百五十八里十二步千四百六十一分步之千六十八。

次六衡：径四十三万六千三百三十三里一百步，周一百三十万九千里。分为度，度得三千五百八十三里二百五十四步千四百六十一分步之六。

次七衡：径四十七万六千里，周一百四十二万八千里，分为度。度得三千九百百九里一百九十五步千四百六十一分步之四百五。

译文

内衡：直径为238 000里，周长为714 000里，分为365$\frac{1}{4}$度，每度得1 954里又247$\frac{933}{1461}$步。

第二衡：直径为277 666里又200步，周长为833 000里，划分为365$\frac{1}{4}$度，每度得2 280里又188$\frac{1332}{1461}$步。

第三衡：直径为317 333里又100步，周长为952 000里，划分为365$\frac{1}{4}$度，每度得2 606里又130$\frac{270}{1461}$步。

第四衡：直径为357 000里，周长为1 071 000里，划分为365$\frac{1}{4}$度，每度得2 932里又71$\frac{669}{1461}$步。

第五衡：直径为396 666里又200步，周长为1 190 000里，划分为365$\frac{1}{4}$度，每度得3 258里又12$\frac{1068}{1461}$步。

第六衡：直径为436 333里又100步，周长为1 309 000里，划分为365$\frac{1}{4}$度，每度得3 583里又254$\frac{6}{1461}$步。

第七衡：直径为476 000里，周长为1 428 000里，划分为365$\frac{1}{4}$度，每度得3 909里又195$\frac{405}{1461}$步。

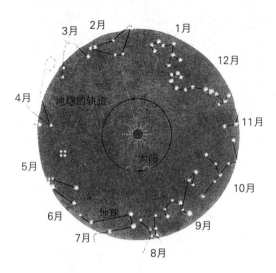

□ 古人绘制的星象图

隋朝的天文历法在前人基础上有了进一步的发展。600年，刘焯测定岁差为76年差一度，已接近准确值。604年，刘焯在制定《皇极历》时，最早提出了"等间距二次内插法"的公式。图为当时制定的星象图，人们根据天体的运动来计算时间。

2月 3月 1月 12月 4月 地球的轨道 11月 太阳 5月 地球 10月 6月 9月 7月 8月

原文

其次，日冬至所北照，过北衡十六万七千里，为径八十一万里，周二百四十三万里，分为三百六十五度四分度之一，度得六千六百五十二里二百九十三步千四百六十一分步之三百二十七。过此而往者，未之或知。或知者，或疑其可知，或疑其难知，此言上圣不学而知之。

译文

其次，太阳冬至日所照射的轨道，再加上太阳光照射的极限167 000里，得到宇宙直径为81万里，周长为2 43万里，划分为$365\frac{1}{4}$度，每度得6 652里又$293\frac{327}{1\,461}$步。超过了这个范围，恐怕没有人知道。或许有人认为此事可知，有人却对可知持怀疑态度，有人对难知持怀疑态度，这里所说的疑难只有赖于不学而知的圣人来解决。

□ **蚌壳夏至图**

"蚌壳夏至图"是在仰韶文化遗址中，摆放在一条由东达西南的灰沟里，这条灰沟好似空中的银河，沟中的蚌壳如繁星，有蚌塑人骑龙、蚌塑虎、蚌塑飞禽、蚌塑圆圈纹等，后两者图像已不清晰。不过这足以说明先祖在观察天象时的细致。

原文

故冬至日晷丈三尺五寸，夏至日晷尺六寸。冬至日晷长，夏至日晷短，日晷损益，寸差千里。故冬至、夏至之日南北游十一万九千里，四极径八十一万里，周二百四十三万里，分为度，度得六千六百五十二里二百九十三步千四百六十一分步之三百二十七，此度之相去也。[1]

注释

〔1〕故冬至日晷丈三尺五寸……此度之相去也：这段文字，前面均提到过，这里又重复出现，疑为衍文。

译文

所以冬至日中午周髀的太阳投影为3尺5寸，夏至日中午周髀的太阳投影为1尺6寸。冬至日中午周髀的太阳投影长，夏至日中午周髀的太阳投影短，投影长

□ **地平日晷**

日晷为古代计时器，此器为木制，由基座（晷盘）和立表组成，通高17.5厘米。晷盘上有一罗盘，正中有长为3.5厘米的指南针。指南针周围有内外两盘，内盘又分内外两圈：内圈标二十八宿和大星座，外圈标二十四节气。

度每减少、增加1寸，地上南北向的实际距离会减少、增加1 000里。所以，冬至、夏至之间太阳运行轨道南北游移范围为119 000里，宇宙直径为81万里，周长为243万里，如划分为 $365\frac{1}{4}$ 度，每度得6 652里又 $293\frac{327}{1\,461}$ 度。这为每度所对应的距离。

原文

其南北游，日六百五十一里一百八十二步一千四百六十一分步之七百九十八。

术曰：置十一万九千里为实，以半岁一百八十二日八分日之五为法，而通之，得九十五万二千为实，所得一千四百六十一为法，除之，实如法得一里。不满法者，三之，如法得百步；不满法者十之，如法得十步；不满法者十之，如法得一步；不满法者，以法命之。

译文

太阳南北游移，每日移动的范围为651里又 $182\frac{798}{1\,461}$ 步。

算法：将119 000里作被除数，以半年 $182\frac{5}{8}$ 日为除数，通约后，得952 000为被除数，1 461为除数 $\left(\text{得出算式}\frac{952\,000}{1\,461}\right)$，除数除被除数得所求里数。余数部分以3乘之，$\left(\text{得算式}\frac{2\,667}{1\,461}\right)$ 此商的整数部分即为百步数；余数乘以10，所得算式商的整数部分即为十步数；余数部分乘以10，所得算式商的整数部分即为步数；余数部分即以分母1 461的分子表示。

卷下之一 盖天模型

原文

凡日月运行四极之道，极下者，其地高人所居六万里，滂沱四陨而下。天之中央亦高四旁六万里。故日光外所照径八十一万里，周二百四十三万里。

译文

日月运行宇宙四方之道，北极以下的地方，其地高出人类栖居地6万里，由6万里处四面向下。北极所在的天之中央也比四面高出6万里。所以，日光照射向外可形成直径为81万里的圆圈，圆圈的周长为243万里。

原文

故日运行处极北，北方日中，南方夜半。日在极东，东方日中，西方夜半。日在极南，南方日中，北方夜半。日在极西，西方日中，东方夜半。凡此四方者，天地四极四和。昼夜易处，加四时相及[1]。然其阴阳所终、冬至所极，皆若一也。

注释

〔1〕加四时相及："四时"为子、午、卯、酉，"加四时相及"相当于日行一周

□ **盖天说示意图**

盖天说是中国古代的一种宇宙学说。起初主张天圆像张开的伞，地方像棋盘；后来改为天像一个斗笠，地像覆着的盘。天在上，地在下；日月星辰随天盖而运动，其东升西没是由于远近所致，不是没入地下。

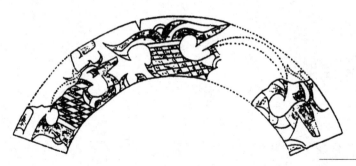

□ 鱼尾鹿龙生月图

　　内蒙古敖汉旗高家窝铺乡的赵宝沟村曾出土神兽纹天象图案，包括四时天象。图为其中的月亮纹陶尊，其左上有鱼尾鹿龙，在右侧鱼尾与鹿龙的夹角中，有一弯新月。

天，又回到原来的状态。

译文

　　所以太阳运行到北极的北面时，北方为日中，南方为夜半。太阳运行到北极的东面，东方为日中，西方为夜半。太阳运行到北极的南方，南方为日中，北方为夜半。太阳运行到北极的西面，西方为日中，东方为夜半。上述这种四方天象的变化，可称作为天地四极变化的互补。昼夜互换位置，日行一周天，又回到原来的状态。然而其中阴阳的变化，冬夏的转换规律都是一致的。

原文

　　天象盖笠，地法覆盘。天离地八万里，冬至之日虽在外衡，常出极下地上二万里。故日兆月〔1〕，月光乃出，故成明月，星辰乃得行列。是故秋分以往到冬至，三光〔2〕之精微，以成其道远〔3〕，此天地阴阳之性，自然也。

注释

　　〔1〕日兆月：太阳运行位置的变化成为月光变化的先兆。古人认识到了月光变化的根源在太阳。

　　〔2〕三光：指日、月、星。

　　〔3〕以成其道远：即"以其道远成"，因太阳的运行轨道远离而形成。

译文

　　天像盖着的斗笠，地像倒扣的棋盘。天离地8万里，即使冬至那天太阳在外衡也常出没在极下2万里处。故太阳运行位置的变化使月亮显示变化的征兆，月光才出现，成为明月，星辰才得以形成行列。所以秋分到冬至，日、月、星辰的精气日渐衰竭，这是日道愈来愈远的缘故。这是天地阴阳变化的本性，本来如此。

原文

欲知北极枢，璇周四极，常以夏至夜半时，北极南游所极；冬至夜半时，北游所极。冬至日加酉之时，西游所极；日加卯之时，东游所极。此北极璇玑四游。正北极璇玑之中，正北天之中。

译文

欲知北极枢轴所在，以及璇玑四极圆周面积，常以夏至日夜半时，北极南游的极限；冬至日夜半时，北极北游的极限；冬至日酉时，北极西游的极限；同一天卯时，北极东游的极限来确定。这里讲的（南游、北游、西游、东游）为北极枢轴璇玑四游。（以四游来）确定北极枢轴的所在，（也就是）确定北天正中之所在。

原文

正极之所游，冬至日加酉之时，立八尺表，以绳系表颠，希望北极中大星，引绳致地而识之；又到旦明，日加卯之时，复引绳希望之，首及绳致地而识其两端，相去二尺三寸，故东西极二万三千里。[1] 其两端相去正东西，中折之以指表，正南北。加此时者，皆以漏揆度之，此东西南北之时，其绳致地，所识去表丈三寸，故天之中去周十万三千里。何以知其南北极之时？以冬至夜半北游所极也，北过天中万一千五百里；以夏至南游所极，不及天中万一千五百里。此皆以绳系表颠而

□ **天文图**

1965年，考古人员在杭州玉泉山下钱元璀墓中发现一天文图，图刻在墓的后室石板上，有断裂。图呈圆形，内中有两个同心圆，分别代表恒显圈和赤道。图为这一天文图摹本。

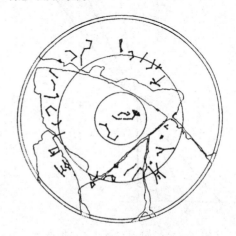

希望之，北极至地所识丈一尺四寸半，故去周十一万四千五百里，其南不及天中有一千五百里。其南极至地所识九尺一寸半，故去周九万一千五百里，不及天中万一千五百里。[2] 此璇玑四极南北过不及之法，东、西、南、北之正勾。

注释

〔1〕正极之所游……故东西极二万三千里：如图10－20所示。

W：西游所极；*E*：东游所极；*AC*：八尺之表；*DF*：其两端相去2尺3寸；*BC*：其绳致地所识去表1丈3寸；*P*：天球北极；*Q*：北极正下处。

由1寸千里的比例，则可从*BC*=10.3丈推算得到*BQ*为103 000里。即周地到北极下地的距离。

又因为△*ADF*∽△*AEW*，所以*WE*与*DF*是对应边，仍用1寸千里的比例

$$\frac{WF}{DF}=\frac{1\ 000里}{1寸}，所以 WF=\frac{1\ 000里}{1寸}\times23寸=23\ 000里。$$

这段话里有"冬至日加酉之时""日加卯之时"指的是何时？根据"卷下之三日月历法"中所言"冬至……日出辰而入申"并参考图10－23可知，冬至日"加酉之时"为日入以后一个时辰，"加卯之时"为日出前一个时辰。

〔2〕何以知其南北极之时？……不及天中万一千五百里：如图10－21所示。

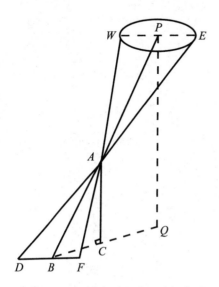

（图10－20） 北极璇玑东西游示意图

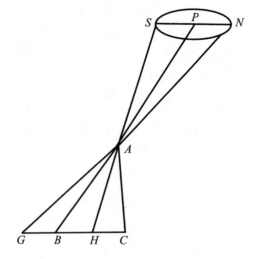

（图10－21） 北极璇玑南北游示意图（引自陈遵妫《中国天文学史》第176页）

　　N：冬至夜半北游所极；*S*：夏至夜半南游所极；*GC*：北极至地所识1丈1尺4寸半；*HC*：其南端至地所识9尺1寸半。

译文

　　确定北极四游范围的方法为：冬至日日入后一个时辰（加酉之时），立8尺高的表杆，用一根绳子系住表的顶端，（拉直绳子）望北极中的大星，使北极大星、表顶、人眼三点成一直线，将绳延长至地面并在地上做标记；到天明，太阳出来前一个时辰（加卯之时），又拉绳仰望大星，使大星、表顶、人眼成一直线，引绳至地，并在地上做第二个标记，测量两处标记的距离，相间2尺3寸，所以北极东西游的极限范围为23 000里。地上两个标记相连确定为东西方向，将东西连线对折指向表杆即可确定南北方向。以上所言的两个测量时间，都可以用漏刻测定，这里说的是北极四游中的东西游的情况。测量南北游时，引绳至地的两个标记连线的中点距离表杆1丈3寸，因此，天的中心距周地103 000里。凭什么推知南北游极限的时间点？以冬至夜半北游的极限，向北超过天中11 500里；以夏至日南游的极限，距离天中11 500里。这些数据都可以用绳系表杆顶端望测而得，北极游到极限时绳在地上的标记距表1丈1尺4寸半，所以此时北极向下距离周地114 500里，其南距离天中1 500里。北极南游至极限时，绳在地上的标记距表9尺1寸半，所以以此时北极向下距离周地91 500里，距离天中11 500里。

　　这就是北极璇玑四游中南北游极限的算法，东、西、南、北四游极限的求法都以勾股定理为准则。

原文

　　璇玑径二万三千里，周六万九千里。此阳绝阴彰，故不生万物。

译文

　　直径为23 000里，周长69 000里，在此范围内阳气断绝、阴气昌盛，因而不生万物。

原文

　　其术曰：立正勾[1]定之。以日始出，立表而识其晷；日入复识其晷。晷之两端相直者，正东西也；中折之指表者，正南北也。

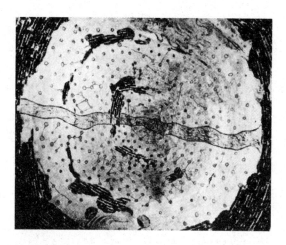

□ 北魏星图

此星图于1974年在河南洛阳北郊的一座北魏墓葬中发现。全图有星辰三百余颗，有的用直线连成星座，最明显的是北斗七星，中央是淡蓝色的银河贯穿南北。这幅星象图是我国目前考古发现的年代较早、幅面较大、星数较多的一幅。

注释

〔1〕立正勾：竖立一表杆，测定表杆的日影。"勾"指表杆的日影。

译文

确定方位的办法是：树立一表杆，以测度表杆日影（的方法）来确定四方。在太阳刚出来时，树立表杆记下表杆的日影；日落时第二次记下表杆的日影。连接两次日影，则连线为正东西方向；将两次日影的连线对折，指向表的位置，则指向表的连线为正南北方向。

原文

极下不生万物，何以知之？冬至之日去夏至十一万九千里，万物尽死；夏至之日去北极十一万九千里，是以知极下不生万物。北极左右，夏有不释之冰。春分、秋分，日在中衡。春分以往，日益北，五万九千五百里而夏至；秋分以往，日益南，五万九千五百里而冬至。中衡去周七万五千五百里，中衡左右冬有不死之草，夏长之类。此阳彰阴微，故万物不死，五谷一岁再熟。凡北极之左右，物有朝生暮获。

译文

怎么知道极下之地不生万物？冬至日太阳的位置距离夏至日太阳的位置119 000里，万物尽死；夏至日太阳的位置距离北极119 000里，因此知道极下之地不生万物。北极左右，夏天有没有融化的冰冻。春分、秋分，太阳在中衡上运行。春分以后，太阳运行的轨迹日益北移，北移59 500里而夏至已到；秋分以后，太阳日益南移，南移59 500

里而冬至日已到。中衡离周地有75 500里，中衡左右冬天有不死之草，类似如夏天生长的植物。此范围之内阳气昌盛，阴气衰微，所以万物不死，五谷一年两熟。北极左右地区（因半年为昼，半年为夜，植物有半年的生长期），真可以说是白天生长，晚上收获。

卷下之二　天体测量

□ 河北宣化辽墓天文图摹本（上）

河北宣化辽墓天文图（下）

在河北宣化辽代墓中有一幅彩绘天文图，星宿画在直径2.71米的范围内，距地表高4.40米。正中悬铜镜一面，周围画莲花，外为白灰地，上涂一层浅蓝色表示晴空。在莲花的东北部绘北斗星，四周绘五红、四蓝星。东为太阳、内画金乌。其余红、蓝各四星，大体是按照正向和偏斜方向分布的。

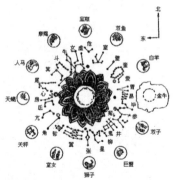

原文

立二十八宿以周天历度之法。

术曰：倍正南方[1]，以正勾定之[2]。即平地径二十一步，周六十三步。令其平矩以水正[3]，则位径一百二十一尺七寸五分，因而三之，为三百六十五尺四分尺之一，以应周天三百六十五度四分度之一。审定分之，无令有纤微。分度以定则正督经纬[4]，而四分之一，合各九十一度十六分度之五，于是圆定而正[5]。

注释

〔1〕倍正南方：正北方及正南方。倍：通"背"，与正南方相背的为正北方。

〔2〕以正勾定之：以测度表杆日影的方法来确定正南正北方位。这种方法详细的操作过程，前面已论述。

〔3〕水正：水平仪，古人的水平仪与今天的不同。

〔4〕督经纬：督，统领；经，南北线；纬，东西线。

〔5〕正：这里指校正的仪器。

译文

以二十八宿为坐标参照系对整个天空逐一

度量的办法。

办法是：确定南北方向，用测定表杆日影的方法来确定。平整一块地面，使其成为直径为21步、周长为63步的圆圈。用水平仪校正水平度，在此基础上取直径121尺7寸5分（画圆）；然后用3乘此直径，得圆周长为$365\frac{1}{4}$尺，以此与周天$365\frac{1}{4}$度相对应。仔细确定划分，不使出现丝毫差错。分度划定以统领正南北东西线，将此圆$365\frac{1}{4}$度划分为4等分，则每部分为$91\frac{5}{16}$度，至此圆画成了就可以作为一校正的仪器使用。

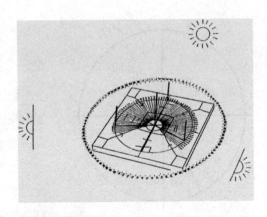

□ **日晷示意图**

日晷的使用方法为：在石板中心圆孔处直插"正表"，外圆立"游表"，观测圭影在辐射状标志线间的位置。

原文

则立表正南北之中央，以绳系颠，希望牵牛中央星之中[1]；则复望须女[2]之星先至者，如复以表绳希望须女先至，定中[3]；即以一游仪[4]，望牵牛中央星出中正表西几何度。各如游仪所至之尺为度数，游在于八尺之上，故知牵牛八度。[5] 其次星放此，以尽二十八宿，度则定矣。

注释

〔1〕牵牛中央星之中：牵牛中央星，即牛宿一（摩羯座β）；之中，到中天。

〔2〕须女：女宿，其中的女宿一（宝瓶座ε）在女宿最西端，它最先到达中天（所谓"先至者"）。

〔3〕定中：测定其确定到了中天。

〔4〕游仪：移动的表杆，与圆中心立表相对固定而有所不同。

〔5〕各如游仪所至之尺为度数……故知牵牛八度：试将上述的测量方法简述如

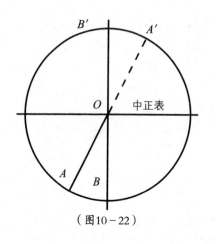

（图10－22）

下：平整一块圆地，为了使与周天365$\frac{1}{4}$度相配，使这块圆地周长为365$\frac{1}{4}$尺，在圆地的中央立一固定的表（立表正南北之中央），在表顶系根绳子等待牵牛中央星上升到中天，当牵牛中央星上中天时拉直绳子，使该星、表顶、人目三点成一线，而此时这三点一线正处在正南北的垂直平面。此后牵牛中央星继续西移，观察者将等待须女星的出现。当须女星出现在中天时，拉直绳子，使该星、表顶、人目三点成一线，而这三点一线也处在正南北的垂直平面。此时，立即去观测那西移的牵牛中央大星，使牵牛中央大星、表顶、人目三点成一直线，绳子与圆周相交在A处，如图10－22所示，则A与B之间的弧长为牵牛中央星距离"中正表"西的度数，延长AO至A'处，立游仪（移动的表）作标记。A、B间的弧长为8尺，对应为8度（牵牛中央星与须女先至星相距为8度）。

译文

于是在圆南北的中央处立一表杆，用绳子系在表杆的顶端，拉直绳子使人眼、表杆顶端、牵牛中央星（距星）三点成一线，以此观察该星的上中天；然后又以同样的方法等候相邻的须女星（距星）上中天；在须女星上中天的同时，立即拉直绳子，使三点成一线，观察牵牛中央星此时已向西偏离地面圆周中的南北直线多少度。然后在圆周上插立一游仪以标记其距离。都以游仪所到的弧度尺数作为度数，游仪在八尺长的弧度上，所以测知牵牛中央星的跨度为8度，其余星宿的测度仿照这个方法，直到测完二十八宿，测度系统就可以确定了。

原文

立周度者，各以其所先至游仪度上，车辐引绳，就中央之正以为毂，则正矣。〔1〕

注释

〔1〕立周度者……则正矣：这句话是对测度方法是否正确的比喻性描述。"车辐引绳"为"引绳车辐"的倒装，即引绳如车辐。

译文

确立周天的度数，都以上文所讲的观测方法，观察各宿距星上中天而在圆周上用游仪留下的刻度，若将这些刻度处与圆心处用绳子牵引起来就像车轮的条辐靠近作为中央的中心点车毂一般，就正确了。

原文

日所出入，亦以周定之。欲知日之出入，即以三百六十五度四分度一，而各置二十八宿。以东井夜半中，牵牛之初临子之中。东井出中正表西三十度十六分度之七，而临未之中，牵牛初亦当临丑之中。

译文

太阳的出入，也可以用周天度数来确定。

要知道太阳的出入，就将周天$365\frac{1}{4}$度划分为28宿。东井之宿夜半时在（南方午位）中天，牵牛之宿将在（北方）子位的中天。东井之宿的距星在正南北方偏西$30\frac{7}{16}$度，如此宿对应于十二次中的未，牵牛之宿就对应在丑中。

原文

于是天与地协，乃以置周二十八宿。置以定，乃复置周度之中央立正表，以冬至、夏至之日，以望日始出也。立一游仪于度上，以望中央表之晷，晷参正〔1〕，则日所

□ **银镀金南怀仁款浑天仪**

图为1699年比利时传教士南怀仁制造的浑天仪。他采用托勒密的地心说，用以演示天体运动。图为浑天仪的结构示意图。

□ 汤若望新法地平式日晷

　　地平式日晷是一种以日光的投影测算时辰的仪器，它出现在明末。图中这座日晷是德国传教士汤若望在明朝晚期制作，它采用欧洲流行的"新法"，把一日分为96刻，并以不等分形式标注时刻线。而中国的传统是一日一百刻，而且刻度等分。

出之宿度。日入放〔2〕此。

注释

　　〔1〕晷参正：指表杆的投影、表杆和游仪三点成一直线。

　　〔2〕放：通"仿"。

译文

　　于是天地和谐，在圆周上设置了二十八宿。设置完以后，再在圆中央立表杆，用在冬至日、夏至日测望太阳刚出地平线时的角度。在圆周上立一游仪，以望中央表之投影，使中央表、表影和游仪三点成一直线，则这一游仪即标记了太阳出来时的度数。日入时度数的测定也仿照这种测量方法。

原文

　　牵牛去北极百一十五度千六百九十五里二十一步千四百六十一分步之八百一十九。

　　术曰：置外衡去北极枢二十三万八千里，除璇玑万一千五百里，其不除者二十二万六千五百里以为实，以内衡一度数千九百五十四里二百四十七步千四百六十一分步之九百三十三以为法，实如法得一度。不满法，求里、步。约之合三百得一以为实，以千四百六十一分为法，得一里；不满法者，三之，如法得百步；不满法者，上十之，如法得十步；不满法者，又上十之，如法得一步；不满法者，以法命之。

译文

　　牵牛之宿距离北极115度1 695里又21$\frac{819}{1461}$步。

　　算法是：以外衡距离北极枢轴238 000里，减去北极璇玑的半径11 500里，将所得到余数226 500里作被除数，以内衡1度所对应的弧长1 954里又247$\frac{933}{1461}$步作除数，除数除被除数得所求度数（所得商的整数部分即为度数），除不尽的余数部分就求其里数、步数。以300约分而成分子，以1 461作分母，其商的整数部分为里数；除不尽的余数部分以3乘之，再以分母1 461除之，所得商的整数部分为百步数；除不尽的余数部分以10乘之，除以1 461，所得商的整数部分为十步数；除不尽的余数部分以10乘之，除以1 461，所得商的整数部分为步数；以除不尽的余数部分作分子，以1 461作分母组成一个分数表达式来表示最后的数值。

原文

娄与角去北极九十一度六百一十里二百六十四步千四百六十一分步之千二百九十六。

术曰：置中衡去北极枢十七万八千五百里以为实，以内衡一度数为法，实如法得一度。不满法者，求里步；不满法者，以法命之。

译文

娄宿与角宿距离北极91度610里又$264\frac{1296}{1461}$步。

算法：以中衡距离北极枢轴178500里作被除数，以内衡圆周1度所对立的弧长（1954里）作除数，除数除被除数得所求度数。除不尽的就求其里数、步数；最后仍旧除不尽的就以分子、分母分数表达式来表示数值。

原文

东井去北极六十六度千四百八十一里百五十五步千四百六十一分步之千二百四十五。

术曰：置内衡去北极枢十一万九千

□ 太阳黑子记录　班固　汉代

世界公认的最早的太阳黑子记录是《汉书·五行志》的记载：河平元年（公元前28年）三月乙未，日出黄，有黑气，大如钱，居日中。这条记录不仅记载了太阳黑子出现的日期，还记载了它的大小、形状和位置。从汉代到明末，中国共记载太阳黑子一百多次，都有其出现的时间、形状和大小的记录。

里，加璇玑万一千五百里，得十三万五百里以为实，以内衡一度数为法，实如法得一度。不满法者，求里、步；不满法者，以法命之。

译文

东井之宿距离北极66度1 481里又155$\frac{1\,245}{1\,461}$步。

算法：以内衡距离北极枢轴119 000里加上北极璇玑半径11 500里，得130 500里，作被除数，以内衡1度所对应的弧长为除数，除数除被除数得所求的度数。除之不尽的数，就求其里数、步数；最后仍旧除之不尽的数，就以分数表达式来表示数值。

原文

凡八节二十四气，气损益九寸九分又六分之一，冬至晷长一丈三尺五寸，夏至晷长一尺六寸，问次节损益寸数长短各几何。

冬至晷长丈三尺五寸；小寒丈二尺五寸，小分五。

大寒丈一尺五寸一分，小分四；立春丈五寸二分，小分三。

雨水九尺五寸三分，小分二；启蛰八尺五寸四分，小分一。

春分七尺五寸五分；清明六尺五寸五分，小分五。

谷雨五尺五寸六分，小分四；立夏四尺五寸七分，小分三。

小满三尺五寸八分，小分二；芒种二尺五寸九分，小分一。

夏至一尺六寸；小暑二尺五寸九分，小分一。

大暑三尺五寸八分，小分二；立秋四尺五寸七分，小分三。

处暑五尺五寸六分，小分四；白露六尺五寸五分，小分五。

秋分七尺五寸五分；寒露八尺五寸四分，小分一。

霜降九尺五寸三分，小分二；立冬丈五寸二分，小分三。

小雪丈一尺五寸一分，小分四；大雪丈二尺五寸，小分五。

凡为八节二十四气，气损益九寸九分又六分之一。冬至、夏至为损益之始。

术曰：置冬至晷，以夏至晷减之，余为实；以十二为法，实如法得一寸。不满法者，十之，以法除之，得一分。不满法者，以法命之。

译文

共八节二十四气（8尺之表的影长），每气加减9寸9$\frac{1}{6}$分，冬至日正午表影长为1丈3尺5寸，夏至日表影长为1尺6寸，问依次各节气表影长增加、减少各多少？

冬至表影长1丈3尺5寸；小寒1丈2尺5寸，小分5。

大寒1丈1尺5寸1分，小分4；立春1丈5寸2分，小分3。

雨水9尺5寸3分，小分2；惊蛰8尺5寸4分，小分1。

春分7尺5寸5分；清明6尺5寸5分，小分5。

谷雨5尺5寸6分，小分4；立夏4尺5寸7分，小分3。

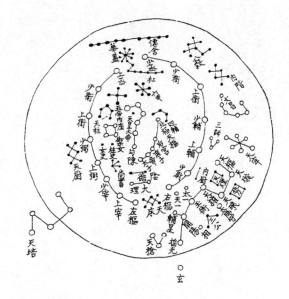

□ 紫微垣星图

紫微垣是传说中天帝的居所。图为星空世界中一个极为重要的广大天区，它几乎包括了以北极为中心，北纬60°以北的所有星座。

小满3尺5寸8分，小分2；芒种2尺5寸9分，小分1。

夏至1尺6寸；小暑2尺5寸9分，小分1。

大暑3尺5寸8分，小分2；立秋4尺5寸7分，小分3。

处暑5尺5寸6分，小分4；白露6尺5寸5分，小分5。

秋分7尺5寸5分；寒露8尺5寸4分，小分1。

霜降9尺5寸3分，小分2；立冬1丈5寸2分，小分3。

小雪1丈1尺5寸1分，小分4；大雪1丈2尺5寸，小分5。

共八节二十四气，每气增加、减少9寸9$\frac{1}{6}$分。冬至、夏至为增加、减少的开始。

算法：将冬至日表影长减去夏至日表影长，余数作被除数；以12作除数，除数除被除数商的整数部分为寸数。除之不尽的余数部分，乘以10，再用除数来除，商的整数部分为分数。除之不尽的余数部分用分数式表示。

卷下之三　日月历法

原文

月后天十三度十九分度之七。

术曰：置章月二百三十五，以章岁十九除之，加日行一度，得十三度十九分度之七。此月一日行之数，即月后天之度及分。

□ 何承天

何承天（公元370—公元447年），东海郯（今山东郯城县）人，南朝宋大臣，著名天文学家。曾观察天象，并将其观测的结果做了详细记录。他在天文学上的主要成就是在宋文帝时，参与改革制定新历。这部新历法，因在元嘉年间制定，故称《元嘉历》。

译文

月球每天东行$13\frac{7}{19}$度。

算法：（因19年7闰）将19个回归年中的朔望月数235，以19除之，加上太阳每天在天球上东行的1度，得$13\frac{7}{19}$度。这是月球一天运行的度数，即"月后天"的度数。

原文

小岁，月不及故舍三百五十四度万七千八百六十分度之六千六百一十二。

术曰：置小岁三百五十四日九百四十分日之三百四十八，以月后天十三度十九分度之七乘之，为实；又以度分母乘日分母为法。实如法，得积后天四千七百三十七度万七千八百六十分度之六千六百一十二。以周天三百六十五度万七千八百六十分度之四千四百六十五减之，其不足除者，三百五十四度万七千八百六十分度之六千六百一十二。此月不及故舍之分度数，他皆放此。

译文

一小岁（12个朔望月称做一小岁）中，月球东行$354\frac{6\,612}{17\,860}$度。

算法：取小岁日数$354\frac{348}{940}$，乘以"月后天"的度数$13\frac{7}{19}$，作被除数。以度分母940乘以日分母19作除数。除数除被除数得"积后天"度数$4737\frac{6\,612}{17\,860}$度。再以周天度数$365\frac{4\,465}{17\,860}$累减之，最后的余数为$354\frac{6\,612}{17\,860}$，这就是月球东行的度数。其他值的求法，皆仿照这些运算步骤。

□ **简仪 元代**

简仪是郭守敬于公元1276年创制的一种测量天体位置的仪器，因此仪器是由结构繁复的唐宋浑仪简化而成，故称简仪。它包括相互独立的赤道装置和地平装置，以地球环绕太阳公转一周的时间365.25日分度。简仪的赤道装置用于测量天体的去极度和入宿度（赤道坐标）。地平装置用于测量天体的地平方位和地平高度。这个仪器也是郭守敬所创造的天文仪器中最具代表的一件。

原文

大岁，月不及故舍十八度万七千八百六十分度之万一千六百二十八。

术曰：置大岁三百八十三日九百四十分日之八百四十七，以月后天十三度十九分度之七乘之，为实。又以度分母乘日分母为法。实如法，得积后天五千一百三十二度万七千八百六十分度之二千六百九十八。以周天减之，其不足除者，此月不及故舍之分度数。

译文

一大岁（13个朔望月称做一大岁）中，月球东行$18\frac{11\,628}{17\,860}$度。

算法：取大岁日数$383\frac{847}{940}$，乘以"月后天"度数$13\frac{7}{19}$，作被除数。又以度分母940乘以日分母19作除数。除数除被除数得"积后天"度数$5\,132\frac{2\,698}{17\,860}$。再以周天度数累减之，余数即为一大岁中月球东行的度数。

原文

经岁，月不及故舍百三十四度万七千八百六十分度之万一百五。

术曰：置经岁三百六十五日九百四十分日之二百三十五，以月后天十三度十九分度之七乘之，为实。又以度分母乘日分母为法。实如法，得积后天四千八百八十二度万七千八百六十分度之万四千五百七十。以周天除之，其不足除者，此月不及故舍之分度数。

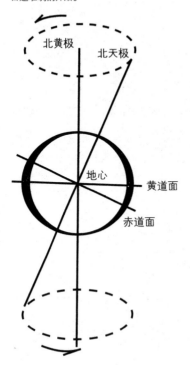

□ 岁差成因图

公元330年，东晋的虞喜将其观测到的黄昏时某恒星过南中天的时刻，与古代记载进行了比较。他发现春秋分点、冬夏至点都已经向西移动了，因此得出了一个很重要的结论：太阳在恒星背景中的某一位置运行一圈再回到原来的位置所用的时间，并不等于一个冬至到下一个冬至的时间间隔。于是，他提出了"天自为天，岁自为岁"的观点，这就是岁差的概念，同时他还给出了冬至点每经五十年沿赤道西移1°的资料，成为中国古代对测定岁差值日趋准确的开始。

译文

一回归年（称作"经岁"）中，月球东行 $134\frac{10\,105}{17\,860}$ 度。

算法：取回归年日数 $365\frac{235}{940}$，以"月后天"度数 $13\frac{7}{19}$ 乘之，作被除数。又以度分母940与日分母19相乘作除数。除数除被除数，得"积后天"度数 $4\,882\frac{14\,570}{17\,860}$。再以周天度数累减之，最后的余数为一回归年中月球东行的度数。

原文

小月不及故舍二十二度万七千八百六十分度之七千七百五十五。

术曰：置小月二十九日，以月后天十三度十九分度之七乘之，为实。又以度分母乘日分母为法，实如法，得积后天三百八十七度万七千八百六十分度之万二千二百二十。以周天分除之[1]，其不足除者，此月不及故舍之分度数。

注释

〔1〕以周天分除之："分"字疑为衍字。因前面均是以周天度数除之，这里"分"不好理解。

译文

一小月（29日称作小月）中，月球东行$22\frac{7755}{17860}$度。

算法：取小月日数29，乘以"月后天"$13\frac{7}{19}$度，作被除数。又以度分母17 860乘以日分母19，作除数。除数除被除数，得"积后天"度数$387\frac{12220}{17860}$。再以周天度数减之，余数即为一小月中月球东行的度数。

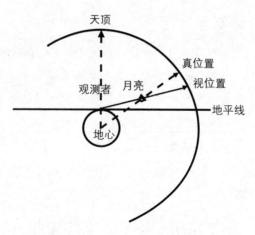

□ 周日视差图

视差是指人在地面和地心观测天体的位置之差。对北半球的观测者来说，当月亮在黄道北时，视差使月亮更加靠近黄道，从而容易发生交食；而在黄道南时，情况则相反。唐代天文学家一行在编算《大衍历》时发现视差对交食的影响同地理纬度、太阳和月亮在天空中的视位置有关系。他针对不同的地理纬度和太阳、月亮在天空中的位置创立了计算公式，使日月食的推算向前迈了一大步。

原文

大月不及故舍三十五度万七千八百六十分度之万四千三百三十五。

术曰：置大月三十日，以月后天十三度十九分度之七乘之，为实。又以度分母乘日分母为法。实如法，得积后天四百一度万七千八百六十分度之九百四十。以周天除之，其不足除者，此月不及故舍之分度数。

译文

一大月（30日称作大月）中，月球东行$35\frac{14335}{17860}$度。

算法：取大月30日，乘以"月后天"$13\frac{7}{19}$，作被除数。以度分母17 860乘日分母19作除数，除数除被除数，得$401\frac{940}{17860}$度。再以周天度数除之，余数即为一大月中月球东行的度数。

原文

经月不及故舍二十九度万七千八百六十分度之九千四百八十一。

术曰：置经月二十九日九百四十分日之四百九十九，以月后天十三度十九分度之七乘之，为实。又以度分母乘日分母为法。实如法，得积后天三百九十四度万七千八百六十分度之万三千九百四十六。以周天除之，其不足除者，此月不及故舍之分度数。

译文

一朔望月中月球东行 $29\frac{9\,481}{17\,860}$ 度。

算法：取朔望月的天数 $29\frac{499}{940}$，乘以"月后天"度数 $13\frac{7}{19}$ 作被除数。又以度分母940乘以日分母19。除数除被除数，得"积后天" $394\frac{13\,946}{17\,860}$。再以周天度数去除，余数即为一朔望月中月球东行的度数。

□ 中国古代的赤道坐标示意图

古人利用入宿度和去极度来确定天体的位置。这是古代天文学中广泛使用的赤道坐标系。入宿度是指测量天体和距星之间的赤经差的方法。（距星是古人指在二十八宿的每一宿中选择一个代表星。）去极度是古人给天体定位的另一个量，测量的是天体距离北极的距离，它相当于现代天文学中赤纬的余角。如织女星入斗五度，意为织女星在斗宿中，距离斗宿距星的赤经为五度。

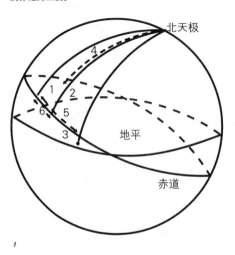

原文

冬至昼极短，日出辰而入申。阳照三，不覆九。[1] 东西相当正南方。

夏至昼极长，日出寅而入戌。阳照九，不覆三。东西相当正北方。

注释

〔1〕阳照三，不覆九：如图10 - 23，指太阳仅照耀巳、午、未三位，其他九位阳光不能覆盖。

译文

冬至日白天极短，太阳出于辰位而入申位。太阳照射到的位数为三，照射不到的位数为九。太阳升落的东西连线偏向

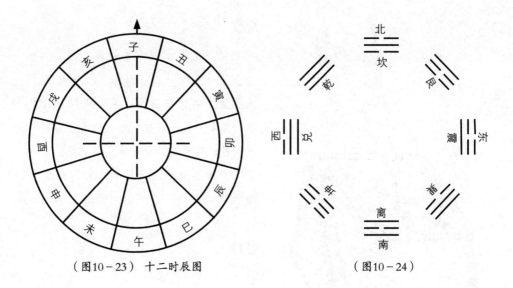

（图10－23） 十二时辰图　　　　　　（图10－24）

南方。

夏至日白天极长，太阳照射到的位数为九，照射不到的位数为三，太阳升落的连线偏向北方。

原文

日出左而入右，南北行。故冬至从坎，阳在子，日出巽而入坤，[1] 见日光少，故曰：寒。夏至从离，阴在午，日出艮而入乾，见日光多，故曰：暑。

注释

〔1〕冬至从坎，阳在子，日出巽而入坤：太阳升落与八卦方位关系。见图10－24（文王八卦方位图，见胡渭：《易图明辨》）。

译文

（人若面南背北）太阳则从左边升起而从右边落下，（冬至、夏至之间）太阳在南北向的轨道上运行。所以冬至对应在坎位，阳气始起于子位，太阳从巽位升起，而落在坤位，照耀在大地上的日光少，所以寒冷。夏至对应在离位，阴气始起于午位，太阳从艮位升起而落入乾位，照耀在大地上的日光多，所以暑热。

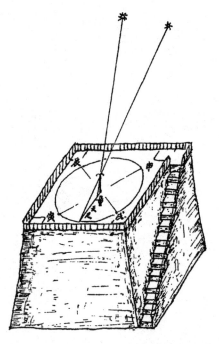

□ 甲骨文、金文时代的高台地平日晷模式示意图

日中、日出与日入，是立竿测影的一天内重要的三个观测时刻。日中测影，太阳在正南方，晷影指向正北，在一个回归年中，以冬至日为起点，太阳在南北回归线之间往返一次，晷影则在地平日晷的量尺上往返一次。

原文

日月失度，而寒暑相奸[1]。往者诎，来者信[2]也，故屈[3]信相感。故冬至之后，日右行；夏至之后，日左行。左者，往；右者，来。故月与日合，为一月；日复日，为一日；日复星，为一岁。外衡冬至，内衡夏至，六气复返皆谓中气[4]。

注释

〔1〕奸：指混乱。

〔2〕往者诎，来者信：根据赵爽的注解，"往者"指太阳运行轨道的南移，"诎"指白昼变短；"来者"指太阳运行轨道北移，"信"指白昼变长。

〔3〕屈：意同上句"诎"指白昼变短。

〔4〕六气复返皆谓中气：七衡六间图有六个等距离间距，太阳在一年中由外衡至内衡，又由内衡到外衡，两次经过六间（六气复返），为十二中气。

译文

如果日月运行没有规律，寒暑就会混乱。太阳运行轨道南移，白昼就会变短；太阳运行轨道北移，白昼就会变长，故变短变长会相互感应。所以冬至之后，太阳右行；夏至之后，太阳左行。左行，就是太阳运行轨道南移；右行，就是太阳运行轨道北移。所以太阳、月亮合朔成为一月；太阳运行东升西落再次回到升或落的那个地方就叫一日；太阳围绕恒星运行，当它再一次回到原恒星位置时就成为一岁。外衡对应冬至，内衡对应夏至，六气往返都称中气。

原文

阴阳之数，日月之法。十九岁为一章。四章为一蔀，七十六岁。二十蔀为一遂，遂千五百二十岁。三遂为一首，首四千五百六十岁。七首为一极，极三万一千九百二十岁，生数皆终，万物复始，天以更元作纪历。

译文

阴阳之数，日月之法，19岁为1章。4章为1蔀，1蔀为76岁。20蔀为1遂，1遂为1 520岁。3遂为1首，1首为4 560岁。7首为1极，1极为3 1920岁，上述之数到此结束，万物又从头开始，依天道从头开始设置历法。

原文

何以知天三百六十五度四分度之一。而日行一度，而月后天十三度十九分度之七。二十九日九百四十分日之四百九十九为一月，十二月十九分月之七为一岁。

古者庖牺、神农制作为历，度元之始，见三光未如其则；日月列星，未有分度。日主昼，月主夜，昼夜为一日。日月俱起建星[1]。月度疾，日度迟，日月相逐于二十九日、三十日间，而日行天二十九度余，未有定分。

于是三百六十五日南极影长，明日反短。以岁终日影反长，故知之，三百六十五日者三，三百六十六日者一。故知一岁三百六十五日四分日之一，岁终也。月积后天十三周又与百三十四度余，无虑[2]后天十三度十九分度之七，未有定。

于是日行天七十六周，月行天千一十六周，及合于建星。

置月行后天之数，以日后天之数除之，得十三度十九分度之七，则月一日行天之度。

复置七十六岁之积月[3]，以七十六岁除之，得十二月十九分月之七，则一岁之月。

置周天度数，以十二月十九分月之七除之，得二十九日九百四十分日之四百九十九，则一月日之数。

注释

〔1〕起建星：赵爽注为，"建六星在斗上也，日月起建星，谓十一月朔旦冬至日也，为历书者度起牵牛前五度，则建星其近也。"

〔2〕无虑：粗计。

〔3〕七十六岁之积月：因19年7闰，76回归年共940朔望月。

译文

怎么知道周天为$365\frac{1}{4}$度？又怎么知道太阳每天东行1度，而月球每天东行$13\frac{7}{19}$度，$29\frac{499}{940}$日为1月，$12\frac{7}{19}$月为1年？

远古的庖牺氏、神农氏制作历法，测算之初，知有日、月、星但却不知其运行规律，未能对日、月、众星进行分区测定。（他们只是认为）太阳主宰白天，月亮主宰夜晚，昼夜为一日。日、月都从建星出发向东运行。月亮走得快，太阳走得慢，日月相互追赶在29日至30日之间，而太阳在天球上运行29度有余，但都没有确切的分度。

于是观测得365日后太阳运行到最南端，表影增至最长，第二天表影反而变短了。以岁终表影变长，所以发现每三个365日，就有一个366日。所以了解到一年（回归年）之长为$365\frac{1}{4}$日。此间月球东行了13周又134度有余，粗略计算月球每天东行$13\frac{7}{19}$度，但没有确切的证实。

于是又发现太阳在天球上运行76周天，月亮在天球上运行1 016周天，两者又在（出发时的）建星上重合。

取上述月亮东行的周天数，除以太阳东行的周天数，得$13\frac{7}{19}$度$\left(即\frac{1016}{76}=13\frac{7}{19}\right)$，这就是月亮在一天之内东行的度数。

又取76年的朔望月数（940），除以76，得$12\frac{7}{19}$月，这就是一年中的月数。

取周天度数除以$12\frac{7}{19}$月，得$29\frac{499}{940}$月，这就是一月（指朔望日）的天数。

索 引

特别说明

因客观原因，书中部分图文作品无法联系到权利人，烦请权利人知悉后与我单位联系以获取稿酬。

文化伟人代表作图释书系全系列

中国古代物质文化丛书

《长物志》
〔明〕文震亨 / 撰

《园冶》
〔明〕计 成 / 撰

《香典》
〔明〕周嘉胄 / 撰
〔宋〕洪 刍　陈 敬 / 撰

《雪宧绣谱》
〔清〕沈 寿 / 口述
〔清〕张 謇 / 整理

《营造法式》
〔宋〕李 诫 / 撰

《海错图》
〔清〕聂 璜 / 著

《天工开物》
〔明〕宋应星 / 著

《髹饰录》
〔明〕黄 成 / 著　扬 明 / 注

《工程做法则例》
〔清〕工 部 / 颁布

《清式营造则例》
梁思成 / 著

《中国建筑史》
梁思成 / 著

《文房》
〔宋〕苏易简　〔清〕唐秉钧 / 撰

《斫琴法》
〔北宋〕石汝砺　崔遵度　〔明〕蒋克谦 / 撰

《山家清供》
〔宋〕林 洪 / 著

《鲁班经》
〔明〕午 荣 / 编

"锦瑟"书系

《浮生六记》
〔清〕沈 复 / 著　刘太亨 / 译注

《老残游记》
〔清〕刘 鹗 / 著　李海洲 / 注

《影梅庵忆语》
〔清〕冒 襄 / 著　龚静染 / 译注

《生命是什么?》
〔奥〕薛定谔 / 著　何 滢 / 译

《对称》
〔德〕赫尔曼·外尔 / 著　曾 怡 / 译

《智慧树》
〔瑞士〕荣 格 / 著　乌 蒙 / 译

《蒙田随笔》
〔法〕蒙 田 / 著　霍文智 / 译

《叔本华随笔》
〔德〕叔本华 / 著　衣巫虞 / 译

《尼采随笔》
〔德〕尼 采 / 著　梵 君 / 译

《乌合之众》
〔法〕古斯塔夫·勒庞 / 著　范 雅 / 译

《自卑与超越》
〔奥〕阿尔弗雷德·阿德勒 / 著　刘思慧 / 译